東京満蒙開拓団

東京の満蒙開拓団を知る会・著

ゆまに学芸選書
ULULA
5

ULULA：ウルラ。ラテン語で「ふくろう」。学問の神様を意味する。
『ゆまに学芸選書 ULULA』は、学術や芸術といった様々な分野において、
著者の研究成果を広く知らしめることを目的に企画された選書です。

目次

凡例

一、引用文については、読みやすさを配慮し、旧漢字は新漢字に、旧仮名遣いは新仮名遣いに、また、地名、外来語を除くカタカナはひらがなに改めた。しかし、法令等の引用で、旧仮名のまま、あるいはカタカナのままとした場合がある。また、団体名などで現在も旧字を用いているものについては、そのままとした。
二、引用文中に、明らかな誤記、誤植がある場合は、「ママ」を付した。
三、人物の敬称は、一部を除き省略した。
四、東京市、東京府、東京都の公文書は、特に所蔵の記載のあるものを除き、東京都公文書館所蔵である。

東京満蒙開拓団

東京からの満蒙開拓団入植図

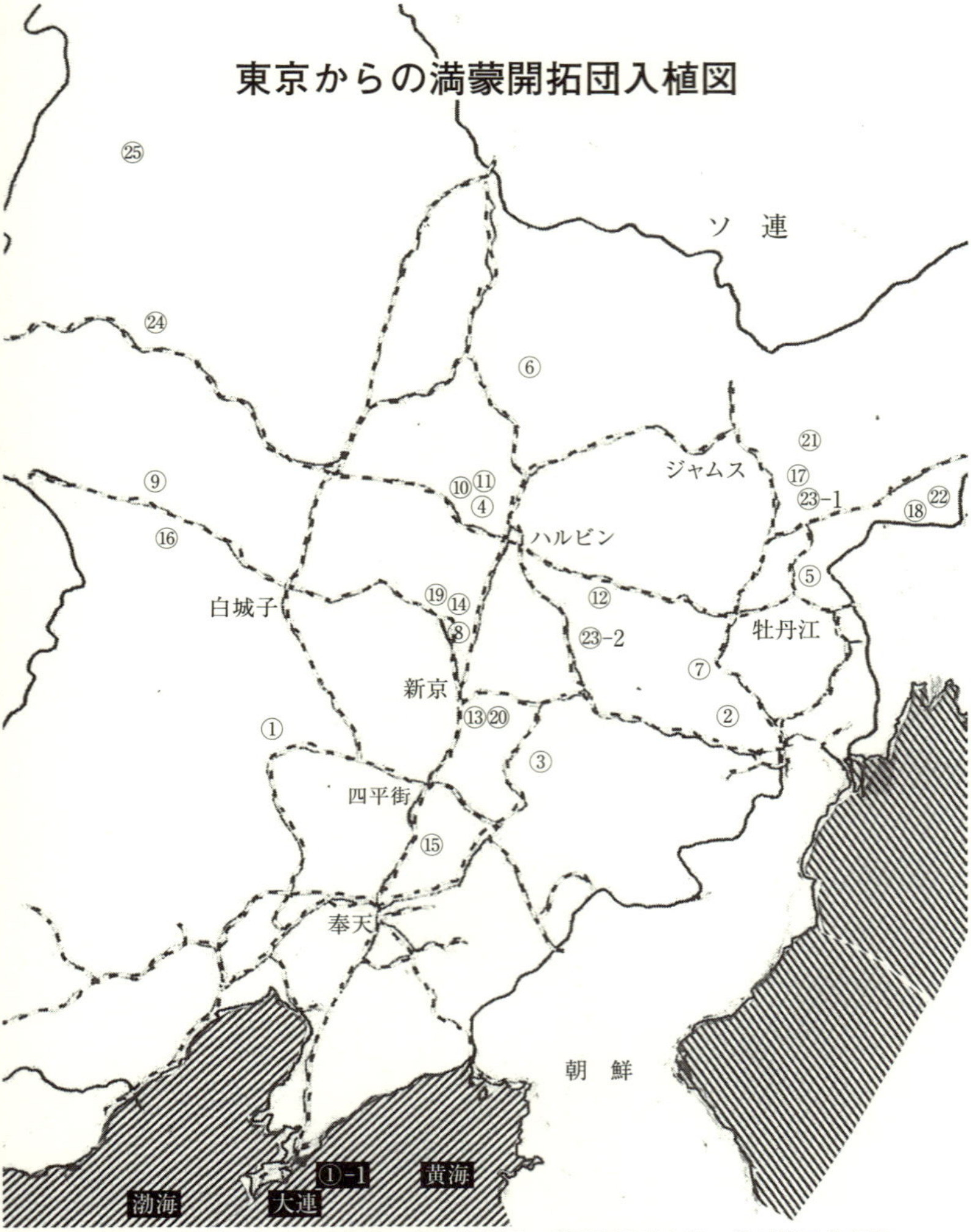

①-1 満洲農業実習所　①天照園移民　②鏡泊学園　③興隆川東京村　④長嶺子基督教
⑤亮子河協和　⑥十一道溝東京　⑦長岺八丈　⑧新安東京　⑨仁義佛立　⑩顧郷屯東京
⑪東京郷　⑫一面坡　堀米中隊　⑬新京東京報国農場　⑭扶余東京報国農場
⑮虻牛哨（メンニウシャオ）蒲田郷　⑯興安荏原郷　⑰勃利堀江中隊　⑱東京農業大学
⑲扶余東京　⑳新京東京　㉑南緑ヶ丘（太平鎮）基督教　㉒常盤松　㉓-1城子河（当初）
㉓-2城子河（移転先）　㉔ホロンバイル　㉕三河

はじめに

今、なぜ、東京の満蒙開拓団か

二〇〇六年一一月、大田区・品川区で地域運動や平和運動に参加してきた私たちに、一つのパンフがもたらされた。それは、大田区内のある高校の学園祭で配られた「興安東京荏原郷《えばらごう》開拓団の最期」という一四頁のパンフだった。その内容は、東京旧荏原区（現品川区）の武蔵小山商店街の人たちで構成された満蒙開拓団が、ソ連参戦・日本敗戦時の逃避行の中で約千名のうち六百人余が集団自決・銃撃などで死亡したという衝撃的なものだった。私たちの多くは、満蒙開拓団とは農村部から出たものと思い、まさか、地元の武蔵小山から、それも商店街ぐるみ出たとは夢にも思っていなかった。

その後、東京から出たのは荏原郷開拓団だけではなく、麻布材木町（現港区）の乗泉寺を中心に日蓮宗佛立講から開拓団が出ていて、五五〇余名が敗戦時、逃避行を重ね、多くの方々が亡くなり、「壊滅」した（八王子市乗泉寺別院内慰霊碑より）ことを知った。さらに調べを進めるうち、この時点での認識では、東京から出た開拓団は、この二つのほかにも、九つの集合開拓団、二つの集合帰農、一つの分散開拓団、一つの義勇軍開拓団、三つの報国農場などの存在が明らかになってきた。この中には、驚くことに、蒲田区内から出たと記している本もある蚖牛《メンニユウシヤオ》哨蒲田郷開拓団（別名・東京落葉松開拓団）も含まれていた。さらに、矢口・下丸子（当時蒲田区）や調布嶺町（当時大森区）には一九三四年に多摩川農民訓練所が設けられ、五年間で約四〇〇名を送り出したこと、一九三九年からは「大陸の花嫁」の訓練所となったことなどが判明してきた。つまり、大田区は、満蒙開拓団と無縁ではなく、送出拠点だった。それらは、戦後六四年を経たこの時でも、ほとんど知られておらず、未解明のままに置かれていた。

東京の満蒙開拓団について、団史等で書かれているほとんどは、一九四五年八月九日以降の「逃避行」についてである。私たちは入手できたそれらの本を熟読した。その悲惨さに胸をかきむしられる思いだった。このような悲劇に追い込んだ日本の軍国主義による満洲侵略への憤激とともに、大きな疑問がわいてきた。一体、どのような人が、なぜ満蒙開拓団に行ったのだろうか、それがわからないままだと、私たちは、また誤りを繰り返すのではないかと。

私たちは次のような目的で、二〇〇七年九月二九日、「東京の満蒙開拓団を知る会」を発足させた。

1. 東京から出た開拓団について、その概要を知る。

2. 特に多摩川訓練所と蒲田から出た虻牛哨蒲田郷開拓団については、可能な限り詳細に調べ、できれば関係者の証言にまでたどり着く。

3. このような中で、満蒙開拓団について、その事実、原因、背景、日本の戦時経済の中での農業と中小商工業者の置かれた位置、現地住民の視点など、問題を構造的に把握していく。

そして、東京の満蒙開拓団については、満蒙開拓団、「残留孤児」、「残留婦人」問題等でも著名な研究者である井出孫六氏が次のように書いていることを知った。

…敗戦まぎわまで数次にわたって送り出されたらしい東京開拓団の全貌を知る記録は、まだ世に問われてはいない。

（『その時、この人がいた』毎日新聞社、一九八七）

その後の私たちの活動は、結果的に、この井出さんの問いに答えようとする形で進んだ。しかし、知る会としては、東京の満蒙開拓団の全体像を対象とした先行研究を欠いたまま、史料収集に入らねばならなかった。

私たちは、このような研究にはズブの素人であったが、片っ端から史料の入手を進めた。そして、長年の市民運動の習性からか、運動的方法も活用した。それは、毎年八月に行われる大田区での「平和のための戦争資料展」での四年間にわたる展示、東京の満蒙開拓団当事者への証言取材、学校や区民大学での講演活動、岩波ホールでの「嗚呼　満蒙開拓団」の映画上映への協力、ＮＨＫ－ＢＳドキュメント製作への協力、朝日新聞の取材への協力など多岐にわたった。これらによって得られたものは、資料入手と並んで貴重なものであった。

ここでは、本論に入る前のいくつかの問題について整理しておきたい。

沸騰する「渡満熱」の背景

今日、満蒙開拓団といわれている満洲農業移民は、一九三二年三月一日の「満洲国建国宣言」以降、日本から敗戦時近くまで、中国東北部・内モンゴル地区に約一四年にわたって送りだされた。

一九三一（昭和六）年九月一八日、奉天郊外の柳条湖で南満洲鉄道（満鉄）の線路が爆破された。実行犯は河本末守中尉らであったが、柳条湖事件に端を発する満洲事変のシナリオを作ったのは関東軍の高級参謀、板垣征四郎大佐や作戦参謀の石原莞爾中佐ら関東軍首脳であった。実はこれに先立つ約三年前、関東軍は河本大作大佐らが、列車で奉天へ引き揚げ中の中国東北部軍閥首領の張作霖を爆殺するという事件を引き起こしていた。関東軍は既にこうした謀略の経験を積んでいたのである。石原中佐は、将来日本とアメリカとの間で最終的殲滅戦争が起きると想定していた。その前段階としての持久戦争遂行のためには、日本は満蒙を領有して豊富な資源を占有する必要があると考えていた。

三一年一月、満鉄副総裁を辞して衆議院議員となっていた松岡洋右の帝国議会での「満蒙問題は…わが国の存亡に係わる問題である、わが国民の生命線だ」という演説が、当時国民の間に関心を呼び、「満蒙は日本の生命線」という言葉が流行していた。当時、この言葉をもじって、「咽喉は身体の生命線、咳や痰には龍角散」という宣伝文句が現れたという。

こうした権益拡大の世論をも背景に満洲事変は起こされたのであった。本庄繁関東軍司令官は事件を中国側の仕業だとして総攻撃を開始した。

これに対し若槻内閣は不拡大方針を採るが、関東軍は独断で軍事行動を拡大していった。一二月一一日若槻内閣は総辞職、犬養毅内閣が成立した．年が明けて翌三二年一月八日には、天皇が関東軍の満洲事変を称讃する勅語を発布した（『戦後史年表』小学館、二〇〇五）。これは、関東軍の満洲支配に決定的な承認を与えたことになる。二月一六日には板垣征四郎関東軍参謀は奉天で満洲軍閥の馬占山、張景恵らと新国家満洲国の建設会議を行なった。三月一日には満洲国の建国を宣言、首都を新京（現長春）に定め、新国家の執政として清朝廃帝溥儀を迎えた。同時に元号を「大同」と定めた。映画「ラスト・エンペラー」に出てくる世界である。ここに、まれに見る典型的な傀儡国家が出現した。

満洲事変を契機に侵略色を濃くした大亜細亜主義思想、王道主義思想が高まり、その一つの表現形態ともいえる、殖民による新天地の開拓という機運が勃興してきた。

満洲農業移民の資料として、『満洲開拓史』という九〇〇頁を越す本がある。満洲開拓史復刊委員会企画編集、全国拓友協議会発行で、一九八〇年に発行された。一九六六年刊の同名書の増補版である。

それによれば、満洲事変以降、関東軍の中国東北部に対する武力制圧が確立するにつれ、「日本内地における渡満熱は文字通り燎原の火のように全国に行きわたった」という。「その中で農業による満洲移民を計画したものは八四件にも上った。ただしこれは事変直後昭和七年九月頃までに計画されたものだけであり」として、団体名を列挙している。うち、東京は二〇団体を占め、全国各道府県、朝鮮、樺太、満洲なども含まれている。そして、次のように述べている。

以上のような諸計画のうちで最後まで残り、実行に移ったものは天照園移民と天理教移民の二つだけであった。その他は各種の難関に逢着してつぶれ去り、あるいは計画者の食い物となって悲惨な末路を遂げたものもあった。

（『満洲開拓史』）

満蒙開拓団とは

満蒙開拓団と言う言葉は、今日では何の不思議もないように使われている。何故そうなったのだろうか。

それは、最初から使われていたのだろうか。私たちは、満蒙開拓団という言葉をくり返し使っているうちに、そんな素朴な疑問に突き当たる。戦前の沢山の資料を読んでいても、この言葉にはなじみが薄いのである。

満蒙という言葉は、既に使われていた。一九二七年、田中義一首相の時に行われた「東方会議」（対中国東北部政策を策定するための政府高官会議）でも使われており、前記の、松岡洋右の演説にも見られる。また、一九三二年に日本植民協会によって発行された移民講座第一回が「満蒙案内」と題されている。しかし、満蒙移民とかいう言葉はそうなじみ深いものではなかったようだ。それは、内モンゴル地域への入植の殆どが一九四一年以降で、数も四〇団程度であり、全体を通じて圧倒的多数の入植地は満洲地域だったからだと考えられる。また、『満洲開拓史』、『満州開発四十年史』（満史会、一九六五）、『満州移民関係資料集成』（不二出版、一九九一―二〇〇〇）等の書名も、「満蒙」とはなっていない。

満蒙という言葉自体、日本が日露戦争の結果、ロシアからもぎ取った、中国での「権益」概念、あるいは「権益」拡張願望と不可分に結びついていたのだろう。

これに対し、「開拓団」という言葉はどうだろうか。当初、それは満洲移民とか満洲農業移民、あるいは屯墾団などと呼ばれ、植民とも殖民とも言われていた。『満洲開拓史』には次のような記述がある。

なお、本要綱案策定にいたる過程において、先に新京で開催された日満懇談会の席上、出席移民団代表から、移民なる名称が満洲移民の実体を表現する適語でないから、他に適当な名称を選択せられたいとの希望の開陳があったのを契機として、日満両国当局間に研究が重ねられた結果、次のように改称さ《ママ》られた。

一九三九年のことで、本要綱案というのは、「満洲移民根本政策に関する大綱案」であって、後に「満洲開拓政策基本要綱」（閣議決定、一九三九・一二・二二）となった。

「移民」という言葉は、当事者たちにとってどうにも「聞こえ」が悪かったのだろう。この結果、「移民」という言葉は「開拓」に置き換えられ、「移民団」も「開拓団」となった。満洲移住協会の機関誌名も、それまでの『拓け満蒙』（一九三六・四〜）、『新満洲』（一九三九・四〜）から、一九四一年一月に『開拓』へと変わっている。しかしながら、それに先立つ大半の時期、開拓団ではなく、移民団などと呼ばれていたのである。

国家によって満蒙開拓団に与えられた役割は、ソ連と対峙する関東軍への食糧補給、圧倒的に少ない日本人比率の拡大による治安維持、軍ではできない民間レベルでの現地民への影響拡大など、日本による満洲支配の補強、人的根拠の確立であった。

満蒙開拓団前史

では、一九三二年の満蒙開拓団の幕開けまでは、どうだったのだろうか。『満洲開拓史』によれば、一九三一年の満洲事変（柳条湖満鉄線路爆破事件）までは、「満洲移民前史」と扱われている。前史においては、満洲農業移民は微々たるものであった。

『満洲開拓史』には、詳しく前史が記述されている。それによると、最も早かったのが、一九〇八年頃で、日本が支配する関東州（大連、旅順、金州、普蘭店）や南満洲鉄道付属地で官有地の貸し下げを受け、個人営農として水田耕作や果樹栽培を行い、その数、一二指ほどが数えられる。

大正期に入ってからも個人営農の入植があり、ほとんどが失敗を繰り返していく。『満洲開拓史』によると一九一四年当時、在満邦人の米作の数字は、合計六一人、三七七町歩ほどである。

前史の集団移民として知られるものに、愛川村がある。一九一五年三月に関東州大魏家屯というところへ、山口県愛宕村と下川村の村民一九戸が入植した。『満洲開拓史』は、「この移民の成果は成功ではなかったが、わが国最初の集団的移民であったということと、政府機関が国策的意図のもとに実行したという二点で満洲開拓史上特筆すべきものであった」としている。「国策的意図」というのは、入植二年前、関東都督だった福島安正大将の創意、尽力によるものであったからのようだ。愛川村は失敗を重ね、一九三五年には七戸に減った。その後安定したのか、拓務省野口嘱託の視察によると、一九四二年三月現在、「七戸、六十五人で、未だ裕福ということは出来ないけれども、以前のような悲惨な状況では絶対にないと思われる旨の感想を述べている」（『満洲開拓史』）としている。愛川村村民は相当苦労してきたに違いない。

では、満洲事変当時、どの位の日本人居留民がいたのだろうか。

事変勃発直前の同胞は二十三万人であったが、その大半が満鉄の社員とその家族であり、他は関東庁の役人、諸会社職員およびこれ等を顧客とする商人で、極めて浮動的な人口であった。しかも彼等は一本の鉄道にすがりつき、狭い付属地内に立てこもって共食いの生活を続けていた。（『満洲開拓史』）

『移民講座第一巻　満蒙案内』（日本植民協会、一九三二、以下『満蒙案内』と略す）は、次のように述べている。

而してこの二十二万人の在留日本人を男女別に分けると約半数は女子で、その四分の一は十才以下の児童である。即ち半分は女子であり、四分の一は子供であるから残り四分の一即ち約五万余人が大人の男子である。嘗ては二十万人の日本人中、壮年の男子が七割も八割も占めていたことがあったが、それが次第に減少し、今日に於ては二割五分の五万余人となってしまったのである。

そして、職業別に見ると「農業は漸く六%にすぎない」と述べている。

約三千万人の人口に対し、日本人の比率はごくわずかにすぎず、関東軍が満洲を支配しようとしても、人的根拠において、その体をなしていなかったのである。

朝鮮・漢民族の移住

これに比べ、一九三〇年における朝鮮人の入満数は六〇七、一一九人（『満洲開拓史』）としている。また、『満蒙案内』によると「…満蒙に移住した朝鮮人は実に百万人に達し、内地人の五倍に達している」。元々、朝鮮民族は、延吉と呼ばれる朝鮮国境に近い広大な地域の文化にも見られるように、多かった。

また、『満蒙案内』は漢民族の移住について次のように記している。

而もその移住民数は日本の移住人口に比すれば恰も洪水の如く、一ヶ年約百万を突破するの勢いである。即ち入満支那移民は昭和二年度に於て百二十万、三年度に百十万、四年度に百八万に達している有様である。

この当時の人口統計が厳密とは思えないが、趨勢は分かりそうだ。
ここで、どうしても見落とせない問題が二つある。

一つはこの時期に至る歴史状況で、中国東北部はもとより、中国全土で日本の支配拡張に対して、激しい闘争があったことだ。特に、対華二一箇条要求の帰着として、土地商租権を呑まされた中国政府は、「懲弁国賊条例」を公布し、日本人に土地を貸したものは死刑に処するというもので、東北地方各所で、日本の侵略に対する抵抗が繰り広げられた。一九二八年六月には、関東軍によって張作霖爆殺事件が引き起こされ、関東軍による武力制圧は必至と見られ、一触即発の状態が続いていた。そうした状況に応じて、漢民族の移住は潮のように満ち引きをくり返した。

もう一つは、この時期、移民と言えばブラジル移民のことであった。後に詳述するが、昭和に入ってからも、年間一万人位のブラジル移民が送出されており、その後も一九三三年、三四年にはブラジル移民は最盛期で、年間二万人以上を送出していた。一九三二年から四年間、たかだか年五〇〇人ほどを送り出した官製の満洲移民などとは比較にならなかった。

参考として、『新満洲』（満洲移住協会、一九三九・七）に掲載された記事を紹介しておこう。

◇…満洲は五族協和と云いますがこの五族は何と何ですか。（新潟　櫻井勝正）

最近では五族協和とは云わず民族協和と申します。満洲国内にいる民族は日、満、漢、鮮、蒙、即ち住民の大部分を占めている漢人即ち支那民族で約三千二百万位、古来からいる満洲族はわずか約二百万位、蒙古民族が約百万、半島人約百万、日本人はもう五〇《ママ》万を突破したでしょう。この外に白系露人が四万位います。満洲国住民の大部分が漢民族であることを忘れぬように願います。

満蒙開拓団の種類

満蒙開拓団にはどのような種類があったのだろうか。

先に述べた「満洲開拓政策基本要綱」（閣議決定、一九三九・一二・二二）は、次のように記述している。

二　開拓民の種別概ね左の通とす

㈠日本内地人（朝鮮人は之に準ず）

(イ)開拓農民

(ロ)半農的開拓民（林業、牧畜、漁業等）

(ハ)商、工、鉱業其の他の開拓民

(ニ)開拓青年義勇隊

これらの詳細は、『拓務要覧　昭和十五年版』（拓務省、一九四一）で解説されている。このうち、(イ)、(ロ)については、「移住様式並に補助の区分より見る時は集団、集合、分散に区別せられる」としている。従来、集団移民、自由移民に区別していたのが、三つに整理されたのである。これによれば、次のようになる。

集団開拓民　二〇〇戸から三〇〇戸

集合開拓民　五〇戸から一〇〇戸

分散開拓民　五〇戸未満

この種類によって、補助金も違ってくる。

本書においては、一九四三年一二月一日までは『満洲開拓年鑑　昭和十九年版』（満洲国通信社、一九四四）の開拓団一覧表を、それ以降は『満洲開拓史』の一覧表を重要な基礎資料としたので、同一覧表の「種類」欄に記載されている以下の種類を主な分析対象とした。

集団、集合、分散、青少年義勇軍、自警鉄道村、報国農場

さらに、訓練所として次のものを加えた。

東京の農民訓練所・開拓民訓練所・女子拓務訓練所、満洲移民実習所（天照園移民大連現地訓練所）、日本国民高等学校（ハルビン）

東京からの送出総数

東京からの開拓団関係の送出数について、『満洲開拓史』は、一九四五年五月頃現在として、次の数字を記述している。

(a)開拓団および義勇隊合計送出順位

全国では、

開拓団　二二〇、三五九人　青少年義勇隊　一〇一、五一四人　計三二一、八七三人

東京からは、

開拓団　九、一一六人　青少年義勇隊　一、九九五人　計一一、一一一人（全国九位）

これによると、全国にしめる東京の比率は、

開拓団　四・一%　　青少年義勇隊　二・〇%　　全体　三・五%

である。

『満洲開拓史』は、最後の「満拓調査」として、一九四五年五月における「開拓団戸数人口調」の表を参考として掲載している。それによれば、開拓団、青少年義勇隊訓練生含めて合計二一九、七七八人である。

(a)の数字の出所は明記されていない。また、(a)の総計三二一、八七三人と、「満拓調査」の合計二一九、七七八人の大きな乖離について、『満洲開拓史』は、(a)の集計の中に計画数のみで実現していないものも含まれること、相当の退団者があること等を挙げている。

満蒙開拓団の総数については、約二四万人とする調査結果や、約二七万人とする外務省の調査資料（森茂『北満開拓民救援隊始末記』葦書房、一九八八）もある。しかし、これらは敗戦時の在籍者数を対象としている。私たちがこれから問題にするのは、全期間を通じて、退団者も含めどれだけの人が参加したのかにかかわるので、ここでは『満洲開拓史』の数値を前提として、(a)の数字を使用したい。実際、東京の満蒙開拓団を見ても、相当、退団者が多かったことがうかがえるのである。

東京から出た満蒙開拓団、一一、一一一名の人たちは、なぜ満蒙開拓団に参加したのだろうか。これが、本書の課題である。

第一章
天照園移民

天照園テント外観
（出典：『無料宿泊所止宿者に関する調査』東京府学務部社会課、1931）

第一節　「ルンペン移民団」の成立

送別会

今から八〇年ほど前の一九三二年六月一〇日夕方、奇妙な送別会が東京で行われていた。場所は、当時の深川区塩崎町（現在の江東区塩浜二丁目）の埋め立て地にある天照園（てんしょうえん）無料宿泊所である。翌日、新聞はこの送別会を大々的に伝えた。午後五時、全村約三〇〇名が会場へ詰めかけた。全村と言っているのは、通称で天照村と言われていたからだろう。天照園幹部畑野喜一郎が開会の辞を述べ、小坂園主が挨拶、ルンペン集団移民の生みの親と報じられた陸軍中将秦真次憲兵司令官がいかめしい軍服姿で壇上に立つ。

…諸氏は金儲けのために進出するのではない、出かせぎ気分は絶対に禁物だ、満洲に日本男子の生命を植え付ける積りでやれ

と激励するとあらしの様な拍手、渡満するルンペンの最年長者斎藤七郎君一同を代表して

……漢詩のうちに学もし成らずんば死すとも帰らずという言葉があるがおれ達は成功しなければ死んでも帰らない、きっと御期待に副う、おれ達が運悪く中途で死んだらどしどし後続部隊を送ってもらいたいもんでありますする

と悲壮な答辞を述べる、秦中将も一同も感激の涙を飲む、山岡関東長官代理秘書官小坂隆雄氏の激励と歓迎一席終って宴会、同団の後援者で深川区内の有力者本田定吉、小地繁次郎両氏寄贈の白梅（焼

ちゅう）二樽が持込まれる、小坂園主が

もし後援者有志の期待を裏切るような不心得者が出て不成功に終るようなことがあればおめえ達と刺

違えて死ぬ覚悟だ　と必死の決意を見せ……

（「焼酎酌んで盛宴　ルンペン君の送別会　秦憲兵司令官も激励」『朝日新聞』、一九三二・六・一一朝刊）

三人の発言の中に、それぞれの立場が表れているようだ。宴会は「焼ちゅうをあおって夜半まで歓喜の乱痴気騒ぎ」とある。この記事にある焼酎以外の、送別会への寄付も引用しておこう。

「秦司令官、山岡関東長官、某市吏員からそれぞれ金一封、青山北町柴田文之助氏から水天宮のお守り、タオル四〇枚　日本橋元柳のコドモ会有志からシャツ、サルマタ成田のお守り四〇人分」「臼井所長の送ったイナリ寿司三百人分」。

この年三月一日の満洲国建国宣言以前の前史は別として、日本で初めての満蒙開拓団、正確には満洲農業移民は、東京深川から出た天照園移民だった。六月一八日、天照園移民は、横浜港から午前八時、玄武丸で大連へ向け出帆した。『満洲開拓史』によれば、拓務省の第一次試験移民四二三名が随行員と共に東京を出発したのは、その約三ヶ月半後の一〇月三日であった。

なぜ、無料宿泊所天照園の宿泊者たちが日本初めての満蒙開拓団になったのか、その背景、宿泊者の実情、天照園経営者たちの思い、秦中将や関東軍の事情などを見てみよう。

なお、引用した朝日新聞は、同じ七面に次の三つの記事も掲載しており、ここに新聞紙面上も満蒙開拓団の時期が幕を開けたと言えよう。

★満洲の新天地へ　集団移民漸く殺到　拓務省も大調査開始
★在郷軍人が植民郷を目論む　まず屯墾義勇団七〇〇名
★リットン卿一行に貴賓車の待遇　観光局歓迎に大童

読売新聞も六月一一日朝刊で次の記事を掲載しているほか、翌日も出発の模様について詳しく報じている。

★満洲行ルンペン団送別会　『我等は満洲の人柱　成功しても生きて帰らぬ』　秦憲兵司令官が送別の辞一席
★在郷軍人の屯墾団を満洲へ

東京に押し寄せる地方の困窮民

一九二九年一〇月二四日のニューヨーク株式市場大暴落に始まった世界恐慌は日本をも直撃した。二〇〇八年九月のいわゆる「リーマン・ショック」と呼ばれる米国発の世界金融恐慌は、「百年に一度の危機」と騒がれたが、それはこの八〇年前になぞらえたものだ。一九三〇年代前半の日本の大不況と農村の疲弊による惨状は広く知られている。農村では、娘の身売り、欠食児童を生み、産業では大規模な失業を生み、都市では中小商工業者の廃業を生みだした。それらの結果は、東京府ではどのように現れたのだろうか。

中小企業の倒産、労働者の首切りは増大し、一九三〇年中における失業者は、三〇〇万に達したといわれる。

こうした不況のしわよせは、まず当然に社会のもっとも不遇な人々の上にのしかかった。資産も定職も縁故もない都会の「細民」たちの数は、急速にふえていった。

一九二一年（大正一〇年）東京市社会局の調査では、二、八六九人だった市内の定居細民が、一九三〇年（昭和五年）には八万三、〇〇〇人にふくらんだ。市外の定居細民一九万九、四八〇人を加えると、ざっと二八万になる。

（橋川文三『日本の百年　7』ちくま学芸文庫、二〇〇八）

当時、東京府にはどのくらいの失業者がいたのだろうか。「東京府下に於ける失業推定数」（『社会福利』東京府社会事業協会、一九三二・一二）から抜粋すれば、「一九二九年九月一日現在　五三、八九七人」であったのが、「一九三〇年九月一日現在　一二六、六〇二人」と急増している。そして、一九三二年までの数値も一二万前後で推移している。当時の調査の数字がどれだけ実態を網羅しているかは別としても、激増ぶりが分かるだろう。

さらに、一九三〇年一一月、東京府知事、東京市市長は連名で、地方から上京することのないように自粛する呼びかけを次のように発している。

東京市に於ける失業状況は追々深刻の度を加へ来候処、本年復興事業の完成並財界の不況と相俟って一層甚しきもの有之候。然るに、冬枯時を控へて例年の通り地方より出稼ぎの為上京する者多数あるに於ては、目下の東京府市の失業状態に鑑み事態洵に憂慮に不堪のみならず、各人の将来を誤る所以にも有之候に就ては此の窮迫せる状況を御諒察の上、確実なる就職口のある者の外、此際漫然上京するが如き事無之様一般に周知方特別の御配慮相煩度御依頼申上候。

（『東京都福祉事業協会七十五年史』東京都社会福祉事業協会、一九九六）

東京においては、関東大震災復興建設需要の減退、昭和金融恐慌の不況による困窮の累積があった。これに加え、一九二九年九月の世界金融恐慌のもたらした襲撃的影響、さらに引き続く農業恐慌（農産物価格の低下や旱魃など）、金解禁を巡る混乱等が、地方の困窮民を大量発生させて東京に引き寄せ、それは東京府・市が悲鳴を上げるほどだったのである。

東京府救護委員会の設置と無料宿泊所助成

大不況の波は、「細民」と呼ばれた弱者だけでなく、労働者、そして労働予備軍を直撃した。

東京府救護委員会は、大不況下で失業が急拡大する中、「冬期に於て失業の為極端なる窮迫に陥れる者に対する救済方策」を目的に、一九三〇年一〇月一〇日に東京府の幹部一〇名で組織された。詳細は、『東京府救護委員会報告書』（東京府、昭和九年版と昭和一一年版あり）に記されている。これによれば、事業内容は、寄付金を募集して、これを窮民に分配したり、収容保護、宿泊保護、給食保護などの社会事業に補助金を出すことであった。「冬期に於て」という点に注目しよう。つまりは、大量の餓死者、凍死者が予測される中で事業は行われたのである。

府は、失業救済事業（年末年始及厳冬期間中土木事業の集中）にも取り組んでいる。『都史資料集成第七巻②』（東京都、二〇〇八）によれば、府全体で一日平均一二、八五六人を使用し、労力費を使用延べ人員で割った労賃を計算すると、一円七七銭である。だが、管内失業者推定数八七、七九七人、現在登録数三一、二八〇人からすると、多くの人があぶれている。

しかしながら、宿泊保護に対する助成はいくつかの無料宿泊所、宿泊保護施設を生み出した。「無料宿泊所止宿者に関する調査―浮浪者に関する調査資料―」（東京府学務部社会課、昭和六年調査、昭和六年刊『戦前日本社会事業資料集成第四巻』所収、以下、「無料宿泊所止宿者に関する調査」と略す）によれば、東京府は一九三二年二月七日夜現在で尋問した調査結果をまとめている。調査に参加した団体は次のようなものである。

施設名	所在地	設立年月日
東京市浜園無料宿泊所	深川区浜園町州崎埋立	大正一三年一月開始
浜園テント	深川区浜園町州崎埋立	昭和五年八月開始
天照園	深川区塩崎町先	昭和五年九月開始
聖労修道院	高田町雑司谷五八八	昭和五年一二月一日開始
救世軍箱船	南千住町千住大橋際	昭和五年一二月五日開始
有隣園テント村	淀橋町柏木一六八	昭和五年一二月開始
上宮会館テント	日暮里町元金杉一八〇〇	昭和五年一二月開始
憩ヒノ宿	吾嬬町東七丁目	昭和六年一月一〇日開始

ちなみに、救世軍箱船というのは、本当に隅田川川岸に船を浮かべてそこに屋外居住者を収容していた。

なお、「ホームレス」のことを今日では「路上生活者」と呼んでいるが、当時は「屋外居住者」と呼んでいた。彼らは必ずしも「路上」にいるわけではなく、やむを得ず公園や河原で生活しているので、こちらの方が用語としても、居住という事実を認め表したものとして正確だと言えよう。

前述の調査資料は、調査の経過の中で、次のように述べている。

本調査は府下全体に亘る所謂浮浪生活者の調査ではなく、客年一二月東京府救護委員会の補助を受け急設した左記七ケ所の臨時無料浮浪者収容所及び既設東京市浜園無宿泊者一、九五三名（男一、九四一名　女一二名）に就いて別項調査票に依り尋問調査し集計に附したものである。それ故に本調査の対象はその全部が厳密なる意味に於ける所謂浮浪生活者ではなく、事業界不況の為め、若くは心身異常等の原因に依り熟練の労働者及び自由労働者から現状に転落した者がその八割を占め従前からの浮浪者は総数の二割に過ぎない。

尋問対象者の出生地比率で見ると東京府は約二一・七％である。神奈川、千葉、埼玉、茨城、群馬、新潟の合計は三四・四％となり、あとは広く全国に分布している。「一日の平均収入調」（二六二頁）を見ると「無収入」一八・三九％、「二〇銭以内」四七・七一％で、この二つで六六・一〇％に達する。一日平均二〇銭とはどういうことだろうか。仮に先の失業対策にありつけたとして、その労賃の一日一・七七円と対比すると、毎日働いたとしても、三・四日分にしかならない。一〇日に一回しか職につけない、ないしはもっと低劣な賃金で細切れ的な労働に就いていたことになる。当時の有料公設宿泊所の宿泊費は一泊二〇銭程度であり、宿泊できても食っていけない収入なのである。

ともかく、職もなく家もない失業者たちは、無料宿泊所に殺到した。

一九三二年、利用実績を見ると、①市の無料宿泊所は、一七七、三三八（一日あたり四八六）人で、②民設の無料宿泊所が、四四八、六六五（一日あたり一、二二九）人、③このほか、公設の有料、民設で有料あるいは有料無料混在が、一日あたり約四、〇五三人であった。天照園は②に属する。

鋭敏な新興社会事業団体——天照園

東京市深川区の埋め立て地に一九三〇年、無料宿泊所「天照園」が設立された。天照園は塩崎町にあり、隣の浜園町にも東京市営の浜園宿泊所、深川一泊所などがあり、一帯は、職もなく泊まる所さえない、ルンペン・プロレタリアートの最後のよりどころであった。戦前の古地図『深川区詳細図』（深川図書館所蔵、一九三五）によれば、「天照園政策研究所　授産所」として場所が明記されている。また、『古地図・現代図で歩く戦前　昭和東京散歩』（人文社、二〇〇四）にも天照園授産所として掲載されている。

事業内容は、無料宿泊保護、食堂経営、職業紹介である。『東京市内外社会事業施設概要』（東京市社会局、一九三五）によれば、設立は一九三〇年一〇月、「失業浮浪者の激増を憂え時の警視総監、其他の諸氏と相計り天幕を設立して収容救護を開始した後、冬期、失業救護委員会より助成金の交付を受けるに至りバラックを築造今日に至る」としている。

前出の「無料宿泊所止宿者に関する調査」での天照園被調査実数は一〇七名で、中ぐらいの規模（最大は救世軍箱船六九三）と言えよう。しかし、『東京府管内社会事業施設要覧（昭和九年三月）』（東京府学務部社会課、一九三五）では、一九三二年では、宿泊収容実人員一、六三五名、収容延人員一五四、六八八名、現在収容人員五二六名と急増している。代表者、主任者は、小坂芳春（別名　小坂凡庸夫）。従事員は、男一四名。建物については、三五三坪と記されている。組織及宗教では、他団体がキリスト教などとしているのが多い中で、個人経営とのみ記されている。天照園という名前の割に宗教色は希薄なものと考えられる。さらに、一九三二年冒頭には、芝区三号地に「芝区月見町の不良バラック居住の朝鮮人を収容する為設立す」として、天照園芝浦宿泊所（無料宿泊保護）を開所している。

天照園は、「社会政策研究所」として出発するという明確な特徴を持ち、東京府社会事業協会の機関誌『社会福利』などにもたびたび投稿している。

最後的生活

天照園移民は、一九三二年から一九三六年までの五期にわたり毎春、合計一二五名が送られた。

朝日、読売など新聞では、第一期から第三期頃まで、天照園移民の代名詞のように「ルンペン移民」という言葉が見出しに使われた。では、天照園自身は自分たちのことを何と呼んでいたのだろうか。天照園移民の趣意書では、「最後的生活の体験者数十名を選抜し」としている。また、同「結盟」五箇条の三は、「吾等は互いに誘掖し最後的生活に耐ゆる《ママ》ことを期す」となっている。「最後的生活」とは、何だろうか。

畑野喜一郎は、天照園の活動に職員として当初から参加し、天照園移民の副総務から組合長として、最後まで団員と苦楽を共にした中心人物である。畑野は、実践家であるとともに理論家でもあったようだ。『社会福利』(東京府社会事業協会、一九三二・八)に、「所謂ルムペンの研究」という論文(全三九頁)で、天照園での実践・観察を含めて詳細な分析を発表している。また、畑野の書いた『どん底に探る』(若い力文庫、一九三二)は、労働者を奈落の底に突き落とす資本主義に対する激しい糾弾と共に、ルンペン・プロレタリアートに対する深い同情とその行く末に対する危惧に満ちた苦悩の書である。

『どん底に探る』の中で、社会事業家である畑野は、「資本主義社会に於ける一切の社会事業と称するものは、資本家の走狗として、阿片の役割をなすものと認められても、何とも申訳のない事情の下にある」とまで述べている。また、天照園が相手としたような人たちについて、「彼等は、有産階級よりは、仕方のない図太い悪者だと見られ、だから、斯る悲惨な生活に陥るのも自業自得だと云われ、戦闘的無産階級からは、足手纏いであり、裏切者的予備軍だとされている」と記している。すでに、労働者階級には激しい弾圧の中で深い分断構造が作られていたのである。

畑野の危惧と小坂の「決断」

畑野が一番恐れたのは、長期の就業挫折の繰り返しの中で、ルンペンたちが無気力化していくことであった。

　そして、何がな生存手段を見出さんとする戦争に加る。然し娘一人に婿八人の職業戦野では求めて得ざる努力が彼等を疲弊させる。果ては犯罪に陥入るか、浮浪生活に転落するか、自ら殺すか、三つの中の一つを選ぶ。

(『どん底に探る』)

次に引用するのは、小坂凡庸夫天照園園主の言葉だ。小坂の経歴は「小坂氏は天照園開設以前、一時北海道に於て開拓事業に関係したことがあるが、それを除いては前後を通じ多く新聞事業に携って来た」（『満洲開拓拾年史』未定稿、著者後述、一九四二年前後、以下『拾年史』と略す）としか知られていない。その人柄については、「人類愛に立脚した小坂君の精神が此の同宿の人々に感激を与えたことであろう」（『拾年史』）、「情の人であり熱の人である。移民は氏を呼ぶに『親父』の代名詞を以てし、心服して居る」（『天照園移民調査報告』南満洲鉄道経済調査会、一九三六、以下『満鉄報告』と略す）などとある。『拾年史』は、小坂が達した結論として、次のように紹介している。

いわゆる「社会事業は結局に於て極めて力の弱いものであって、いわば一時の気安めであり、慰めであるにしか過ぎない。自然それは結果的に見て、彼等被救済者の生活力を喪失せしめることにしかならないのであって、真の救済は彼等をして帰農せしめる以外には途は無」と。

無気力化していく「最後的生活」者の中から、少しでも自力更生への道を開いてやりたいという思いは、社会政策研究所として発足した天照園の二年間の実践の総括であった。しかし、当時移民といえばブラジル移民のことだった。それが、なぜ、満洲移民となったのだろうか。そこには、時代の産み落とした「渡満熱」という大きな条件変化があった。

秦中将が当初から参画

その小坂が頼ったのが、秦真次憲兵司令官であった。秦中将と小坂の関係については、「たまたま昭和四、五年頃の失業者洪水時代に際会し、座視するに忍びずかねて親交のあった、秦真次中将の後援を得、深川塩崎町の埋立地に、無料宿泊所を開設するに至った」(『拾年史』)という記述がある。

天照園が実際に開拓団を送った時、『東京朝日新聞』は「この計画には憲兵司令官秦中将が当初から参画、関東軍が大歓迎であり、かつ数百万町歩の土地を提供」(一九三二・六・九朝刊)することになったと報じている。「かつ数百万町歩の土地を提供」の部分に至っては、本当に関東軍が言ったのか、記者の勇み足なのか若干首をかしげたくなる「はしゃぎ方」に思える。しかし、この当時は満洲農業移民は国策化されておらず、以後、五年間、「武装移民」とも「屯墾団」とも「試験移民」ともいわれる拓務省移民を、細々と年五〇〇人程度送り出し始める以前の状態だったから、関東軍としてはよほど嬉しかったのかもしれない。

なお、いつごろから、移民の計画がされたかについて、『日満経済統制と農業移民』(日本学術振興会、一九三五)では、「昭和七年二月」としている。小坂は、四月に「こっそり渡満」している。

……このルンペン更正の一大福音の活路を見出したのはキャンプ村の天照園主小坂凡庸夫氏で、氏は四月中旬こっそり渡満、山岡関東庁長官に計画の腹案を打ち明けた所即座に快諾、年額七千円の経常費支出を約しまた関東軍憲兵司令官二宮少将も双手をあげて賛成、とりあえず関東軍と協議の結果二〇〇町歩の土地を心配してくれた、話はどんどん進んで秦憲兵司令官、二宮関東軍憲兵司令官、満鉄理事大森吉五郎、関東庁内務局長日下辰太の諸氏が顧問となり、第一期計画としてルンペン集団移民養成所を創設する事に決定、金州城外に畑一五町歩、水田五〇歩、放牧地五〇町歩、桑園一町五反の実習地を設け、旧露軍兵舎八棟五〇〇坪を宿舎にあて天照園のルンペン中から農業畜産業に経験ある高小卒以上二五歳以上四〇歳以下の独身者四三名を収容、農具、めん羊、種馬、豚、鶏等を与え一ヶ年間一般農業の実習並びに必要な知的教育を施し卒業後は関東軍から無償貸与の六〇〇万町歩を逐次開拓、永久継続事業として満洲に天照園ルンペン村を建設しようというのである、東京市社会局でも大変力こぶをいれ旅費として一〇〇〇円を投げだした、キャンプ村では来る一〇日秦憲兵司令官はじめ関係者を招き祝賀をかね盛大な送別会を開き前途を祝福する事になった

（『朝日新聞』一九三二・六・九朝刊）

秦真次中将――策略好きの皇道派

では、秦真次中将（一八七九〜一九五〇）とはどういう人だったのだろうか。秦郁彦編『日本陸海軍総合事典［第2版］』（東京大学出版会、二〇〇五）から見てみよう。

一八七九年、小倉藩典医秦真吾の長男として生まれ、陸軍士官学校（一二期）、中尉、大尉などを経て陸大を卒業、第三師団参謀長や陸大教官の後、一九二七年一〇月から一九二九年七月まで、関東軍司令部付（奉天特務機関長）の任にあった。その後第九師団司令部付、第一四師団司令部付を各一年の後、一九三一年に中将となり、東京湾要塞司令官を二ヶ月間務め、一九三二年二月二九日、憲兵司令官となり、二年半務めた。最後は、神宮皇学館研究生、神官で終わった。

秦中将の経歴で目立つのは、張作霖爆殺事件（一九二八年六月四日）の時、奉天特務機関長の職務につい

ていたことだ。事件は当時の中国東北部の政治・軍事の中心である奉天のすぐ近くで引き起こされた。秦少将（当時）は、この謀略の舞台裏を知らなかったとは考えにくい。事件の首謀者である河本大作大佐自身が書いた手記「私が張作霖を殺した」（『「文藝春秋」に見る昭和史』第一巻　文藝春秋、一九八八）によると、秦少将の動きはおおよそ次のようなものだ。今後の東三省の首脳者を巡って、松井七夫少将一派は楊《よう》宇《う》霆《てい》を推し、当時奉天特務機関にあった秦少将一派は張学良を推さんとし、その間に暗闘があった。翌年四月、張学良が楊宇霆を殺したのを知って、秦少将らはすかさず、張学良を主権者に推し、学良を親日に導かんと画策した。しかし、それは失敗に終わった。

次に目立つのが、秦中将が「二・二六事件」などで知られる皇道派の幹部であったことだ。松本清張『昭和史発掘六』（文藝春秋、一九六八）によると、「いうまでもなく秦は真崎の最も忠実な乾児《こぶん》で、憲兵司令官として反真崎派の将官に対して徹底的な内偵政策をとった」。真崎甚三郎（中将後に大将・参謀次長）は皇道派の中心人物である。「彼が退役一歩手前の東京湾要塞司令官から拾われたのも真崎のお声がかりで、そのためひたすら真崎には忠勤を励んだ。元来が真崎の好きそうなコチコチの敬神家で、古事記・日本書紀や祝詞に通じ、退役になってからは神官になったくらいだ」。「秦は奉天特務機関長時代におぼえた趣味もあって、しきりと反真崎派の連中を憲兵に追いまわさせた」。

コチコチだが、策略好きの人物だったようだ。

関東軍・青年将校とルンペンの親和性

小坂と秦中将がなぜ一緒になって、天照園移民を送り出したのだろうか。まだ国策としての満洲農業移民計画もはっきりしないこの当時、関東軍の協力なしにはそれは不可能であったろうし、現実に秦中将の後押しなしには不可能であったろう。関東軍の「大歓迎」の背景には、出自が関係しているのではないか。皇道派と呼ばれた青年将校は、「みずから農村出身者が多く、また隊付将校として農村出身の兵隊に接することの多かったかれらは、『健民強兵』の基盤である農村の窮乏に重大な不安を感ぜざるを得なかった」（大内力『日本の歴史 二四』中央公論社、一九六七）。農村の富裕層出身の青年将校の中には、幼なじみや、部下の兵の実家・姉妹が零落したり、「身売り」されたりするなど、農村の悲惨な実態を身近で見聞きしていた者が多かった。天照園の宿泊者も地方出（原籍東京は一割に満たない）の次男坊以下が殆どで、青年将校たちにとって、いわば「部下たちの兄弟」である。

小坂としては、「最後的生活者」の宿泊者に自立の道を踏み出させることに必死で、「藁をも摑む」思いだったろう。一方、関東軍は武力で「満洲国」は創ったものの、日本人比率はごく僅かで孤立していた。また、東京市は失業洪水に「焼け石に水」の対策しかできていない中で、メンツを問われていた。それぞれの立場から来る結合点として天照園移民は成立したと言えよう。

新聞はルンペンの美談として大々的に取り上げた。果たして、天照園移民は世間にセンセーションを引き起こした。以降、天照園移民は各方面の報道、報告で取り上げられていく。文芸面では、戦前の多才な詩人、小熊秀雄（一九〇一～一九四〇）が、長編叙事詩集『飛ぶ橇』（一九三五）の中で、「移民通信」として、出発する天照園移民の期待と不安を描き出している。

渡満――五年にわたって毎年春

ともあれ、天照園移民第一期生は一九三二年六月一八日、渡満の途についた。『朝日新聞』一九三二年六月一八日夕刊によれば、「一七日、一同は午前六時、号令一下起床朝食、カーキ色青年団服、ボーイスカウト帽、巻ゲートル、黒の改良地下足袋という打って変った正装で二台のトラックに分乗」、「宮城二重橋前着、二列縦隊に整列して、しばし遥拝」、続いて明治神宮、靖国神社を参拝して、夜、横浜港に向い、玄武丸で一泊して一八日出帆した。

こうして、天照園移民は一九三二年から一九三六年まで、毎春に送られた。『東京府救護委員会報告（昭和一一年）』（東京府救護委員会、一九三六）には次のような記述がある。

本会は昭和九年以降屋外居住者並失業労働者の救護に関し、従来の収容保護事業に限らず、更に積極的救済策として彼等を満洲に移住せしめ、将来独立農民として更生せしむる目的のもとに此の種事業に体験深き深川区塩崎町所在天照園宿泊所に委託し、昭和九年三月二三日先ず二十名を渡満せしめ同園経営に係る満洲国銭家店「天照村」に収容し、更生の方途を講じたる処、一ヶ年を経ずして一、六二〇町歩の農場耕作も終了し、天照村に移住者各個の家屋を建築し、独立農民として更生の途に就けり。されば天照園に於ては更に本年三月十五日管内屋外居住者を募集して渡満移住せしめ、一層本事業の徹底を期する事となりたる為、本会は同園従来の成績に鑑み左記金額を支出し本年も二十名を委託渡満せしめ満洲に於ける新天地の開発に従事せしめたり。
交付額　　団体名　　摘要
三、〇〇〇円　　天照園宿泊所　　屋外居住者満洲移住費

天照園移民の素顔

では、天照園移民はどういう人たちであったのだろうか。

のちの一九三六年五月七日から一〇日間、関東軍の依頼を受けた南満鉄経済調査会の三人（満洲拓殖会社、満鉄公主嶺試験場、経調第二部）の調査員が天照村を克明に視察している。これが『満鉄報告』である。天照園移民村の訪問記・報告書・記事は多数にのぼるが、ひときわ詳細なのがこの『満鉄報告』である。

まず、団員の年令から見てみる。不明四名を除く五八名の最年長・最年小・平均年令は表のようなものだ。団の主力は二〇代（二七名）、三〇代（二四名）であった。団員（戸主）はすべて男性である。しかし、団員家族は渡満後四年のこの時点で一三名に達していた。うち男性は、団員の息子・弟など四人、女性は妻六人、娘三人である。この一三人のうち、八歳以下の子どもは五人。なお、妻の一人は原籍地朝鮮である。職員は五家族計八人であり、女性は妻二人、娘一人であった。

団員の続柄を見ると、次男以下が圧倒的に多い。原籍地を見ると　東京は一割に満たず、中部以北が多いのが目立つ。天照園移民は、地方の困窮の流入口であり、それを満洲に送出する流出口だった。

学歴で見ると、小学校までが七二％と圧倒的に多い。しかし、当時、知識階級と見なされていた中卒以

天照園移民の素顔

【年令】

最長	50才
最少	16才
平均年令	30.2才

【籍柄】

戸主	11人
二男以下	39
戸主の孫	2
戸主の従弟	1
私生児	1
不明	8

【原籍地】

中部	17人
関東	11(東京除く)
東北	8
北海道	7
東京	6
九州	5
近畿	3
四国	2
中国	2
不明	1

【学歴】

小学校卒	41人
小学校中退	2
中学校卒	4
中学校中退	6
商業学校卒	1
商業学校中退	1
鉄道学校卒	1
獣医学校卒	1
明大卒	1
明大中退	1
早大理工科卒	1
不明	2

【前職】

自由労働	28
会社員、自由労働	3
運転手、自由労働	2
鉄道員、自由労働	1
農業、自由労働	1
東京市雇員、自由労働	1
左官、自由労働	1
農業	5
なし	4
会社員	2
大工	2
店員	2
学生	1
鍛冶工	1
巡査、運転手、自動車組み立て	1
人絹仲買	1
接骨師(講道館柔道３段)	1
徒弟	1
鉄工	1
牧場員	1
薬局生	1
洋服仕立屋	1

(『満鉄報告』を基に作成)

上が約三割を占めるという就職難の時代であったことも見て取れる。

前職はどうだったろうか。「自由労働」が三七（六〇％）と多い。要するに失業者、日雇いである。他の前職と併記しているのもあるので内訳を見てみる。農業が一割にも満たないことがわかる。ここにあげられているのは特定の職種ではない。世界恐慌、農業恐慌の中で社会分業からはじき出され、ルンペンプロレタリアートとして形成された新たな社会層である。

満洲移民実習所

満洲移民実習所は、満鉄所有地を借受け、天照園移民のためにつくられた実習所である。第一期生は、一九三二年六月の渡満後、満洲移民実習所で約九ヶ月の訓練生活に入る。

場所は、大連近くの大房身駅北東四キロの馬家屯、新聞報道ではこの半島の最も狭窄な部分で渤海、黄海が両岸を洗っているという。農場は約一五町歩（一町歩は〇・九九一七ｈａ）、大豆、高粱、トウモロコシ、陸稲、水稲などは既に前耕作者が播付を終えており、実習生は大根二町歩、蔬菜一町歩を播付けた。夏は朝四時半に起床、農業実習、語学等を学習していた。

『天照園移民事情』（関東庁内務局農林課、一九三三）によれば、設立者には、次のような人がいた。

東京市深川区塩崎町　天照園主　小坂　凡庸夫
大連市臥龍台一番地　満洲青年聯盟大連支部長　井藤　榮
大連管内大連湾会大房身　農業（現在関東軍嘱託）　岡田　猛馬

この他、元金洲公学堂南金書院々長の岩間徳也、東京天照園理事の今井照慶、普蘭店居留民会長の和泉研等が発起人として加わっていた。なお、『満洲開拓史』によれば、今井照慶は、元三菱本社勤務で、後には出家してハルビン極楽寺住職となった。

実習所の経営に要する主たる収入は関東庁、東京市及び東京府よりの補助金であった。

次にこの実習所における三つのエピソードを紹介する。

一日一〇銭に満たぬ食費

ここで、前節で引用した『拾年史』について解説しておきたい。同史料は『満州移民関係資料集成』（不二出版）の二八〜三〇巻（一九九二）に収録されている。九分冊、計一六七〇頁におよぶ手書きの原稿であり、著者名はなく、発行者は「拓務省」と「大東亜省」に分かれているので、拓務省から大東亜省に変わった一九四二年を前後する複数年にわたって書かれたものと考えられる。岡部牧夫『満州移民関係資料集成　解説』（不二出版、一九九〇）では、「編纂にあたっては資料的に周到な用意がなされており、基本史料や公刊文献のほか、関係者からの聞きとりを効果的に利用し、随所にそれらが引用されているため、資料的価値もきわめて高い」と記されている。また、『満洲開拓史』では、「編集を終わって」で、次のように触れられている。「本書の編集にあたっては拓務省野口嘱託の『満洲開拓拾年史』（未定稿）が非常に役立ったことを書き添えて謝意を表したい」。

この『拾年史』の中で、満洲農業実習所について記述されている。岡田猛馬は、一九四一年の満洲拓殖会社主催「初期の満洲開拓を語る」という座談会で、天照園移民の入植前に於ける実習所生活について次のように述べている。なお、一〇銭を仮に二〇〇〇倍すると、二〇〇円である。

村山　一日一〇銭位の食費でどれ位のものが食べられますかね、もっとも今程は物価高ではなかったでしょうが、それにしても一〇銭にも足らぬ食費では……

岡田　ところがその一〇銭にも足らぬ食費で三度三度食べていたのですから、朝食は包米でつくったビンズ　米湯、漬物、それに昼食は大体朝食に同じで、夕食は朝昼食の外に味噌汁と野菜の煮付けなど、まあ献立は大体こんなものだったのですが、野菜の煮付け等は一日おき、それに一ヶ月に一回、豚肉と池の魚をとって料理をしました。これがまず彼等の一番の御馳走だったようです。

加藤　今、岡田さんのお話の中で主食として三度三度喰べたという米湯というのは何なんですか

岡田　米湯、アッその米湯というのはですね、飯の乾かしたもの一人分二〇匁位を煮出したもので重湯のうすいものです。

吉崎　それじゃ所謂米の飯というものは一度も喰べなかったのですね。

岡田　そうです。満洲の土を踏んだら米の飯は絶対に食べられないつもりで来いという堅い約束で渡満させたものですから、彼等もまた原則として米の飯は食べなかった。もっとも毎月二六日を上陸記念日と定め、この日に限って特に規定を破って米の飯と汁粉を食べさせることにしていました。皆はこの日の来るのを四、五日も前から指折数えて待ちこがれ、当日はまるでお祭り騒ぎです。まるで小供のようにはしゃぎまわるのです。涙なくしては見られぬ光景でした。

明日は死んでも本望ですよ

『拾年史』を引き続き見てみる。

この米の飯についてはこんな涙ぐましい話があります。一行渡満してきた年の秋、或る団員が私の家の天井張りを手伝いに来て呉れたので、折角来て呉れたのだから、まあ飯でも腹一杯食べてゆっくりしてってくれ、と飯を御馳走してやったところ、どうですか、久しぶりに飯にありついたと非常に喜んで

――腹一杯頂戴致しました。もう思い残すことはありません。これで明日は死んでも本望ですよ、と云って帰って行きましたがなんと不思議やその翌日、大根畑で鍬を握ったまま安らかに此の世を去って行きました。（笑声）

吉崎　笑いごとじゃない、本当に涙の出るようなお話ですね。

満洲移民のモルモット

次の出来事は、一九三三年、文芸春秋に掲載された天照園訪問記の一部である（『「文芸春秋」にみる昭和史』第一巻　文藝春秋、一九八八）。「執政に謁するの記」と題された一九三三年夏、平野峯夫が、川島芳子の仲介で溥儀に謁見する記事に付け足されたものだが、さすがに、満洲移民実習所指導者井藤の短い発言の中に実習所の断面を切り取っている。

ただ今来て見ると、一人の男が、内密で帽子を買ったと知ったので、私はその男をきめつけたんで

す。

『何だって、そんな帽子を一人で買うか』

『町へ行く時冠るつもりです』

『一人だけがそんなことをして良いか、もしもお前一人がパンの一片でも別に齧って良いと思うか』

『それとは違います』

少しも悪いという反省がない。こうした小さなことから統制が乱れて行くのです。私は悪かったと思ったが、今その男をガアンと一打くれてやったのです。私は今後悔しているが、私はその男の行為は今も憎みます。

（中略）

気の毒ながらみんな満洲移民のモルモットの覚悟です。それが、仲間に外れて帽子を買う、そこに破綻の悪魔がのぞいているのです。性欲の問題では一人、やはりひそかに村の外へ女郎買いに行って、とうとう仲間を追われたのがいました。まず私達はあらゆる禁欲的な生活から入って行かねば、山東の飢餓に追われて満洲へ入り込んでくる、山東移民の人間洪水と相拮抗することは至難です。満洲の移民がどれもこれも失敗といって好いのは、その覚悟、いや実行ができないからです。

三年で閉鎖された実習所

天照園移民の渡満に遅れること約三ヶ月半、拓務省は第一次試験移民を送り出したが、天照園移民は、

満洲移民実習所の収入

単位：円

1932年度（昭和7年）		1933年度（昭和8年）		1934年度（昭和9年）	
イ、関東庁補助金	6,600.00	イ、関東庁補助金	2,755.00	イ、関東庁補助金	1,020.00
ロ、東京市補助金	1,000.00	ロ、東京市補助金	1,500.00	ロ、東京府補助金	2,300.00
ハ、実習農場収益	334.40	ハ、実習農場収益	736.12	ハ、実習農場収益金	968.86
		ニ、井藤栄氏寄附金	295.44	ニ、岡田猛氏寄附金	271.72
		ホ、天照園負担	295.44	ホ、天照園負担	683.51
計	7,934.40		5,582.00		5,244.09

（『満鉄報告』を基に作成）

いわば民間の試験移民であったと言えよう。まるで、るつぼの強火の中で溶融・合成されるように、鍛錬され、形成されていく。この試練は厳しいものであった。

『満鉄報告』によれば、一九三三年三月、実習を終えた第一期生は、はるかに遠い興安南省通遼県銭家店へ入植する。入れ替わりに第二期生三三名が四月に入所してくる。しかし、三期生が実習を終えた一九三五年、「幹部間に意見の不一致等あり」、天照園は実習所と「手を分つに至り」、実習所は閉鎖される。

入植一年目

実習期間一年を九ヶ月間で切り上げた天照園移民第一期生は、一九三三年三月二九日、ついに入植した。場所は現在では内モンゴルに属する興安南省通遼県銭家店駅南側の花拉火焼というところだった。九ヶ月前、三六名で入所した実習生は、すでに二八名に減っていた。ここで、一期生は一年間を過ごす。なぜ、こんな所へ入植したかについて、「当時の事情として適当の地仲々得難かりし為、関東庁の斡旋により不取敢東亜勧業銭家店農区土地一二〇天地（約八六町歩、約八六ヘクタール）を借入、昭和八年三月第一期生を入

入植一年目の天照園移民の農事経営成績中の収支決算

収入	
穀実収入	三、四六四・六九
穀稈収入	五九八・六四
雑収入	四〇〇・〇〇
計	四、四六三・三三
雑収入は軍馬糧等運搬賃等	
支出	
経営費	二、六五三・六四
種苗費	一六三・五五
労役費	八九七・六七
飼料費	七四三・五八
小作料	二七〇・〇〇
修繕費	四八・一三
税金公課	二九一・六〇
雑費	五四・〇六
固定資本年賦償還金	一五三・〇五
金利	三二・〇〇
生計費	一、〇七五・二〇
食費	九一三・八二
家具、光熱費	一六一・三八
農耕資金返済金	六〇〇・〇〇
収支差引	
農業所得	
農業総収入	四、四六三・三三
農業経営費	二、六五三・六四
益金	一、八〇九・六九
一人当益金(二八名)	六四・六三
農家の余剰	
農業所得	一、八〇九・六九
家計費	一、〇七五・二〇
農耕資金返済金	六〇〇・〇〇
余剰	一三四・四九
一人当余剰(二八名)	四・八一

(『満鉄報告』を基に作成)

植せしめた」(『満鉄報告』)としている。天照園では、第一期生を五班に分けて、一班約一六町歩を耕作させた。一人当たり約三町歩ということになる。

資金は、東亜勧業から動物農具資本用として一三一〇円(年利八分一五年均等年賦償還)、農耕資金として六〇〇円(年利八分年度末元利返還)を借りた。建物は、通遼農場北銭家店事務所院子内の一部を貸与された(『天照園試験移民報告書』東亜勧業、一九三三)。小作料は一天地五斗、計六〇石(二七〇円)とある。この年の穀実穀稈収入の七%にも満たない、まるで夢のように安い小作料だ。

注目された営農実績

農業、ましてや内モンゴルの農業については素人に等しい天照園移民が、入植初年度にどれだけの成績を挙げられるかについて期待するのは無理というものだろう。しかし、諸般の事情は少し違っていた。天照園移民は、耐久力試験のモルモットの役割を負わされたのみでなく、満洲農業移民の「広告塔」でもあった。拓務省による移民は一九三二年から毎年五〇〇人程度を出していたものの、土地の収奪、現地民への暴行、内輪もめ、現地民の抵抗などがくり返される「試験移民」「屯墾団」の時期であった。満洲移民の先鋒として、小作料を払い、現地民と変わらぬ耐乏生活で入植に突入した「ルンペン移民」の動静は、各方面から注目されていた。

最初の報告は、一九三四年一月に、前記の『天照園試験移民報告書』として、土地の貸し主である東亜勧業株式会社から出された。満洲天照村（天照園移民）は、一九三三年一二月にガリ版刷り一六頁の「満洲天照村業績並計画」を発行しており、陸軍省へも提出している。

農事経営成績のうち、収支計算を見てみる。単位は円。

なお、天照村報告書では、差引益金は一人当たり一〇五・〇二円、各一人当り平均収支の差引残金は、九七・三五円となっている。

一般がかかる状態に堪え得るや、生活観上からは問題である

このような結果を出したことに対し、東亜勧業社長向坊盛一郎は、同報告書の序文の中で、天照園移民の成功への期待とともに、「乍併此の移民団は多分に特殊な要素を包含せるものである以上、之を以て直に次に来るべき移民団に適用することは差控えねばならぬと思います。」と述べている。また、後に調査団を送った日本学術振興会は、『日満経済統制と農業移民』（日本学術振興会、一九三五）の中で、一九三三年度の天照園移民の営農成績について次のよう述べている。

乍然、右の数字に於て直ちに看守せられることは、彼らの生計費の著しく僅少なる事実であって、一人当り三八円四〇銭にすぎず家屋に対する費用を要せずとはいえあまりに僅少であろう。更にこの中より家具費光熱費を除ける食費にいたっては九一三円八二銭であり一人当たり三二円六三銭余一日八銭九厘強である。従ってその食料は若干の肉類を除くの他は高粱、大豆等を常食としている状態であり、調味料の塩が食費総額の約六分の一迄も占めている如き状態であるから、邦人農民の一般がかゝる状態に堪え得るや否やは生理学的にはともかくとして生活観上からは問題である。

「順風満帆」の新聞報道と、正反対の『満鉄報告』

一方、天照園の営農実績は、新聞で次のように伝えられた。

★「移民ルンペンに春はめぐる　今では地主さん　花嫁貰う景気　渡満し早くも一年七ヶ月」（『読売新聞』一九三四・一・八朝刊）

天照園試験移民団員食事
（出典：『天照園試験移民報告書』東亜勧業株式会社、1934）

「収入約五〇〇〇円をあげて一五〇〇円ほどの支出を引いても一人頭約一〇〇〇円の純益を得て天晴れ一人前の満洲農民になりおおせた」「小坂団長の話では―『独立後の生計は年収約一二〇〇円、支出は苦力の賃金から地代として毎年償還する六〇円を入れても一年六〇〇円ぐらいだから差引き六〇〇円の利益はあげられる』」

★「純益一八〇〇円　天照園移民があげたこの素晴しい好成績」（『満洲日報』一九三四・三・三〇）

前記のものは、一九三三年度の営農成績について評価したものであるが、意外なことに、後に正反対の評価（収支差引は欠損だった）を下した調査があった。『満鉄報告』である。

この報告は第一期生一人一人の内訳の合算に基づいているが、収入の中に軍馬糧等運搬賃はなく、その代わりに天照園入総補助があり、支出の中には生計費七〇〇円余の他、小遣治療費雑費が一、一四四円ほどが含まれている。一人当平均欠損は四四円八二銭である。

謎であるが、天照村は次の年から二年間、このような相違をも吹き飛ばしてしまうような、激震に見舞われる。

第二節　牙剥く大地、奈落の底へ

一棵樹への引っ越し

『満鉄報告』によれば、天照園移民は、入植二年目の一九三四年三月、終の棲家となる「一棵樹」という地区に引っ越した。同じ銭家店の東北約一〇キロの地点で、前年三月、「逆産」（張学良軍閥の所有資産を没収したもの）として没収され、極東生薬会社に払い下げられた三入番堂農場の一部を予約しておいたものである。地名は、一本の楡の木（柳という説もある）が生えていたことからつけられたものらしく、やがてそれも根っこしか残らなくなったという。広さは約三五方地（一、一三四町歩）でそれまでの一三倍。東は極東生薬の土地に通じ、西は蒙古兵舎に近く、北は東に流れる遼河に接している。平均気温は一月のマイナス一五・六度から七月のプラス二三・五度（通年平均プラス五・三度）。

『天照園移民村実地調査概要』（関東局移民衛生調査委員会、一九三七）には、一九三六年八月に行なった調査結果がまとめられている。その中から、一棵樹の様子をひろって見る。

部落は東西に延びたる長方形を形成し、周囲約三粁の土壁を以て囲繞せられ、部落内人口六〇〇余、これ等満人農夫（極めて少数の満化蒙人を含む）と雑居して総数六九戸、八三名（昭和一一年七月現在）の我天照園移民は生活し居るなり。（中略）

即、南方は直ちに砂丘にして放牧好適地たり、東は一棵樹を以て隣地に境し、北は熟地にして約四粁にして東西に流るゝ遼河を以て堺す。

住居にも触れており、多くは土壁三間房で、旧満農居宅を修理したものか、そのまま用いているという。「中房は出入口兼厨房、物置き、炕焚口にして、左房は居室兼寝室にして炕あり。右房は食事室、物置き等に使用し居ること他の満農の様式と異らず」。窓は、上に蝶番の付いた開閉式である。しかし、土壁が直接土壌に接していて、家の内部は湿っぽく、かびが繁殖しやすいことを、調査員は将来対策の重要事項と指摘している。

ともあれ、天照園移民は新天地で次のような分担で耕作に入った。

〇第一期生（第一農区）二人一組で、一組当たり二二・五天地（一六・二町歩）

〇第二期生（第二農区）四人一組で、一組当たり二二・五天地

〇事務局直営地、　　　　　　　　一七〇天地

〇昨年度の花拉火焼農場（第三農区）九〇天地、第一期生一名、第三期生三名

一天地は、〇、七二町歩（ha）。

ここでは、一、一三四町歩の内、一五％が事務局直営地であることに注目しておきたい。

半端ではない洪水、雹

危機は突然やってきた。五月下旬から降雨が続き、増水した遼河は六月四日堤防が決壊、清河氾濫と合して、通遼、銭家店間は泥海となった。いったん減水したが七月二五日また大雨となり、作物は大被害を受けた。実収約二割で、惨憺たる結果となった。

『満鉄報告』によれば、第一期生は四、六二三一・三六（一人当一七七・七八）円、第二期生は一、八三九・四八（一人当八七・五九）円の欠損を出した。この時の模様について、一九四〇年一〇月七日から九日まで三回にわたって『朝日新聞』朝刊に掲載された「今じゃ大陸の地主　天照園拓士の座談会」（以下、「座談会一九四〇」と略す）で当事者が述べている。

畑野　洪水と云っても河の氾濫でなくてどしゃ降りで畑に水が溜るのです、私の畑などは馬の鞍まで水枷がありましたよ、農耕方法を知らぬ我々は唯金になる物と云うので小豆を五町歩も蒔いたり或は小藤子や緑豆を無茶苦茶に作っていたのですがそれが又皆んな水に弱い作物だったんですよ、この秋の収穫は普通一六町歩で一〇〇石以上あるものが僅一〇石位でした

それにもめげず、翌一九三五年、第一期生、第二期生、第三期生はそれぞれ一人当たり、二二・五、一一・二五、五・六二天地を耕作し、事務局は九六天地を耕作したが、雨量が少なく発育不良で、八月末、今度は鶏卵大の降雹暴風雨が襲い、前年同様、大被害となった。「座談会一九四〇」では、

岡　生高梁を叩きつぶしてお粥にしてたべたね、しかしその翌年の雹害は又物凄かった、今年こそはと思っていたのに丁度高梁の花が散った八月二三日の夕方だつた鶏卵大の雹が一時間も降り通した

出口　西瓜やキャベツは直撃弾を喰って穴だらけになったなァ、馬が死んだって満人が騒いでいたよ、その後の穀物の高かったこと……ひどい話さ

残酷な試練

通遼駅は、銭家店駅の西方面だが、東へ行くと交通の要所である鄭家屯駅に至る。ここには日本の領事館がある。在鄭家屯の石塚邦器領事代理は、一九三五年一月二五日に「天照園農場ノ通遼、開魯間運輸開始ニ関スル件」という件名で、広田弘毅外務大臣宛に報告を送っている。

これによると、この区域は匪賊の出没が甚だしく、交通が途絶えがちであった。天照園では「国際運輸会社」と折衝したが埒があかず、通遼の満人荷馬車業者と連絡をとり、農場使用荷馬車一〇台を提供して共同運輸を企画し、匪賊に備えて警備員として農場員二二名を同行せしめて、一台に付き、往復一円の謝礼ということで話がまとまった。これにより、一般運輸業者は多大の便宜を受けることになり、各方面に好感を以て迎えられつつある、という報告である。

しかし、財産をはたいて冬仕事として行なった馬車運搬は匪賊の襲撃を受け、どん底に陥った。「座談会一九四〇」によれば、「あの時の資金は残りの一石――命より大切な穀物を売り払って、工面した」が、一月、「西洋と云う頭目に三方から包囲され」、「馬は二八頭全部強奪され馬車夫八人は拉致された」。さらに、二月、二回目も、「領事館から危険だと注意して来たのを無理にやって折角雇った馬も満人にやられてしまった」、「二回目は一時間も交戦してとうとう一人負傷したんだったね」。

同年、二月二七日の在鄭家屯の瀧山靖次郎領事が広田弘毅外務大臣に宛てた件名「落鳳吐鮮人農場付近ノ匪賊状況ニ関スル件」では、匪賊の具体名が出ている。この文書によると落鳳吐は通遼の西南方一二〇支里にある朝鮮人の新興農場付近の部落に二四日、匪首金好、平東洋、国龍、長江等の合流匪賊約一二〇名が出現、掠奪……と述べている。

満蒙開拓団のことを調べていると、「匪賊」とか「匪襲」（匪賊の襲撃）という言葉に頻繁に出会う。関東軍・満洲国の治安機関は、自分たちに刃向かう者を「匪賊」と総称していた。しかし、この中には、「赤匪」と分類される反日ゲリラや、傀儡政権に反抗するゲリラも含まれているので、個別に分析しなければならない。この地の「匪賊」は、朝鮮人や現地民を襲撃しているから、「赤匪」ではなく、「土匪」（土着の匪賊）と考えて良いだろう。軍閥からの脱走兵が匪賊化して、土地の農民を回って、「軍用だ」と騙して馬を徴発した例もある。

実はとんでもない所だった

一九三三年度の天照園移民の営農成績を評価していた日本学術振興会は、『満洲移民問題と実績調査』（一九三七年三月発行）においては一転、まずこの地域の自然条件の苛酷さを指摘した。

気候は他の邦人移民入植地に比して一層大陸的であり、寒暑ともに酷烈である。夏の雨期に降雨あるときは遼河の氾濫を来し洪水の被害あり、幸いに洪水無き年は反対に旱害を受くること多く、両極端の災厄に遭遇し、満足なる収穫を見る年は平均三年に一回であり、最近十ヶ年の記録によれば水害、旱害、匪害各三年に亘り連鎖し、満足なる年は僅かに一ヶ年に過ぎざりしと云う。（中略）又同地方は満洲国内にて最も生活程度低い地方に属し、衛生思想欠如し、天災飢饉の多い土地柄とて、従来屢々悪疫流行の源泉地となり、最近も昭和六年及八年にペスト昭和七年にこれらの蔓延を見た有様である。水質はアルカリ性強く深さ三〇米以上の井戸に非れば飲料水としては不適当である。

実はとんでもない所へ来てしまったのだ。

小作農でさえ中農、脱却できない現地民

さらに、実績調査は重要な指摘をする。

連年の天災匪害により付近一帯の農民の困憊甚しきものがある。同地方は自作農殆どなく小作農は寧ろ中農の部類に属し、土地の大部分は少数の地主、蒙古王族の所有にかゝる。北支より此地方に入植する農業苦力は粒々辛苦して小作農となり、更に自作農に達せんとする間際に、天災匪害に襲われ、再び苦力に転落するを常とする。茲数年土地の売買されたるもの殆んど無き事実によっても這般の消息を知ることが出来よう。

この日本学術振興会の報告には時折、見事な表現が現れて驚かされる。「自作農に達せんとする間際に」という表現の中に、この土地に生きる人々がとても苛酷な運命を背負っていることを気づかされる。この運命が、現地民だけでなく、平等にも天照園移民にも襲いかかったのだ。しかも、天照園移民はこの襲撃に対し無防備であった。

天照園移民に注入された資金

一九三三年から一九三五年まで。単位は円。

固定資本総額	一二、一〇二
内訳　東亜勧業借入	九、〇九〇
天照園自身注入	三、〇一二
流通資本総額	四七、六〇九
内訳　東亜勧業借入	二二、二四八
天照園自身注入	二五、三六一
合計注入資本総計	五九、七一一

（『満洲移民問題と実績調査』（日本学術振興会、一九三七）を基に作成）

膨れあがる負債額

日本学術振興会の報告はさらに一九三三年から一九三五年までに天照園移民に注入された資金を明らかにしている。単位は円。

さらに、東亜勧業からの借入金の大半は実際には関東庁よりの天照園救済費として東亜勧業に補助したものを貸し付けの形式で融通したものであることを記述している。天照園自身の注入も、実際は関東庁、東京府市の補助金、その他の寄付金から成り、天照園自身の負担した額は一、五〇〇円に過ぎなかったことも明らかにしている。

『満鉄報告』によっても、一九三三～一九三五年の団員の負債額は約二四、〇〇〇円となり、さらに天照園自体の欠損を加えると約三五、〇〇〇円の欠損となった。円の価値を今日の二、〇〇〇倍とすると、七千万円である。

夜中に叩き起こして食べ物を借りる

五年後、前記の「座談会一九四〇」は、この時期の苦境について、生き生きと語っている。

畑野　皆んなの財産を集めて分配したのが二人組一戸当たり金一五円と穀物一石五斗だ、秋になって天が食料を恵む迄これで生きのびよう、どんな方法でもよい土を嘗めてでももう一度畑を作ってみよう、と云うのがその時の悲壮な決心だった、満人の家へ下宿したものもあったね、私が夜中銭家店の満人の家々を叩き起こして食べる物を借りて来たのもその時だった

白石　畑野さんは岡が衰弱して倒れたが満軍の医者に注射して貰って直ぐ又食い物を借りに行ったというじゃありませんか

喜多　あの時は県公署の税金さえ借りたのですよ

後藤　苦しさの余り金の出来次第支払うつもりで苦力に手形を出したのもその時でしたね、僕はその手形を受け取った銭家店の商人や苦力に押しかけられてね

喜多　あの手形は苦力から銭家店の商人へ、その商人から又通遼の街迄通用して居たと云いましたね

畑野は、この「座談会一九四〇」の中で「その夏は何とか満人のお陰で生き延びたようなものでした」と述懐している。

武士の情け

一方、当時のマスコミは、この窮状をあまり伝えていないようであるが、伝えた新聞は、概して同情的であった。例えば、『満洲日日新聞』（一九三五・一一・一九）は、「満洲移民の実情」と題した記事の中で、天照園移民の危機を伝えた上で、次のように記している。

然るに独りこの天照移民が頑張っているのは奇跡的の事実ともいうべく何とかして成功さしたいもので特に一度大都会のルンペンに落ちた者が翻然として更生の第一歩に踏み出した気魄を買ってやるのが武士の情で新設移民会社は視角から逸してはならぬ。

残ったのは半分以下

『満鉄報告』によれば、天照園の宿泊者を中心として、一九三二年六月から一九三六年まで合計一二五名が送り出されている。一期生から三期生まで合計一〇〇名が満洲移民実習所に入所したが、修了したのは八四名だった。四期生と五期生計二五名は直接入植したが、残ったのは一六名だった。結局、渡満一二五名中、入植したのは合計一〇〇名、さらに、一九三六年一〇月の時点で入植地に残っているのは五九名(別に家族は一三名)。渡満者に対する残存率は四七・二%である。

一二五名の内訳は、

実習中落伍および死亡　二四　病気、負傷による退去　七　死亡　二　家事の都合による退去　八　転業による退去　九　意志薄弱による退去　一〇　除名処分　六　現在人員　五九

転業移民の団員の寂寥について触れられたエピソードがある。それは永田稠『満洲移民夜前物語』(日本力行会、一九四二)で、永田は天照園移民が何に支えられているのか注目していた。「それは遂に発見されたのである。それは主任の畑野君と特にその夫人の力であった」として次のエピソードを紹介している。

畑野君の留守の所へ、一人の団員がやって来た。

「畑野さんはお留守ですか?」

「銭家店まで用達に行きました」

「すみませんが、お小遣いを少し拝借したいんですが」

「畑野が留守ですから移民団のお金はわかりませんが、妾のをあげましょう」

と云うていくらかを渡してやった。

「ありがとうございます、これで命がつなげます」

と礼を述べて彼は帰って行った。

「寒いから気をつけてね」

「外套がありますから大丈夫でございます」

と云うた。彼はその日の夕方になって、又やって来た、今度は外套を着ていない。そうしてお酒の臭いがぷんぷんしている。

「奥さん先き程はありがとうございました。……ああ、寒うござんすなあ……」

「あなたは先刻は外套を着ていたではありませんか?」

「先刻は着て居りました」

「どうしたんですか?」

「それはそのう……」

彼は夫人に借りた小遣い銭をもって、銭家店へ行って、お酒を呑んで、それ丈けでは不足して、外套をぬいで、それまで呑んで仕舞うたのである。

「酔いざめは仲々寒いもんです」

と云うて彼はがたがた震えているのである、夫人は奥へ行って主人の外套を持ち出して来た、だまって彼に着せてやった。

「どうもありがとうござんす、これで凍え死をせずに助かります、左様なら……」

と云うて彼は出て行くのであった、門を出て彼は自分の家の方へ行きかけたが、少し歩くと歩を転じて銭家店の方へ歩いて行くのであった、次の朝、畑野夫人が井戸端で水をくんでいると、その男は外套を着ないで、ふるえながら、とぼとぼと住宅の方へ帰って行くのである、彼は夫人から外套を借りて、再び悪魔にさそわれて、銭家店の支那人の安淫売屋へ行き、外套を置いて半夜のはかない夢を結んで帰って来たのである、夫人は

「人なんじの右の頬をうたば、亦ほかの頬をもめぐらして之れに向けよ、汝を訴えて下着を取らんとする者には、上着をも亦取らせよ、人汝に一里の公役を強いなば、之れと共に二里行け、汝に求むる者には与え、借らんとする者をしりぞくる勿れ……」

と云う聖書の句を低声で口すさぶのであった。三十人のあらくれ男に混って、女性只一人、一ヶ月三円二十銭の生活費に甘んじ、その天与の大使命を感謝しつつ孜々*として働いている、日本婦人！　満洲移民界の天使である。

＊引用者注　「孜々」（しし）　熱心に努め励むさま

危機脱却へ必死の計画

二年続きの自然災害に打ちのめされ、多大の借金を抱えてしまった天照園移民は、翌一九三六年、どうしたろうか。満洲弘報協会編『満洲農業移民の概況』（一九三六・九）中に引用された天照園訪問記「開拓地を行く」（満洲日日新聞相沢記者）から見てみる。

> 落伍者が出た。悪評が流れ飛ぶ。まさに農園の非常時……「泣き面に蜂です。これじァとても駄目だと匙を投げ出したくなった位です。でも考えて見ると私達の営農法には幾多の誤謬があった。もっと我々は研究しなければならない。そこでせっぱ詰って考えあげたのが今度の再建プランです。全く窮すれば通ずるというものですね、これなら絶対損はしないというこれは最後案です」と事務所の人々は異口同音に語り、その面上には固い決意が閃いていた。……それが「昭和一一年度移民事業計画」である。

そこには、穀物価格相場に対するアンテナを持たず高く売れなかった反省から銭家店に事務所を設けること、副業の指導機関として天照園産業研究所を設けること、畜産に力を入れ、畜産品、農産品加工工場設置、ホームスパン（手織り布）工場の設置等が並べられていた。特にホームスパンについては、一九三六年一月に邦人女子二名、満人女子四名で操業を開始したという。

小作地の九割を又貸し

しかし、この事業計画の中で最も大きな影響をもたらしたのは、小作地の「又貸し」による小作料収入であった。これまで、天照園移民は広大な耕作地を自力では手に負えないため、「苦力」に労賃を支払っていた。これが不作の時に大きな負担となって多大の負債の原因のひとつとなった。前出の「開拓地を行く」は次のように記す。

1936年度の耕地割当（表a）
（自作地2.5天地を含む）

第１期生	33.75	天地
第２期生	22.5	
第３期生	11.25	
第４期生	5.625	

※１天地は0.72町歩

注）負債額の多い期生ほど広い
（『満鉄報告』を基に作成）

斯様な従来の雇用労力による営農方法を一切排除し、住職戸口には各々割当面積の中自家労力のみをもって耕作し、余分の面積は部落居住満人農民中信用のおける者に所謂榜青、分取、定租の方法によって小作させた。尤も政府から借りた土地を更に満人に小作させるのは不合理であるが現在の如く妻子もない独身者が多い状態では家族が殖えて全面積を自営するに足る自家労力を充実し、従来の負債を償還し終わるまでは、最も堅実なる方法として如何に最悪の場合と雖も絶対に赤字にならぬこの道を採るより方法がなかったのであろう。「これは実に過去における社会的移民時代を止揚し、本格的経済移民時代に推移すべく自力更生を策したるものである」と宣言している。

『満鉄報告』は、団員戸別の営農成績まで詳細に記録している。

本年新に資金を得るの道なく僅かに移民一人当一五円（経営費及生活費）と高粱一石五斗を移民に貸与

現存者の負債（表ｂ）　単位：円

期別	負債額	所有固定資本	差引純負債	１人当平均
１期生（18名）	10,558.51	1,612.49	8,946.02	497.00
２期生（16名）	5,652.15	1,032.65	4,619.50	288.72
３期生（14名）	1,740.57	58.65	1,681.92	120.14
４期生（５名）	307.27	18.46	288.81	57.76
計（53名）	18,258.50	2,722.25	15,536.25	293.14

（『満鉄報告』を基に作成）

し得るに止まりし為、移民自身に於て耕作資金の融通を成し得るもの以外は割当面積中二・五天地を自作する以外は転貸小作に附することとし、右二・五天地の生産物を以て自己の生活費に充て、小作収入を以て旧債の返還を為すこととした。

その耕地割当計画が、表ａである。なお、備考には、「右割当面積は本年限りのものにして将来は一戸当二二・五天地の配当を為すものなり」とある。では、各人の負債（表ｂ参照）は何年で返せるのか。報告書はこれも詳細に計算していて、第二期生の場合、仮にこの状態を続ければ二年で返せるという。

不審？　奇妙な明るさ

満鉄の調査員の眼は冷静である。『満鉄報告』中に次のような叙述がある。

而して団員は所謂死線を越えたるものなれば困窮の生活に堪え且如何なる不況に於ても朗かなりと謂うことである。吾等が移民に接したる所も彼等が窮迫の生活を朗かに為しつつある事実を認めたのである。併し移民の大部分より受けたる感想は彼等が朗かなる所以は自然的、社会的の迫害を運命的に受け容れたる一種の諦めの上に築かれ居るものにして、之を除き之を拓く進歩的の努力乃至は将来の見透を樹てて事業を進めて行く観念に乏しき如く感ぜられ、農耕上の労働に対しても寸暇を惜みて鍬を握るよりも、山に猟し、河に釣し、雑談に興ずる傾向多きやに思われた。本年の如き経営資金の欠乏せる上少きは二・五天地の自作を為し居るものなるが之が播種に対しても小作人の労力に依るもの多く、吾等が現地滞在当時は播種期なりしに拘らず移民の労働するもの寥々たるものであった。

備考として、次のことを付け加えている。

移民の勤労状態、緊張を欠ける点に付園主に糺したるに本年は自作面積少なき為なるべきか、昨年迄は早朝より晩遅く迄随分働きたりと謂う

第三節　天照園からの自立と経営の安定

一九三六年、一年間の「引き籠もり」を終えて、天照園移民は、大きな改革期に入った。一つは、天照園からの自立、もう一つは、土地の払い下げである。ここからは、

『康徳四年度　事業報告書　同決算報告書』(一棵樹開拓組合、一九三七・一二)

『康徳五年度　事業計画案　同予算案』(一棵樹開拓組合、一九三七・一二)

を参照しながら進めていきたい。前二者の発行日は一九三七年一二月末日であり、予算案の該当期間は、自一九三八年一月一日至一九三八年一二月三一日だから、続けて議案にかけられたものと考えてよいだろ

う。以下、内容に応じ、『事業報告書一九三七』、『決算報告書一九三七』、『事業計画案一九三八』、『予算案一九三八』と略す。いずれも日本力行会所蔵である。

天照園の経営下を離れる

まず、『事業報告書一九三七』の「一　緒言」を見る。

　昭和八年現地入植以来種々の困難と闘い来たる本移民団も建設過置《ママ》程の進展と団員の定着意志の濃化に伴い経営形態を一新する必要を痛感しつつありしが本年八月七日を期して従来の経営主体たる天照園の経営下を離れ全移住者を構成分子として自治経営に移行し名称を一棵樹開拓組合と改めたり。

なお、『満洲開拓年鑑　昭和一五年版』（満洲通信社、一九四〇）では次のような記述がある。

　然るに偶々康徳五年五月天照園主と満拓公社との間に債務の主体を中心として問題が起り、茲に於て初めて同年七月天照村開拓組合が創立され、天照園と分離することとなり、更に同年一一月一棵樹開拓組合と改称してここにはじめて名実ともに組合としての経営を行うに至った。

開拓組合の報告との間に一年の差があるが、「天照園主と満拓公社との間に債務の主体を中心として問題が起り」という部分に注目しておきたい。

開拓組合の議案の最後には、「開拓組合定款」が添付されている。活字であり、康徳四年八月で、〇〇〇開拓組合となっているが、〇〇〇の部分は墨で消してあり、手書きで一棵樹と訂正してある。〇〇〇は、透かして見ると天照村となっている。このような訂正が何箇所かある。次のような推論が成立する。

前記『満洲年鑑』に記述中、「康徳五年」は誤りで、「康徳四年」が正しいと考えられる。同じく「同年七月」は「同年八月七日」が正しい。定款の末尾は康徳四年八月七日と記されている。つまり、八月七日に一応「天照村開拓組合」が創立され、その定款がそのまま、手書きで訂正されて、一一月の設立総会で決定された。「天照村開拓組合定款」では、天照園の影響がまだ払拭されておらず、「顧問」の存在などが残っていたのである。

関連する経過を『事業報告書一九三七』の「三　事業成績　㈠事務所　一、月別業務執行概要」に見てみよう。

八月の動きの中には、「総立総会」の他に、「土地払下願書提出」がある。

九月には「小坂顧問辞任」、第一回臨時総会で土地買収に伴い、土地調査委員会を設けたことの他、「天照園ヨリ事務引次ヲ承ク」、「天照園ヨリ産業施設引次ヲ承ク」がある。

一一月では「天照園ト債務引受限界ヲ協議決定」とある。

なぜ一棵樹開拓組合は、天照園から自立したのだろうか。岡団員の発言の中に、「昭和一二年七月だ、畑野さんの決意に従って天照園から離れ自営の確立に進んだのは、この時には最初は一二五名もあった団員が僅か七五名になっていましたね」(「座談会一九四〇」)とある。

地獄のような二年間を経て、優れた社会事業家であった畑野は、一年間の「引き籠もり」の中で、団員と共に「自立」、つまり天照園依存から脱却して組合化し、一元的に統制する決意を固めたのだろう。それは、東亜勧業や天照園に借金をして食いつないでいる自らの団のあり方と、依存生活の中で無気力化しかけていた天照園のかつての宿泊者の姿が重ね合わせて見えたのかも知れない。天照園と満拓公社との間に「債務をめぐって問題が起こ」ったこと（前記、『満洲開拓年鑑』）は、自立へ向けての引き金になったように思える。

土地払い下げへ

前年に、約九割の耕地を小作に出したことは前に述べたが、一九三七年はどうだったのだろうか。

本年度に於ては役畜・不足其他の事由よりして自作面積は耕地面積の約三分の一即ち三五〇晌《シャン》二五に過ぎず依って来年度計画に於ては自作面積の倍加を図り耕地面積の三分の二程度を耕作することとせり（『事業報告書一九三七』）

さすがに、続けて耕地の九割近くを又貸しして借金返済を図るというのは気が引けたのだろう。一九三六年度の方針通り、小作地の又貸しは十分の九から三分の二までに減らし、来年度には三分の一に減らすという。

ところが、この年、画期的なことが起きた。土地の払い下げである。緒言の続きを見る。

組合成立第一年度に於ける事業は全組合員の和衷協力に依り過年度期に特有なる不便を思いつつも幸順調に推移し前途の見通し極めて明朗なるに立至りたり　而して其の主要なる原因は従来小作料農として満洲国当局より借用し来たる耕地を満洲拓殖公社の手に依り買収し権利関係の確立せしこと之なり（『事業報告書一九三七』）

これについては、『事業計画案一九三八』でも触れている。

本組合耕地は満洲拓殖公社が手に依り昨年度に於て満洲国当局より払下を受け　此の土地代金は一五ヶ年均等年賦償還を以て本年度より満拓に対し払い込みをなすものとす　払込金額は大体一晌当り年額五円前後たるべく以之観之従来満洲国当局に納入し居たる小作料と同程度にして年負担の点に於て何等の苦痛を感ぜずして之が償還を期し得ることとなり　入植第六年目に於て漸く素志を貫徹するを得たり

「武士の情け」が通じたのだろうか。

土地の配分と、二二・五晌という土地の広さ

『事業計画案一九三八』は、営農計画の耕地分配について述べている。

それによると、

①組合員割当地	一〇四五・〇〇	晌《シャン》
②組合仮管理地	一三五・〇〇	
③組合基本財産	二〇一・四〇	
計	一三八一・四〇	

耕地分配の項で、計画書は、組合内に土地調査委員を設け、地格を査定し、上地下地を半分づつにして一戸当たり二二・五晌を抽選で公平に割り当てるとしている。

ところで、一戸当たり二二・五晌という土地はどのぐらいの広さなのだろうか。晌は、天地と同じ面積で〇・七二町歩に当たるから、一六・二町歩である。これは、どういうわけか日比谷公園の面積と同じである。単身戸主はもとより、妻帯が始まった天照園移民の一世帯で耕せる広さではない。満蒙開拓団の勧誘に「二〇町歩の土地がもらえる」「二〇町歩の地主になれる」という言葉が使われたと言われている。二〇町歩というと、日比谷公園に、甲子園のグラウンド三つ分をおまけに付けるということになる。

西田勝・孫継武・鄭敏編『中国農民が証す満洲開拓の実相』（小学館、二〇〇七）の序文で孫継武（東北淪陥十四年史編纂委員会秘書長）は、問題点の一として次のように述べている。

日本人移民は普通、毎戸二〇町歩の土地を手に入れることができたが、日本から中国東北の農村に来た時、土地の性質や耕作の仕方が異なっていた上、労働力の不足も加わって、このように面積の広い土地を経営することは不可能だった。そのため大部分の土地を中国人に小作させ、彼らは地主になった。一部の移民は自身でも耕作したが、その場合もだいたいは中国人を作男や月雇いや日雇いにして耕作をおこなった。「四大経営主義」が土台、実現不可能なスローガンでしかなかった理由だ。

「四大経営主義」というのは、自作農主義・自給自足主義・集団経営主義・農牧混合主義のことである。

天照園焼く

一方、自立を果たし土地の払い下げも受けた翌年の年明け、一九三八年一月一三日、『朝日新聞』朝刊三面の最下段に次のようなベタ記事が掲載されていた。

天照園焼く

一二日午後四時五〇分頃深川区塩崎町一自由労働者宿泊所天照園（小坂芳春氏経営）の五号室から発火し木造平屋建二棟（八六坪）を全焼した　燈明の火の不始末からだが、この火事で火元の五号室石田末松君（四三）は全治二週間の火傷を負った　同園は昭和五年秋に設立されたもので住んでいた五三世帯は別棟託児所及び同区浜園町の東京市無料宿泊所に一先ず収容した

一体、天照園はその後どうなったのだろうか。火事の三年一〇ヵ月後の『市政週報』第百三十二号（東京市、一九四一・一〇・二五）は、移転前後の写真二枚入りで、次のように伝えている。

塩崎町・浜園町附近の不健康住宅を撤去

深川区塩崎町一番地一〇番地先の埋立地には大正十年頃より住民が居所を構え、そこへ更に震災により焼出された市民がドッと押寄せ、現在では鮮人二百三十世帯約千二百人及び天照園部落三十六世帯百五十人がこの埋立地を無断使用し極めて不健康な生活を営んでいたが、本市では埋立地処分の関係もあり、之等居住者に健康住宅を提供して移動させることとなり、天照園部落の人達は深川区浜園町一番地の深川一泊所の建物の一部二棟を改装し、四畳半の部屋三十六を設け、一室月六円（電灯代、水道代市負担）の家賃で使用せしめ、八日より移転開始、他の二三〇世帯に対しては深川区枝川町一丁目一〇番地塵芥処理工場前に敷地三、六〇〇坪、建坪一、四〇〇坪、二五棟のアパート式住宅に収容、家賃は一〇畳一五円、六畳一〇円、四畳半八円、（電灯、水道料市負担）今月中には移転完了の見込みである。職業は塵芥処理工場に勤務するもの又は屑屋が多い。

経営の安定の基礎――小作料収入

一九三七年以降、一棵樹開拓組合（天照園移民）の経営は安定したようである。大きな破綻の資料はない。それどころか、集合移民が協同組合に移行した例として、『満洲開拓年鑑』に頻繁に取り上げられる。また、同昭和一九年版によれば、康徳九年（一九四二）度増産開拓団並組合表彰成績表で、第三位に入賞している。注として、一棵樹開拓組合について「右団ヨリ戸当リ成績良好ナルモ同組合ハ入植既ニ十ヶ年ヲ経タルニ付順位トシテハ第三位ニ置タリ」と記している。

隣の、極東生薬という日本の会社と天照園の小作料を比較した記述として、次のものがある。

極東生薬は資料第二七号―二八九頁―の如き方法に依り其の所有地を小作に付し居り、天照園に比し小作料高き為天照園の土地は容易に小作に付し得たり　（『満鉄報告』二四二頁の備考欄）

では、天照園移民はどの位の小作料収入を得ていたのだろうか。既に述べた『満洲移民問題と実績調査』で紹介されている二例を見ると、一例目が晌当たり小作料収入は、一二・八円であり、二例目は一五円である。『決算報告書一九三七』を見ると、独身男性組合員の収支決算の例が記載されている。この例の場合は晌当たり小作料収入の単価は一三円と記している。この地方のような現物納の場合、処分価額変動が激しい。しかしながら、天照園移民そしてその後の一棵樹開拓組合組合員の小作料収入見込みの概算は晌当たり一四円前後とみてよいのだろう。

組合の小作料収入

個々の組合員とは別に、一棵樹開拓組合は、組合仮管理地と組合基本財産として、入植一年目の一五％から倍に当たる、全体の約四分の一（三三六・四晌）の土地を管理していた。

『決算報告書一九三七』では、収入の部として小作料が記載されている。

小作料　五、七三九・五一　収入計　七、九二九・三四（小作料比率　七二・四％）

『予算案一九三八』は、「財産収入」としてさらに詳しい。

財産収入	六、八四六・〇〇	
基本財産収入	四、八二一・〇〇	
耕地地租	二〇一晌四畝　晌当　一五円	三、〇二一・〇〇
宅地地租	九〇晌　晌当　二〇円	一、八〇〇・〇〇
管理財産収入	二、〇二五・〇〇	
未分配耕地々租	一三五晌　晌当　一五円	二、〇二五・〇〇

経常部総収入予算二三、〇四四・二一円の約三〇％を占める。ここで判明するのは、耕地分配での「組合仮管理地」と「組合基本財産」が全て小作料収入に結びついているほか、宅地地租の収入も予算化されていることだ。

では、決算はどうだったのだろう。『満洲開拓年鑑』（満洲国通信社、一九四〇）には、「㈥康徳五年度に於ける決算状況」として昭和一三年度の損益計算表が掲載されている。

土地管理収入　　一一、八四七・四八円
宅地料収入　　　　七三九・〇八

これは、総収入三三、一八八・二二円の約三八％を占める。収入の中に、大罕農場収入五、三五四・〇一円という項目がある。この農場名は、「飲馬洞附近熟地買収費算出ニ関スル一考察」（東亜勧業株式会社、昭和九年三月）に登場している。同じ通遼県の朝鮮人による農場で、当時五〇〇天地（晌）、三一四人、昭和九年三月入植で、代表者は方盆根である。それがなぜ、一棵樹開拓組合の収入項目に入っているのかは理由は定かではない。

さらに、『満洲開拓年鑑』の昭和一六年版の康徳七年度（昭和一五年度）に於ける決算状況を示す損益計算表を見てみる。

土地管理収入　　一六、二一二・八二円

これは、総収入二六、二六〇・六七円に対し約六二％である。今度は収入の中に、烏斯吐牧場収入四二三・一一円が入っている。

風土特性との折り合い

経営安定の第二の基礎は、風土特性との折り合いの付け方を学んだことだろう。一九三七年以降、農業生産は、ずっと順調だったのだろうか。『事業報告書一九三七』の作況の項では、次のように記載されている。

イ、豊作　　　　　　一四〇・〇〇　畇
ロ、平作　　　　　　五九四・二五
ハ、凶作　　　　　　五七一・四五

豊作というのは、平均畇当収量日本桝八石以上、平作は同六石以上と記載されている。凶作の被害状況は、

イ、旱害ニ依ルモノ　二三一・七〇畇
ロ、水害ニ依ルモノ　　一九・二五
ハ、虫害ニ依ルモノ　二二〇・五〇

である。三年前、二年前ほどひどくないが、依然として害を受けている。

『新満洲　第三巻・一〇号』（満洲移住協会発行、一九三九・一〇）には、先駆開拓団として、「一棵樹開拓組合訪問記」と「私達は不断に闘ってゐる」が掲載されている。後者は、畑野喜一郎が記者宛に訪問後送った手紙であり、その中で次のように述べている。

今年の洪水は昭和九年に比較して、当地方一帯の被害更に甚大でありながら、私共の耕地は全面的に見て比較的軽微な被害で済んだことは結局努力の結晶であり、過去に得た苦い体験の賜であると感謝して居ります。

今年は防止工事に五千円余の材料と延三千人の労力を動員し、尽すだけの手段を尽し得たに反し、昭和九年の時は入植早々でもあり尽すべき手段も尽し得なかった。

つまり、治水工事を行い災害に対して備えるようになったのである。一棵樹開拓組合は、厳しい気候や風土との折り合いの付け方を、やっと見つけたのだと考えられる。

畜産が命

そして、もう一つの折り合いの付け方は、蔬菜中心の営農から、畜産への転換であった。

組合長畑野喜一郎は、一九四七年の開拓民援護会（満洲移住協会の後身）の調査依頼に答の中で次の一文を記している（『満洲開拓史』）。

前述の如く耕地は一六町歩の自作で収穫物の約半量は供出に取られ、残は家畜飼料となるので農耕部門の収入は見るべきものなく、一種の変則的開拓地で年間収益の大小は繋養家畜頭数に比例したものである。

この土地が用畜飼育に適していることは、『満鉄報告』でも提言されている。

羊の如きは相当多数を移民に於て共同飼養するを有利とすべく、而も其の大部分の飼料は砂丘より得られるものなれば天災時に対する備としても意味重きものと思料す

こうした見解は、「満洲移民問題と実績調査」でも述べられており、識者の一致した見解であった。一棵樹開拓組合はやっと本格的にその実践に踏み出したのである。

前記の『新満洲　第三巻・一〇号』の、記者に宛てた手紙の中で、畑野は次のように述べている。

私共の入植は早い点では一番早かった。そして、軌道に乗って来たのは一番遅かった。それだけ、

苦闘の年限も長かった。それは、一見馬鹿らしく見えるかも知れない。然し、私共は常に苦闘に住《ママ》し、絶えざる努力に依って福祉を増進して行く不抜の精神を獲得したことは勿怪の幸であったと思います。

妻帯

経営の安定とともに一棵樹開拓組合組合員の生活にも変化が生じてくる。ここでは、生活に関する変化、あるいは変化しなかったところを見てみる。妻帯や家族招致は、経営上も生活上も重大問題であった。『事業計画案一九三八』では、建設計画のうち移住関係について次のように述べている。

> 現在組合の規模は極めて小、之の拡大強化を企図するは当然なるも先ず漸を追せて建設すべきとなし少くとも一両年は組合の基礎の充実を図り新規入植計画は之を後日に譲り　其の力を組合員の妻帯及家族招致に注ぐこととす

そして、一九三八年度の予算（臨時部）において、「妻帯資金」として一人当り二〇〇円の一〇人分、合計二、〇〇〇円の貸付金を計上している。妻帯は、天照園移民にとって、深刻な問題だったようだ。『満鉄報告』は、一九三五年度の収支報告の項で次のように述べている。

> 其の他の主なる費途は外部に対する交渉の為の旅費乃至移民の内地に於ける家族の祝儀不祝儀に対する出費が多いと言う事である。蓋し移民の多くは家族親戚に対し不義理を重ね居るもの多く、為に現在結婚問題の解決も困難なる事情にあり、之が緩和の手段として出来得る限り移民の顔を立つることに苦心しつつある本園の志に依るものである。

再び「座談会一九四〇」を見る。

畑野　こんな朗かな気焔あげるようになったのも組合結成後の一昨年からだね、土地が自分の物になる見通しがつくし、花嫁は来るしで希望が出て来たからだ、出口さんは村の出雲の神だからその苦心談を一つ

出口　自暴自棄の連中は愛嬌が無くて安酒ばかり飲んでいたが、話が決まると未だ顔も知らないから誰彼の区別なく無茶苦茶に愛想良くしたりしてね、現金でしたよ

後藤　我々のお嫁さんは月給取りと違って大きな労働力であり、財産だからなァ

（中略）

後藤　独身の時は鼠さえ家に待っていなかったよ

喜多　それが今は戸主五十四人中独身者は僅十八人だ、みんな若者ばかりだから周章《あわ》てる必要はないが体格の立派な何事にも研究心に富んだ利口者を世話しようぜ

出口　一番先にお嫁さんを迎えたのは畑野さんでしたか

畑野　苦悩の時代に来て呉れたのだが最早一番上の子は五才ですよ

出口　十二年の秋は組合が出来る、作柄は良好と云う訳で三軒も嫁入りがあったんでしたね

後藤　其翌年は組合から一人二百円宛の結婚資金を十年年賦償還で貸出したのでそれで十人の花嫁が決まった、順風に帆をあげると何でもとんとん拍子に運ぶものさ

赤ん坊月に一人半（引用者注・小見出し）

畑野　そのお嫁さん達がこの九月から来春四月迄に一ヶ月一人半づつ第二世を生んで呉れるのだから頼もしいもっとも最初の九月は思わぬ儲けをした、元気な双子なんだ、保健所も今冬中には拡充しなければならんよ

白石　母子会の方も一生懸命やってますよ、母子会は子供のある人は勿論将来持つ人も一緒になって子供の育て方や教育方法や或は現地に即応する栄養料理や化粧品の製造もやって居ます

伊藤　あれ等には母子共に楽しみつつ村の楽しみを作る研究をして貰えばいいんだ

後藤　母子会に行くとそういう楽しみで満足したような顔をして帰って来る

ともあれ、この記事からは、「内地」でのようながんじがらめの「しがらみ」から解放された、母子会の女性たちの姿が浮かび上がってくるようだ。

衣食住

衣食住の「衣」はどうだったのだろうか。『天照園移民村実地調査概要』（関東局移民衛生調査委員会、一九三六）は、次のように記している。

本入殖民の夏季に於ける服装は、余等の目撃せる所によれば、男女共内地に於ける夫れと殆ど異らず。

男子は多く、和式労働衣、或はシャツ、ズボンの服装にて、履は支那靴なり。女子は和装下駄履きなり。

冬季に於ける服装に関して、指導員の談によれば、初めは日本陸軍よりの払下品を利用したりしも、今日に於ては保温及び廉価なる点より漸次満服に移行する傾向濃く、本年冬季に於ては恐らく大部分が満服なるべしとのことなり。

「食」について見てみると、現地民と同様だった当初の食生活からはかなりの変化があったようである。「おかずの豪華版」（『読売新聞』一九四二・三・一二朝刊）では、「酒、ビールその他必需品は全部組合から配給され」といつの間にか酒、ビールが「必需品」になっている。

なお、前記の『一棵樹開拓組合訪問記』は一九三九年時点のものであるが、六畳三間ほどの広さをもつ消費組合売店の、青年の話を紹介している。

この消費組合へは附近の満人も買いに来ます。総て現金主義でやって居りますから何の問題も起りません。此処で一番売れるものは日用品ですね、酒、煙草、うどん粉、缶詰、ソーメンでしょうね。

畜産は食生活を大きく変えたようである。「内地」では贅沢品扱いであったバター、ハム、チーズはふんだんに手に入る。耐乏的な食生活からするとまるで夢のような条件変化だったろう。

「住」については、大きな変化は読み取れないが、施設（学校、診療所、工場等）は充実していったようだ。そして、部落内で移民は現地民と隣同士で、雑居していたのである。

現地民との関係

通遼県全体の朝鮮人移民について見てみる。『飲馬洞附近熟地買収費算出ニ関スル一考察』（東亜勧業株式会社、一九三四）では、天照園の九〇〇天地（畇）、六九名に並んで、少なくとも朝鮮人移民の五農場、一、六〇一天地、八三〇名が記載されている。入植は一九三〇年から一九三四年にかけてであり、天照園の入植した一九三三年三月以前には、二つの農場に三六八名が既に入植していた。

前記の『天照園移民村実地調査概要』では、「部落内住民は少数の満洲国官吏、二名の満人小学教師、五名の移民職員及び其家族を除きて悉く農夫竝に其家族たり」と述べられている。同じく「満洲移民問題と実績調査」には次のような記述がある。

昭和十一年度に至って家族の招致も漸く行わるゝに至り、又村員中には朝鮮女或は蒙古女と結婚したるものもあり、郷里に縁を持たぬもの、寂寥を物語って居る。

「寂寥」かどうかは別として、天照園移民の中に朝鮮人女性、蒙古人女性と結婚した団員がいたことが分かる。

現地民との関係については、前記の『社会福利』（一九三四・一〇）掲載の「満蒙移民見聞記」（下松桂馬）に詳しい。この報告は九月一七日に東京地方失業防止委員会幹事会で報告されたものである。

天照園移民が移った当初色々薬を持って行って居たのです　どんな事かで懇意になって薬をやったそれから時々附近の満洲人が薬を貰いにくる　悪いと云うと御医者さん来て下さいと迎えに来るという様な調子であるそうです。

また、下松によれば、あまり仲の好くない満人（漢人）と蒙古人に対して、「そこで両者の間に立って蒙古人の訴えも聞き又満人の不平も聞いてやり其間に立って調和を取ってやって居る」。

……天照園村のお互の為めに産業組合的な売店がある。そこでなるべく大連辺りから安いものを買入れ　移住者には伝票で渡すと云う風にして居るが　附近の満蒙古人にもこれを利用さして　余り高くならないように売ってやるので　彼等は非常に喜んでそれを利用している様であります。

さらに、次のような話も紹介する。堤防工事で苦力の監督に雇われた一九才の団員が河向こうから匪賊の銃撃に遭い応戦した。負傷した団員はゲートルで傷口を包帯して苦力たちが仕事をしている所まではって行った。病院に担ぎ込まれたが、皆が総出で看病するという状態で「皆が紳士としての待遇で東京に於て視るような賤視的態度などは少しもない　彼様な有様だから索漠たる荒野の中に落ち付いて居れるのだと喜ばしく感じました」。

苦力から移住者は旦那と呼ばれるのです。これで自重心も起りますよ。満洲語も移住者が皆出来ますので附近の満人や蒙古人とも仲よくなって居るようです。

通遼県で水害を受け、生活に困っている人々に賃金を与える趣旨で計画された堤防工事が、村長あたりに趣旨が徹底せず、一戸一人の「賦役」となってしまった。臨時に他の苦力を雇うと、貧しい家庭は多大の出費となってしまう。こうした事情を現地民が天照園に訴えて来るという状態だった。

天照園の波多野《ママ》氏が其事情を通遼県に出て説明し　其対策を県で考えて貰うというような役割迄やってやるので附近の満人は皆慕って来るような次第です。

彼らの語るユートピア

一棵樹開拓組合員の語る夢は、家族、とりわけ子どもたちのことであり、科学への信頼であり、将来への希望である。

畑野　私達は今一生懸命植林しています、神社の境内敷地にはもう一五〇〇〇本の樅が植っている筈ですね、あれが森になる頃には子供等は逞しい青春期を迎えるだろう、親の青春期は不幸だったかも知れぬが子供等には万葉以前の様な健全で大らかな青春期を持たせてやりたいと思う。あの植林はそんな楽しい集所の用意でもあるんですよ

白石　大連迄修学旅行に行った時はどんな土の生活にも親しみ、又どんな大厦高楼（引用者注・高層ビルのこと）にも平気で住める気持ちを備えさせるためにと云うので特に立派なホテルを選んだのでしたね

喜多　子供等が或る団体（村の近くにある）へ遠足に行って御馳走になった時そとの人が高等一年の子供をとらえて其んな白い御飯はお前の村では食べないんだろうと揶揄ったら非常に憤慨したそうですね

白石　あの時は私までスーッとしましたよ、其人は美味しい物を食わせてやると云う気持から冗談を云ったのだったが子供の持っていた弁当は高粱飯だったので敢然と反駁したのです「米の飯を食うだけが日本人じゃないぞ、こんな物は食わない」凄い剣幕でした、白米などに未練を持っていては新しい日本人になれないぞと云うところなんでしょうね

資本主義的関係復活を危惧

畑野喜一郎組合長は、根っから染みついた「資本主義的関係への警戒」を棄ててはいなかった。

岡　所有地は共有地の他に一人一六町歩の耕地を持っている、開拓地は組合結成直後満拓会社に買収されたので今までの小作料の半分位ずつ満拓へ納めれば一〇数年で完全に自分の土地になる

畑野　と云っても自分の物になってから他へ転売して国へ帰るなぞと云う事は出来ないのだが子孫が続く限りは所有権が認められる訳だ

畑野　転売を許したら北海道の様に定着者が二割でみんな血涙で拓いた土地が大地主に併合されるからなァ

出口　然し一六町歩では少し物足りなくなるだろうね

畑野　資本を蓄積すれば資本が又我々が内地でなめて来た社会悪を生むよ

後藤　だって一六町歩と云えば五段百姓の一〇何倍じゃないか

香川　子孫末代まで考えれば一六町歩では狭いものだが其処で我々は施設を完備し知識を高めて制約的に効果を挙げなければならぬ、勿論畜産も拡大し農村工業ももりもり起すんだね

天照園移民から発し一棵樹開拓組合となった人たちの最高の夢は、子どもたちの明るい未来だった。

「おかずの豪華版」

一棵樹開拓組合に大きな変化が訪れたのは、一九四二年であった。すでに紹介したが、一九四二年三月

一二日の読売新聞朝刊は、「おかずの豪華版」というタイトルの記事を掲載した。上京した畑野喜一郎村長の語る「一裸樹村十年記」である。

この頃になると、長引く日中戦争に加え、太平洋戦争に突入していた。六章で詳述するが、戦争経済の下で転廃業を余儀なくされた中小商工業者を満蒙開拓団として送り込もうという政策が推進された。東京の開拓団は、前期の「ルンペン移民」から、後期には転廃業者へと基盤が移ったのである。それは、帰農とも大陸帰農とも呼ばれた。東京では、中小商工業者を対象として、府や商工会議所などが主催する既設開拓団の経験談を聞く講演会や座談会が頻繁に開催されていた。戦争経済で立ちゆかなくなった中小商工業者の人たちはどのような気持で、このような記事を読んだだろうか。記事は、天照園移民の経過や苦労を紹介したあと、経営安定後の状況を次のように記している。

いまは高粱と粟と米の混ぜ飯が主食だが、その副食物の豪華さは内地の人を唖然たらしめるかも知れない、一戸平均牛馬六頭、羊二十頭、豚二十頭、鶏五十羽位飼ってすべて自家処分を許されている勿論これは寒地農業に欠くべからざる堆肥生産を主眼とするものだが、喰うに事欠かぬのは当然だ、肉、鶏卵、牛乳、野菜は常に豊富だしバター、チーズ、ハムなどの加工品もたんまり貯蔵出来る　ここの出産率は昨年五十戸中二十五人誕生という高率、しかも死亡児が殆ど希なのも、この豊富な栄養食の影響であろう、寒いといって着る物にも困らない、羊の毛でいくらでも作れるからだ　また気候による健康上の点は最初危惧した逆で空気の乾燥、オンドル生活の結果、レウマチスや呼吸器疾患のあった者は全部癒ってしまった　五月になると砂丘には野生杏の白い花が咲き乱れる、野には放牧の羊や牛馬が草を喰んで長閑な詩情が繰りひろげられ、その中に元気な童謡が流れてくる、ひるがえる日章旗の下にあるのは日本人小学校だ　二十八歳の青年校長白石芳茂氏（群馬県出身）の献身的奉仕のもとに児童は約三十名、この外に五つの満人小学校があり、年何回か日満児童対抗競技会が開かれる、この運動会や学芸会は村内挙っての大祭典だ　村の開拓共同組合は今年から農業資金の融通を始めた、勿論満人も含めてである、酒、ビールその他必需品は全部組合から配給され、全戸を通じ平均新聞を二種類もとっている

　簡易診療所、家畜診療所、蹄鉄場、種畜場など公共施設も殆ど完備の状態だ

この六月には東京府の手で転業者が更に六〇戸入植する、一棵樹村の天国はまだまだ広い、思えば困苦艱難の幾星霜、天照園の先駆者たちは、この北辺の地に更に大きな悦びの楽園育成に張り切っている

転業開拓団の受け容れ

次の表は、『満洲開拓年鑑　昭和一九版』に掲載されている、一九四三年一二月一日現在の一棵樹開拓組合部分である。

県	地区	団名	団長名	種別	出身府県	入植 年次	入植 年月
①通遼	枕頭窩堡	一棵樹	畑野喜一郎	集合帰農	東京	三	

②通遼	一棵樹	〃	〃	分散集合	各府県	大同二	三

	入植計画（戸）	現在戸数	現在人口	最寄駅港	粁
①	五〇	五七	一五八	銭家店	八
②	五五	五一	一六九	銭家店	八

同じ団名・団長名で二つの団が掲載されている。①は、種別で集合帰農とあること、入植年次が三となっていること（集合開拓団の第三次は、一九四二年に該当する）から、転業開拓団と言えよう。②は、出身府県が各府県となっているが、入植年月が大同二年（一九三三年）三月となっており、天照園移民の入植時期と一致する。

転業開拓団の入植地区の枕頭窩堡とはどこだろうか。『満鉄報告』には、付属資料に「三村村の戸口（康徳三年四月現在―三村公会調）が掲載されている。その七つの部落名の中に一棵樹（日本人も含む総数一五六戸九五九人）があるが、枕頭窩堡（同一六八戸一、一〇〇人）もある。三村村合計では七八八戸五、〇五三人である。

使用農夫一〇人から、無しまで

『満洲開拓史』によれば、一九四七年の開拓民援護会（満洲移住協会の後身）からの調査依頼に対する答の中で、元組合長畑野喜一郎は、敗戦前の状況について次のように述べている。

それによると、一棵樹開拓組合は戸数は九六戸、人口が三八五人である。一九四三年と比べ、戸数は少し減って、人口は六〇人弱増えている。出産による自然増だろう。

作付面積ついては、大豆、包米、高梁が各二四〇町、粟が二〇〇町、大小麦が三〇町、馬鈴薯五〇町、麻類七〇町、他一三〇町、計一、二〇〇町とある。

家畜数が際だっている。

「馬二三〇、牛四五〇、騾、駄馬二五、緬羊七〇〇、豚二七〇、鶏二、〇〇〇」

飼養家畜の戸別最高の例では、

「馬二二、牛二〇、羊一九〇、豚三〇、鶏一三〇で、使用農夫　常雇　一〇名内外」

最低の例で、

「馬二、豚三、鶏一〇で、使用農夫なし」としている。

第四節　破綻、逃避行、戦後入植

他の満蒙開拓団と同様、破綻は突然やってきた。一九四五年八月九日のソ連参戦である。日本の敗戦について、大都市近辺の開拓団は情報も早く、例えば同じ東京から出た長嶺子基督教開拓団（ハルビン郊外）の幹部は、敗戦の五ヶ月前からソ連の参戦が迫っていることを察知していたようである（堀井順次『敗戦前後』静山社、一九九〇）。また、ソ連国境に近い興安荘原郷開拓団などは、近くの省都興安への空襲自体を目撃して、歴然とした事実として危機を悟った。一棵樹の場合の逃避行はどうだったのか。

逃避行については、畑野喜一郎「興安通遼県脱出記」（満拓会誌第4集『曠野の生と死と―崩壊満洲国よりの生還記』所収、一九八三、以下『脱出記』と略）が一三頁にわたって詳しく記述している。

また、『暮らしの手帖　第六四号』（暮しの手帖社、一九八〇、以下『暮らしの手帖』と略）は、「東京都開拓団能代拓友組合」という特集記事を掲載している。ここには、畑野の顔写真が掲載されているから、畑野の証言に基づいて、記者が書いたものだろう。『満洲開拓史』（八一七頁）にも畑野の一頁足らずの脱出以降の記述がなされている。

まず、『脱出記』から見ていく。

一九四五年八月一〇日、村公所にかかってきた警備電話で通遼に行った畑野は波多副県長からソ連進攻の状況の説明と、緊急避難対策の指示を受けた。先の「八月一一日、突然副県長より一刻も早く朝陽鎮に集結するようにとの通報があった」（『満洲開拓史』）という記述は、正確には八月一〇日ということだろう。畑野組合長は、この地区の行政の責任者でもあったのだろう。翌日銭家店駅から馬をとばして村へ帰った畑野は、村を立ち退くにあたって、四項目の指示を出し、第一項、第二項は次のようなものだった。

一　組合（一棵樹開拓協同組合）及び団（第三次集合一棵樹開拓団）の財産はすべて村公所の満系吏員に委ね、彼等と各屯長との協議の上、村民に公平に分配すること。

二　組合員及び団員の個人財産はそれぞれの使用人あるいは親しくしていた者に与えること。また、各人の持物は、(一)携帯口糧、(二)寝具を兼ねるための防寒外套、毛布、食器（アルミ）その他必要最少限度とする。

翌一二日、会食が準備された。

私は村公所の吏員に命じて豚一頭をつぶして、会食の準備をさせた。そして、全屯長を村公所に集めて別離の挨拶をし、組合および団の財産を村公所の吏員と相談して村人に公平に分配してやって貰いたい、特に窮人には手厚くしてやって欲しいと述べた。

翌十三日は早朝、組合の家族部隊を出発させることになったが、夜来の雨ははげしく降りしきっていた。各自の家では中国人の使用人や隣人たちが徹夜で焼餅を作ったり、餞別の現金を届けたり、惜別の情を表わして精一杯の協力をしてくれた。

一四日、男子部隊は全員騎馬で逃避行に移り、副県長の指示通り、東科後旗公署のあるチルガロンを目指した。しかし、旗公署屋上には白旗が掲げられ、ソ連軍軍使を迎える最中だった。一同で相談して奉天を目指したが、追いかけてきた金川特務機関長の下士官十名余りの要請で、二百名あまりの在留邦人を保護していくことになり、康平長野開拓団を救出して、四百名を越える大集団になる。女性・子どもが大部分で動きの遅い開拓団を見捨てるわけにもいかず、結局、法庫県の県城でソ連軍に抑留される。しかし、機転を利かせて鉄嶺駅前で脱出、在留邦人の避難所で、先に脱出をした拓務省一陣（団、朝陽鎮に止まっている）、二陣（組合、奉天にいる）の情報を得る。結局、家族のいる方にむかうことになり、畑野は奉天へいく団員を、岡副団長が朝陽鎮への団員を率いることになる。

畑野率いる一棵樹開拓組合員は奉天で組合員家族と再会したあと、皆は宿舎を得て、掠奪を警戒しながら、ソ連軍の使役や公署の仕事、運送、うどん屋、煙草づくりなどで、生活をつないだ。一方、朝陽鎮の状況は、一人戻ってきた岡副団長からもたらされた。畑野は、岡副団長の帰路について、「岡君得意の原住民風姿で道中難なく通過して来たのであるが、同行した日本人たちは暴民の略奪をまぬがれることができなかったそうである」と記している。しかし、朝陽鎮にいた団員家族たちは、比較的平穏な四平に移り、宿舎も得た。

共同一致で自活した奉天の一団の前には、今度は酷寒期の麻疹が襲いかかった。

しかも燃料不足で暖房が充分でなく、麻疹の回復期に肺炎を併発して多数の幼児が昇天した。私の子供等四人もまたそれらの幼児と運命を共にした。しかし、歯を喰いしばって生きて行かなければならない私たちは、悲しみにのみ沈んでいる訳にはいかなかった。

それでも幼児を失った親心はいかんともすべなく、夕暮時の帰り道、中空に向って亡き子の名を呼ぶのが常であった。この悲しみは生涯私たちの胸中に住み続けることであろう。

『満洲開拓史』の畑野の記述によれば、「結局約七〇名が四平街で、約一五〇名は奉天で、それぞれ帰国まで分かれ分かれの生活をすることになった」。そして、「二十一年六月十八日奉天組、九月四日四平組とそれぞれ舞鶴港に引揚げてきた」。

お医者さんが回ってきて
畑野の『満洲開拓史』の記述では次のようになっている。
　引揚者数　二三七名
　死亡者数　七一名
　行方不明　三〇名（ソ連にて生存確実のもの二一名を含む）
一方、同じ『満洲開拓史』に掲載されている表では、
　在籍者　三五八名
　死亡者　四二
　未帰還者　二〇
　帰還者　二九八
さらに、『暮しの手帖』の記事を見てみる。
　あとで数えると、家族全部が、とにかく生命は無事に帰りついたのは、半分ちょっとの五〇世帯にしか過ぎなかった。あとの四七世帯は、夫か妻か子どもか、誰かが犠牲になった。
　世帯主死亡　一九名（うち戦死八）
　世帯主行方不明　一〇
　妻死亡　三
　子ども死亡　三七

現地残留（女）　四

飛びぬけて子どもの死亡が多い。なぜなのだろうか。『暮しの手帖』の記事は次のように記している。

栄養不足の幼児たちは、発疹チフスや赤痢、ハシカ、肺炎……つぎつぎと病気にかかって死んでいった。

だが、ただ死んでいったばかりではなかった。

「私も子どもを亡くしています。亡くしたというより殺したんです。まだ息がありましたから。注射を打たれたんです。汽車の中で死んだら、みんなに迷惑がかかる。ペストやチフスだったら、全員が下ろされてしまうって。日本のお医者さんが回ってきて、それはもう強制的で……。二才でした」

戦後入植

一棵樹開拓組合で帰還した人たちは、その後、どうなったのだろうか。

ここで、『暮しの手帖』の記事を再び参照してみよう。

そんなとき、畑野団長が開拓地を見つけてきた。引揚者の処理と食糧増産の至上命令が結びついて、こんどは国内の開拓である。候補地は、北海道、秋田の能代、栃木の那須……どこがいいのだろう。なんでも、能代の郊外の東雲原《しののめ》というところは、地勢が満洲と似ているそうな。もと飛行場の跡地で、一戸当り二町五反（2.5ヘクタール）ずつ分けるという。全部で二百区画のうち三十区画をわれわれ一棵樹にとっておいてくれたというのである。

畑野は、天照園移民を引連れて渡満して以来、一三年間の夢破れたあとも、団員のために国内の入植地を必死に探し求めたようである。満蒙移民を棄民した政府は、戦後、食糧増産運動に躍起になっていた。

能代の開拓地に、一棵樹の団員と東京府がかかわった開拓団の帰還者が入植した。『暮しの手帖』には、七人の団員が写真・略歴入りで紹介されている。野添憲治編『東雲原開拓四十年史』（東雲原開拓振興会、一九八六）の入植者調査表によれば、家族を含めて二三人に至る。一棵樹にいた七人の入植年は二人が一九三八年、五人が一九四二年である。いずれも天照園移民の当初からの団員ではなく、五人は転業組の人たちだと考えられる。前述畑野提供の叙述の最後は次のように結んでいる。

引揚者八七戸の内帰農者四二戸、内集団帰農者三二戸は栃木県那須郡に帰農入植している。

那須町にある大同開拓組合（一九五一年設立）の「大同組合設立三十周年記念誌」には、畑野喜一郎の寄稿や、組合の沿革等が掲載されている。畑野の肩書きは、初代大同組合長、元栃木県開拓者連盟委員長となっている。これらを見ると次のような経過をたどったことが分かる。畑野は引き揚げ後、東京都開拓民自興会長に選任され、東京都送出の開拓民援護と入植に力を注いだ。入植先は北海道、秋田県、栃木県、茨城県、千葉県等であった。先の能代は、一九四六年秋で最初集まった旧一棵樹団員と落葉松開拓団員その他合わせて三〇戸であった。その後旧一棵樹団員は都の引き揚げ寮（稲城寮）に集まりはじめ、一九四七年に聖跡桜ヶ丘の旧陸軍飛行場跡が使えそうなので、桜ヶ丘帰農組合を作り、開墾、作付けを行なった。しかし、ここは米軍に接収され、一九四七年九月以降、那須に移ることになった。その後、上の台開拓組合と一九五一年五月に合併し、今日に至っている。

幻の共同体

日本で初めての満蒙開拓団は、東京深川から出た。それは、「ルンペン移民」と呼ばれ、大不況・農業恐慌により、地方から引き寄せられ、職も家も失った日本の社会層の最底辺の人たちであった。そして、この移民は鋭敏な社会事業団体天照園無料宿泊所の二年間の実践の総括として行われた。

天照園移民は、農事にも経営にも全くの素人であったが、ひたすら耐乏生活の中で練成された。そして、入植二年目にして、中国の現内モンゴル地域の厳しい風土特性の中でほんろうされ、洪水、旱害、降雹、匪害に連続して襲われた。彼等は、再び奈落の底にたたき込まれた。しかも、今度は膨大な借金を背負ってであった。最悪の時期、「その夏は何とか満人のお陰で生き延びたようなもの」（畑野）だった。

三年間のどん底生活の後、天照園移民は渡満から五年後、一棵樹開拓組合として再生する。そして、経営の安定を支えたのは、小作料収入と、用畜への転換を含む風土特性への折り合いをつけたことだった。

また、天照園から引き継いだ一棵樹開拓組合は、その購買店を現地農民に開放し、経営が安定してからは、融資まで行なっていた。現地民との交流について言えば、合同運動会を催したりして、まるでその姿は、「五族協和」「王道楽土」のように思えただろう。

しかし、このような姿は長続きするはずがなかった。日本による中国東北部の支配は、関東軍による武力支配によって成立していたからだ。それは、中国全体での根強い反抗と武装闘争、太平洋戦争への疲弊、南方戦線への移動による弱体化などによって風前の灯火へと転じていった。一時期、従順に見えたかに思われる現地民衆は仮の姿だった。生きてゆくために、悠久の時間を友とする現地民に約一〇年は瞬間に過ぎなかった。むしろ、現地民は、日本から来た「最後的生活者」に一面の親近感を感じていたのだろう。生存の危機に瀕した天照園移民を下宿させてやった現地民、深夜叩き起こされ食う物を貸してやった現地民、多分渋い顔で受け取った空手形を銭家店や通遼にまるで通貨のように流通させた現地民、逃避行の時に見送りに来た現地の有力者たち、彼らは、この天照園移民に何か自分たちと近い匂いを感じ取ったのかも知れない。だとすると、これは日本の近代底辺民衆と中国のやはり底辺民衆との出会いの場面だったろう。

ソ連軍進攻、敗戦によってすべては潰えた。一棵樹開拓組合員の受けた代償は大きかった。その多くは幼い子供たちであった。日本人の医師が逃避行車中で注射を打って赤ん坊を殺した。母親たちも、父親たちもこの世で考えられる最大の代償を支払わされたのである。本当に代償を支払うべき人間たちは、その戦争犯罪をとぼけきっている間に。

こうして、天照園移民が夢に見て、まるで実現したように思えた幻の共同体の短い歴史は幕を閉じた。

第二章
満洲鏡泊学園

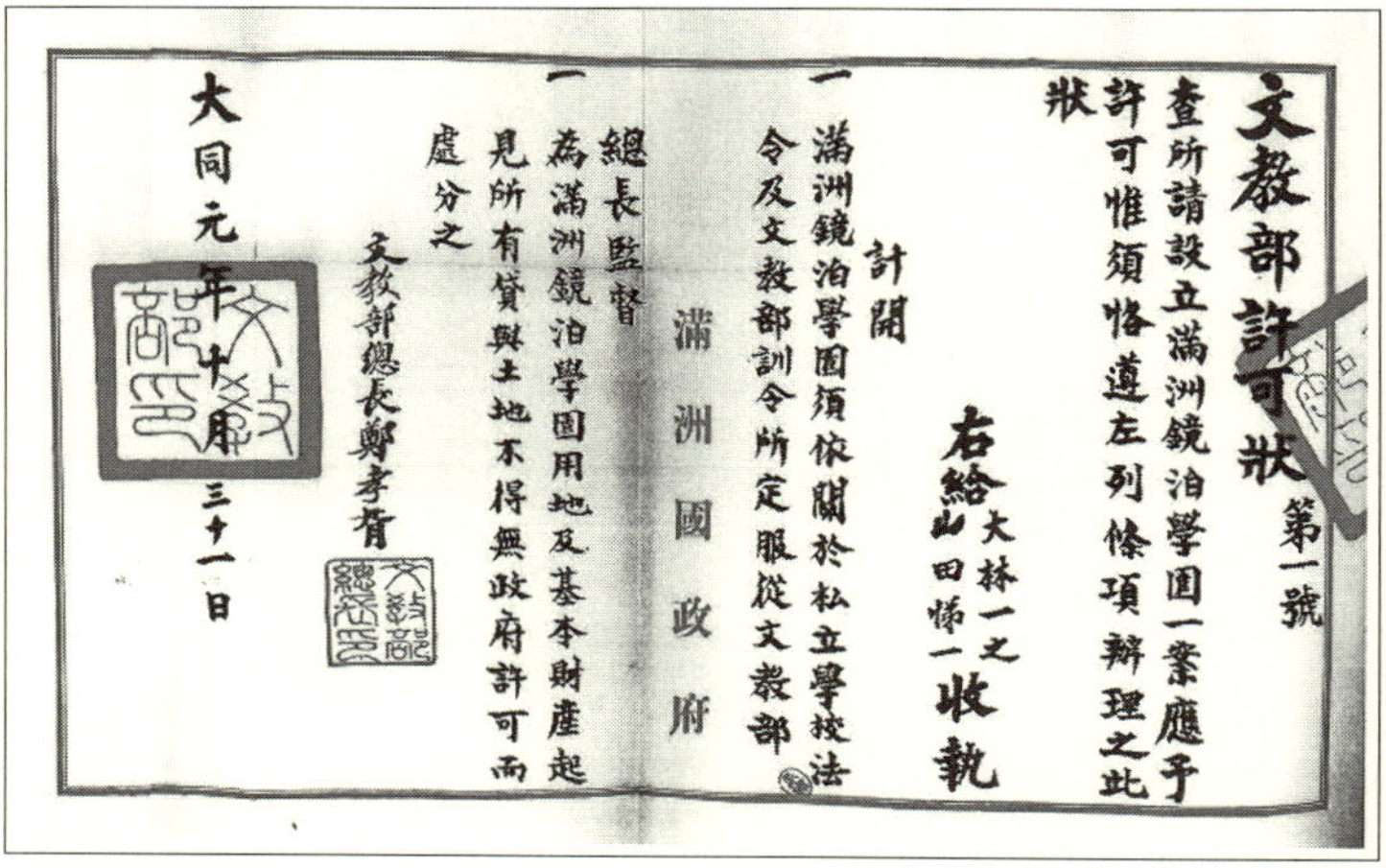

文教部許可狀 第一號

查所請設立滿洲鏡泊學園一案應予
許可惟須恪遵左列條項辦理之此
狀

右給 大林一之
山田悌一 收執

許開
一 滿洲鏡泊學園須依關於私立學校法
令及文教部訓令所定服從文教部

滿洲國政府

總長監督
一 為滿洲鏡泊學園用地及基本財產起
見所有貸與土地不得無政府許可而
處分之

文教部總長鄭孝胥

大同元年十月三十一日

満洲国文教部第一号許可状（1932、日本力行会所蔵）

東京からの満蒙開拓団送出は、初めは疲弊した農村の過剰人口のはけ口、あるいは定職を求めて都会に集まってはみたものの、思うようにいかず貧民化した、いわゆるルンペンプロレタリアートの救済活動と結びついていった。第一章で採り上げた天照園移民がそれにあたる。

しかしまた一方で、満洲における日本の支配権が強まる中で、満洲経営の指導者となるべき若きエリートを養成しようという動きも起こってきた。その典型がこの章で採り上げる、若い学生による開拓団、財団法人満洲鏡泊学園であった。

第一節　満洲鏡泊学園誕生の背景

財団法人満洲鏡泊学園（以後、鏡泊学園と略記）は、「王道楽土」「五族協和」の御旗のもとに全国から集められた有能な青年たちが、満洲開拓の指導者になろうという大きな夢を抱いてはるばる海を渡り、鏡泊湖畔に入植した学園だった。しかし、わずか二年にして頓挫、夢が破れて解散を余儀なくされた。その結果、学園生は新天地を求めて各地に四散していくという数奇な運命をたどることになった。ある者は他の開拓団へと合流していき、ある者は若さゆえの純粋な精神からか、あくまでも初志を貫徹しようと現地に残留した。残留組は「五族協和」の言葉通り現地に住む満洲人・朝鮮人など多様な民族と協力して定着への格闘を続けた。

鏡泊学園の位置

はじめに、若者たちが大きな希望に胸をふくらませて入植した鏡泊学園がどんなところなのかを見ていきたい。南満洲鉄道株式会社、経済調査会が一九三六年に纏めた『満洲農業移民方策』に「鏡泊学園調査報告」が収録されている。この報告書は、後に述べる山田悌一総務亡き後の学園存亡の危機に際し、代表大林一之から関東軍に対して出された学園救済請願に基づいて、現地にて調査を行なった時の報告である。

その記述を参考にすると、鏡泊学園は濱江省寧安県鏡泊湖の東南の湖畔、松乙溝というところにあって、北緯四三度七〇分、東経一二九度付近を占めている。緯度としては旭川と同じくらいであるが、その旭川は日本の最低気温（氷点下摂氏四一・〇度、一九〇二年）を記録したところであることからも、厳冬期の鏡泊学園周辺の寒さは想像できよう。

松乙溝は、南は敦化《とんか》から約一〇五キロ、北は寧安県東京城から約五〇キロの距離を隔てている。東京城はかつてこの地に存在した国家、渤海《ぼっかい》王国の都となったところとして知られている。渤海王国は現在のロシア沿海州から北朝鮮、満洲を含む広大な領域を持ち、当時の日本（奈良から平安時代）との修交も行なわれていたが、のちに契丹に滅ぼされた。

学園の地勢と周辺の状況

鏡泊湖は松花江（ウスリー川）の支流、牡丹江がせき止められてできた湖で、東北から南西にかけて細長く、長さ五五キロ、幅は広いところで五キロ、狭いところでは二キロほどである。山紫水明の景勝地で

鏡泊学園付近地勢図（部分）（『満洲鏡泊学園第４次報告書』より）

あるが、その深山幽谷はまた匪賊の絶好の巣窟ともなっていた。

周囲を山岳地に囲まれ、雨期には道路が泥濘となり車の通行は困難で、六月から八月にかけての夏期の通行は一般に途絶してしまう。これに反し冬期は地下一～一・五メートル凍結し、路面が硬化して車両が通れるようになる。殊に水上交通においては鏡泊湖は一二月から凍結を初めて三月までは解氷しないので寧安、東京城への交通が楽になる。

学園の用地面積は六、六〇〇町歩で、そのうち官有地が五、八一二町歩、民有地が七八八町歩で、官有地は満洲国から無償貸与されたものであった。使用状況としては耕地一、二一〇町歩、既耕地一九三・六町歩、牧野一、四四〇町歩、林地三、八三二町歩となっていた。

治安については、「鏡泊学園調査報告」に、
　鏡泊湖一帯は小岳、密林地帯をなし大小匪賊は之等地形を利用し蟠踞しあり、学園創立に当りては先ず彼等の常習として武器弾薬の掠奪を目的とするが如きも、近時日満軍の急追によりて糧道を断たれ附近農民に対し糧食の強要、通行人の食料奪取をなす外学園糧食運搬を好餌として屡々襲撃を試み学園の損害亦多大に上れり。

と、たびたび匪賊に襲われたことが記されているが、そのことが最終的に学園解散の大きな原因となった。

学園誕生の背景、満蒙独立運動

一九三一年九月一八日、満洲の武力占領計画実行のため、関東軍は奉天郊外柳条湖の満鉄線路を爆破、

それを中国側の仕業だと偽って総攻撃を開始し、満洲事変は始まった。その結果、翌三二年三月一日、ついに日本は傀儡国家、満洲国を成立させることになった。

しかし実は、それ以前から満蒙地域を日本の支配下におきたい、たとえそれが不可能でも独立させて権益を拡大したいという野望は持っており、その試みは何度かあった。鏡泊学園の誕生を考えるにあたって、学園の創設者と深い関わりがあった満蒙独立運動について触れておきたい。

『国史大辞典13巻』（国史大辞典編集委員会編、吉川弘文館、一九九二）の「満蒙独立運動」の項を見ると、「満蒙（中国東北および内モンゴル）地方の中国から分離独立を企てた二度にわたる日本の一部軍人・大陸浪人の謀略工作」として、次のように記されている。

（一）　第一次満蒙独立運動　辛亥革命直後の明治四十五年（一九一二）初め、大陸浪人川島浪速は清朝の崩壊に乗じ、皇族粛親王善耆を擁立して満洲を独立させる一方、モンゴルの喀喇沁（カラチン）王に挙兵させ、あわせて満蒙王国の建設をめざす謀略に着手した。この謀略には参謀本部から高山公通大佐らが参加したが、日本側に一貫した方針がなく、列強の反対をうけた日本政府は計画の中止を命じ、謀略は失敗した。

（二）　第二次満蒙独立運動　大正五年（一九一六）、袁世凱の帝制実施をめぐって中国の政局が混乱を示すと、川島浪速らは再び巴布扎布（バボージャブ）を首領とするモンゴル騎軍と粛親王の宗社党をむすぶ満蒙独立を画策し、関東都督府と参謀本部もこの計画に加担した。しかし中途から張作霖擁立に方針を変えた田中義一参謀次長や現地の日本領事が満蒙挙事に反対し、さらに袁の急死（六月六日）

によって日本の排袁政策が挫折すると、日本政府は挙事計画の中止を命令、運動はまたも失敗に終わった。こうして満蒙独立運動は二度とも失敗したが、この運動はその後の満洲事変による満洲国の樹立を先どりするものであった

大陸浪人、川島浪速は、粛親王の第一四王女を自分の養女にし、川島芳子と日本名をつけさせている。川島芳子は「東洋のマタ・ハリ」、あるいは軍馬にまたがり神出鬼没の活躍をし、最後は漢奸として処刑された「男装の麗人」として知られている。

鏡泊学園の創始者、山田悌一

鏡泊学園を創設し、多くの学園生から師として仰がれていたのは山田悌一という人物だが、実は山田はこの満蒙独立運動で暗躍した川島浪速の秘書をしていた。彼は学園生が実際に鏡泊湖畔に入植してからわずか二カ月後に非業の死を遂げてしまうのであるが、それでは彼はなぜ命を賭して満洲に学校を作ろうとしたのだろうか。その動機を探ってみたい。

一八九三年、現在の宮崎県都城市で喜多秀一郎の三男として生まれた悌一は、後に維新勤皇の名家、山田家を継ぎ山田悌一となる。彼は都城中学、東洋協会専門学校（現在の拓殖大学）支那語科を卒業後、宮嶋大八、川島浪速らの知遇を得たことから満洲にわたり、前述の満蒙独立運動に参加することになった。

山田悌一について興味あるエピソードが伝えられている。それによると、山田らと生死を共にし、一緒に独立運動に参加していた一人の同志が敵弾に倒れた。その同志が、

「大陸のことは我々血気の士が幾度び蹶起して同じようなことを繰返しても決して成功はせぬだろう。それよりも退いて学校を興し、多数の青年を教育し、やがて時が来たならばこれを率いて大挙進出するのでなければならぬ。自分に若し命があればここことに当り渡いのだが、もはや駄目だ……」

と語り、それから少しまどろんだかと思うと忽ち目を覚まして、

「あゝ今のは夢であったか。綺麗な草花が一面に咲き乱れて居る野原を散歩して居ったのだが……」

と云うを最期の言葉として息絶えたと云うことである。

挙事挫折の後、先師山田先生が麹町隼町の立派な家屋敷もすべて国士舘経営の資に注ぎ込んで只黙々と子弟訓育の事に従われたと云う事は、他に色んな原因理由があろうけれども、最も大きな動機はこゝにあると信ずる。（坪井道興編『増補七十二峯浩々散士遺稿―鏡泊学園外史第一部―』私家版、一九七八）

山田が満洲に学校をつくり、青年たちの教育に情熱を燃やした背景に、このような出来事があった。それ以来、彼はクーデターによる満洲独立の可能性に限界を感じ、青年教育を通して新天地を切り開く新たな道を探ろうとしたのだろう。しかし、彼自身もまた凶弾に命を落とすことになろうとは夢にも思わなかったに違いない。

夢の実現に向けて

山田悌一は、満蒙独立運動が挫折し帰国してからは、柴田徳次郎と協力して国士舘専門学校の経営に従事した。そして雌伏すること十余年、絶好の機会がやって来た。

一九三二年三月、満洲建国を見るやすぐに行動を開始した。国士舘の同僚で鏡泊学園の設立代表となる大林一之らと夢の実現に向けて立ち上がる。満洲国誕生により、国内には「王道楽土」「五族協和」のキャッチフレーズとともに満洲に注目が集まっていった。もちろんこれらの標語には日本の侵略を正当化する意味合いが込められていたのだが、山田らは「真に五族協和の楽土建設を願うには純真な日本青年が開拓団の第一線に立たなければならない」と信じて、現地における理想的学園建設構想を計画し、躊躇なく実行に移し始めたのであった。

学園の構想

山田悌一が当時の満洲国総務長官、駒井徳三に宛てた「学園設立趣意書」からは、千載一遇の絶好の機会を得た山田が、生涯の夢である学園設立に向けて今まさに大きく飛び立とうとしている、その意気込みが感じ取れる。

城子河開拓団史刊行会が一九八〇年に編集発行した『満洲城子河開拓団史』に、鏡泊学園の卒業生の一人である水上七雄が思い出を載せているが、その中に「学園設立趣意書」の写が記載されているので紹介する。

鏡泊湖に自治的学園村を建設し、将来は大学となし、之れに師範部、専門各部を附属せしめ、一貫綜合的の大学園に順次発展拡大すべきもので。その要旨は鏡泊学園村の生活は貨幣偏重の経済より脱却し、物を大切に生産し大事に之れを消費し、精神的にゆっくり暮らすことを以って原則となす。（中略）今幸いにして満洲国の建国に際合し、吾人の抱持せる理想も最も率直に、最も真剣に表現する機会を得、地は辺趣匪跡の地なれども、然も風光明眉、満洲第一の勝地なる鏡泊湖に組し、簡章を定め、人材を網羅して開校せんとす。（中略）吾人はこの理想の学園村建設に人事を昼して勇猛邁進し、謹んで天命を待たんことを期す。

大同元年八月二九日

鏡泊学園設立代表者　山田悌一

総務長官　駒　井　徳　三　閣下

また、水上七雄は同書の同じページで、山田悌一について

山田先生は深遠な思想家であり、卓抜な実践家であり、重厚でもあった。当時先生に知遇を得た朝日の某記者は、先生を英国社会主義の先駆者ロバートオーエンの理想を実践する牡挙であると朝日新聞に紹介したほどであった。

とも書いている。

第二節　鏡泊学園の全体像

鏡泊学園の全体像を描くにあたって、『鏡泊学園建設中間報告書』（国士舘、一九三二・八・一〇）、日本力行会所蔵『満洲移民参考資料』に収められている「満洲鏡泊学園第四次報告書」（一九三三・九）、前節に

出てきた満鉄調査会が纏めた「鏡泊学園調査報告」、及び『満洲開拓史』（全国拓友協議会、一九八〇）などを下敷きにした。『満洲開拓史』以外は書名が長く紛らわしいので、以後引用するときは、それぞれ『建設中間報告書』「第四次報告書」「鏡泊学園調査報告」と略記する。

建設地の決定

はじめ山田悌一らは総合大学としての満洲大学設立を企図していたようである。一九三二年四月二八日、山田と大林一之はこの腹案を持って東京を発ち、五月五日に奉天に到着した。ここで関東軍司令官本庄繁を訪問し、後援を依頼している。さらに、幕僚にも大学設立の教示を仰いだが、当時の関東軍の意見としては、趣旨には賛成であるが関東軍の一存では決められないので、満洲国政府の文教司の意見を聞くように、とのことであった。

そこで五月一〇日、二人は長春に着き、満洲国政府の文教当局を訪ねると、当局としては大学案には賛成であるが、学制もまだ決定されていない段階なので、直ちにその実現は困難、との意見であった。当時満洲国は建国から間もなく、文教機関は民生部内の一司（局）で扱っていたのだが、まだ文教関係の法規もできておらず、適用する方法がなかったのである。

そのため彼らは総合大学制にすることはあきらめて、学園建設地の選定に入った。彼らは吉林省、敦化付近に狙いを定め、五月二〇日、吉林の陸軍特務機関を訪問した。その陸軍特務機関では学園建設の理想地として鏡泊湖畔を推奨した。鏡泊湖周辺は清朝発祥の地といわれているが、そのことがかつて清朝の復辟運動に関わった山田にとっては大いに気に入ったに違いない。

『建設中間報告書』には鏡泊湖地方選定の理由として、次の三つをあげている。

一、理想学園村の地として都市に是を求むるは吾人希望せざるとして満洲国内に鏡泊湖附近の地域に如くものなしと認む。

二、将来満洲国理想文化村たる地域はあらゆる条件において所謂山紫水明の鏡泊湖以外に適当の地なきものと認む。

三、鉄道沿線の如き普通尋常人の開拓容易成る地方は吾徒学園建設の主旨に適せざるものなり。

満洲国文教部第一号許可状

翌二一日、敦化に至った彼らは満鉄農事試験所を訪問した。各種資料を調査し、同所の付属水田を調査した結果、最終的に建設地を鏡泊湖畔に決定、学園の名前を鏡泊学園とすることも決めた。彼らの設立要請に対しては、満洲国側との間でその後も紆余曲折はあったが、最終的に一九三二(大同元)年一〇月三一日、満洲国文教部第一号の許可状が下付されることになった(第二章扉絵)。

ところで、なぜか最初のうちは関東軍側では、彼らの学園設立要請に対し快諾はしていない。軍としては、確固たる基礎が出来ない限り早すぎる開園は適当ではない、また、学園地の治安が回復するまでは軍は責任を持てない、さらに学園卒業生が満洲国官吏になるについては優先権はない、とまるでつれない返事をしている。これはなぜだろうか。確かに建国から間もなく、治安上の問題はあっただろうが、ただそれだけではなかったようだ。そこからは、関東軍が山田悌一を補助金ないしは寄付金目当ての「山師」と考え、あまり信用していなかったのではないかと思われる様子がうかがえる。渡満した山田を関東軍関係者と引き合わすための紹介状には、わざわざ「浪人にあらず、利権屋でもない」と断り書きしているものもある（『建設中間報告書』）。

清朝崩壊後の中国では、各国がその影響力を高め権益拡大を狙っていた。そのため各国はお互いに同盟したり、あるいは牽制し合ったりしていた。日本も同様であったが、政府あるいは軍による正常ルートでの外交とともに、水面下での動きも活発に行なっていた。川島浪速らの満蒙独立運動もその一つだといえるが、これは外交の表舞台に出てくることがはばかられることもあった。その運動に関係していた山田が派手に立ち回ることに対して、軍部は警戒の念を抱いていたのではないだろうか。

国士舘との関係は

『第四次報告書』の第二章、学園の進行概況には、㈣国士舘との関係、という項を設け、「本学園は国士舘とは全然別個の存在にして、経営は固より其の他一切無関係に在る独立機関なり」とわざわざ断っているのが注目される。

同じ章の第六項には㈥各監督官憲其他諸機関との関係、として「本学園は満洲国文教部の直轄に属し又同民政部及実業部其他関係官憲の監督指導に服すべきものにして且つ在満日本監督機関の監督を受くべきものとす…」とあるところから察すると、満洲国及び在満監督官庁との契約の関係上、鏡泊学園は国士舘とは関係ないと表明しているに過ぎないのだろうか。

実際には、山田悌一は国士舘の理事であり、満洲に渡ってからも、陸軍とのつながりが深い国士舘と軍部の人脈を利用して設立運動を展開しているのであるから、気になるところである。

鏡泊学園設立の趣旨

「鏡泊学園調査報告」によれば、設立の趣旨は「満洲鏡泊学園は大東亜主義を抱懐せる青年を陶冶鍛錬し以って満洲国策移民の精神的、技術的指導分子の養成を目的とし、卒業生をして学園を建設し併せて満洲国農業開発に資せんとするものなり」ということである。

大仰な言い方であるが、要するに、青年を教育して国策である開拓民の指導者となるべきエリートを養成し、卒業後は実際に農業開発に当たらせるということであろう。

鏡泊学園規定

鏡泊学園規定は「第四次報告書」「鏡泊学園調査報告」『満洲開拓史』によって、少し条の数や表現に違いが見られるが、ここでは『満洲開拓史』の記述に従った。同書によると鏡泊学園規定は目的、事業、課程など一〇項目についての全一八条からなっている。主なものを見ていくと、第一条で「本学園は大亜細亜主義を抱懐せる青年を陶冶鍛錬し、満洲建国の理想成就に献身すべき模範的人材を養成することを目的とする」と謳っている。前項の学園設立の趣旨とほぼ同じ内容の繰り返しであるが、それだけに山田の積年の思いが込められている一条だといえるだろう。

第二条では「本学園の目的を達せんがため農業経営を中心とし所定の課程に対しその要諦と活用とを体得せしめ自給自足と協力とを原則とせる理想的学園村を満洲国法の下に建設経営す」、第三条では「本部を寧安県鏡泊湖畔松乙溝に設置し、必要に応じて支部を各地に置く」と所在地について触れ、第四条と五条では「修養年限が二年、定員は一学年三百名である」と書いている。修養年限について「第四次報告書」には「本科二年、予科一年以内とす」と記されているが、ここでいう予科とは国内での訓練を指していると思われる。

第九条をみると、課程として実践倫理、東洋哲学、語学、国法、経済、地理、歴史、衛生、農業、林業、鉱業、土木、交通、通信、防衛、武道、獣医と実に多岐にわたっている。辺境の孤立した状況の中で自給自足的な生活を送らざるを得ないのであるから、実践的な技術や知識を習得することは当然だとしても、この課程の多さは尋常ではない。この課程を見ただけでも、第一章で採り上げた天照園のように、単に貧民救済を目的とした低学歴層による農業移民ではなく、鏡泊学園が満洲経営の指導者となるエリート養成を目指していたことが納得できる。

第十条の入学資格では「身体強健にして意志強固なる青年として、

一、国士舘高等学校において所定の予備訓練を終了した者

二、中学校または甲種実業学校卒業者

三、農業の経験がある二五歳以下の青年で選抜試験に合格した者

四、帝国在郷軍人分会長の推薦による二五歳以下の在郷軍人
五、在満蒙公私機関及び各府県知事の推薦による者」とある。
実際、厳しい自然、生活環境の異郷で生き抜くためには頑丈な肉体と強靭な精神力が要求され、耐えられずに脱落する者も少なくなかった。

第十三条の職制では、名誉総長、学園総長、総務、学監が各一名のほか、教授、講師、主事、指導員、事務員、助手を若干名を置くとあり、学園経営に対しては評議会及び理事会を設けるとある。

第十七条では「本学園卒業者の農業経営その他に対し学園はこれに後援と指導をなす」とあり、最後の第十八条では「同一学年卒業者を単位とし、学園村の建設に当たらしめ、一人に付き一〇町歩、ないしは二〇町歩の耕地を学園村地区内より分与する」とある。

そして学園規定の最後に、代表として満洲鏡泊学園名誉総長（満洲国参議・陸軍中将）筑紫熊七と満洲鏡泊学園総務、国士舘理事、山田悌一の名前が列記されている。

狭い日本に生まれた若者、特に農家の次男や三男にとって、一〇町歩から二〇町歩の土地を与えられるという宣伝文句は、夢のように甘い誘惑であったに違いない。

学生募集、国内訓練

それでは、実際にどのように学生は集められ、訓練されていったのかを見てみよう。

一九三三年三月、学園では全国的に学生の募集を行なった。選考では主に人物考査に重点が置かれ、家

庭の事情や思想、健康状態などが精査された。その結果同年四月一日、応募者五三八名の中から二二〇名が選ばれ、入学を許可された。これらの学生は四月一〇日から東京国士舘高等拓殖専門学校の委託生として、同校内に開設された訓練所において七月まで予備訓練を受けた。

さらに専門的な知識と技術を習得するため測量部、土木部、農具部など一八の研究部を設置、研究部員は各部門に分かれ各方面に派遣されて実地教育を受けた。自給自足的な生活をするためには当然とはいえ、研究分野は広範にわたっている。

部名	人員	実習状況
測量部	八	参謀本部陸地測量部において二週間実地研究
土木部	七	東京市土木課管轄浅草土木出張所において一ヶ月実地研究
農具部	一二	埼玉県川口市農林省農用機械管理所において一ヶ月実地訓練
伝書鳩部	八	陸軍軍用鳩調査委員柿本大尉指導の下に二〇日間飼育訓練実施
電信部	一一	ラジオ無線電信機購入、中央放送局員の指導の下に組立法、発信受信法を習得
自動車部	一六	毎朝一時間半備付自動車にて訓練、陸軍自動車学校において実習、甲種免状所持者四名
舟航部	一六	横浜市鶴見においてモーターボート、和船借受二週間合宿訓練
養豚部	七	立川子安農園見学、飼育管理の実習
養鶏部	六	東京世田谷若林、林養鶏場にて一ヶ月実習
軍用犬部	一一	世田谷伊藤子爵指導の下に飼育訓練法習得

馬　部	一五	陸軍獣医学校において二週間講義、実地研究、騎兵第一連隊にて乗馬練習実施
牛　部	一一	陸軍獣医学校にて二週間講義、実地研究
養兎部	五	学園にて一二匹を飼育実施
緬羊部	六	影山教授より毎週一時間飼育法聴講
医療部	二一	陸軍軍医学校、赤十字病院にて衛生学聴講並びに訓練
漁業部	二二	羽田にて森ヶ崎養魚場見学、秋田庸氏より養魚一般概念聴取
蔬菜部	三	神奈川県園芸試験場にて二週間実施研究
食糧部	二四	東京府千歳村岩本商店、神奈川県稲田村保谷味噌醤油合資会社などにて味噌、醤油の醸造法習得（各二〇日間実習） 東京世田谷区大野豆腐店にて豆腐製造法習得、東京京橋区古賀氏よりパン製造法実習、陸軍糧秣本廠にて糧食研究

ところで、渡満を前にして学園の校歌が作られている。作詞は増上寺学僧の真野正順、作曲は山田耕筰である。

㈠　北溟の空　風暗く
　　星影淡き　鏡泊の
　湖畔に来たり朝霧を
　　破りて崇き　高邁の
　東亜の光　かかげ立つ

㈡　渤海の昔　王者出て
　　文化を遠く布きしより
　幾星霜や草の跡
　　沃土再び　王道の
　恵みに返す　人やたれ

日東の健男児
健男児われら
日東の健男児
健男児われら
（以下　略）

敦化での教育

一九三三年八月一日、訓練を終えた学生一八九名は一七名の職員とともに東京を出発、二日に神戸港からハルピン丸に乗船した。船は門司港に寄港し、三日に大連に向かったが玄界灘が大しけで三、四〇〇トンのハルピン丸も木の葉のように揺れ、止むを得ず唐津港に引き返した。翌四日はうって変わって好天となり再出航し、六日に大連に入港した。七日は旅順戦跡を見学し、二〇三高地、東鶏冠山堡塁など巡った。八日は奉天を見学し、九日に新京に到着。ここで満洲国の鄭国務総理から次のような歓迎の言葉をもらった。

「諸君が今回満洲鏡泊湖に入植され満洲建国に貢献されんとする其の抱負を祝するものであります。鏡泊湖は我が満洲国国祖の地であって山紫水明の聖境である…幸いに諸君が満洲国の此の聖祖宗の地に学園を興し、其の神境に於て農村建設の実際的指導を受け、将来模範文化村の建設を以て満洲国を真の王道楽土たらしめんとする企図に対し茲に満腔の祝意を表するのである、自分は出来る限りの助力を惜まない、又現地に学園を参観したい考えを持っている、どうか其の理想の健全なる実現発達を希望して止まぬ次第である…」（「第四次報告書」）

さらに関東軍司令部及び拓務当局から訓話があり、また筑紫熊七名誉総長の訓示を受けた。一一日に新京を発ち、その日の夜八時、雨の中を敦化に到着した。二二〇名いた入学者から渡満者が三一名減っているのは、素行不良、または将来の見込みなしという理由で退園を命じられたからであった。

しかし、敦化に着いてから、そのますんなりと現地入りとはならなかった。当時の鏡泊湖周辺は匪賊の巣窟で入植は危険ということで、敦化に留まり越年することになったのである。敦化守備隊の厚意により、空き兵舎の貸与を受け、その他一切の便宜を与えられ、ここに仮開校をして訓練をすることになった。

産業班は実習農場の整理に着手し、建築班、土木班は校舎、道路の修繕、通信班は園内通信を開始、また衛生班は医療室を開設するなど、訓練と準備を重ねながら越冬した。

翌三四年，二月二四日「鏡泊湖転進」の命が下される。まず先遣隊が選ばれて結氷した湖上を進み松乙溝に入り、満人家屋を買収してそこに事務所を開設し、本隊を迎え入れる準備に着手した。本隊は二月下旬から移転し、全部が湖畔に入植し終わったのは三月中旬であった。

現地での日課時限表は次のようになっていた。

起　床　（午前）五時三〇分
点呼、朝礼　五時四〇分
朝　食　七時
診　断　八時
学科、教練　八時三〇分から一一時三〇分

昼　食　正午
作業、実習（午後）一時から五時
入浴（職員）四時三〇分から五時
入浴（学生）五時から七時三〇分
室内娯楽　五時三〇分から八時三〇分
夕　食　六時
点　呼　八時三〇分
消　灯　九時
（夏期は起床四時三〇分、消灯八時というようにそれぞれ三〇分から一時間早まる）

学生年齢別人員

それでは、実際にどんな学生が選ばれて入植したのかを見てみる。ただし、これは入植から一年三ケ月あまり後の一九三五年六月の調査結果なので、戦死者六名、病死者一名、入営八名などで減員していて、調査時の学生現在数は一六〇名となっている。

年齢	一八	一九	二〇	二一	二二	二三	二四	二五	二六	二七	二八	二九	三〇	計
第一期生	—	三	一〇	三一	三三	一一	一二	一三	八	八	四	—	一	一三四

第二期生	二	二	八	七	五	｜	｜	一	一	｜	｜	｜	｜	二六
計	二	五	一八	三八	三八	一一	一二	一四	九	八	四	｜	一	一六〇

年齢別に見ると一八歳から三〇歳まで年齢の幅があるが、二一歳、二二歳が各三八名で最も多く、ついで二〇歳が一八名という順になっている。二五歳までの若者で全体の八六％を占めている。

学生出身学校表（　）内は中途退学

	小学校	補修公民学校	中学校	商業学校	農学校	養蚕学校	鉄道学校	師範学校	専門学校	計
第一期生	一五	一六	七六（六）	二（二）	一三	一	一	｜	一（一）	一三四
第二期生	三	二	一〇（五）	一	三（一）	｜	｜	（一）	｜	二六
計	一八	一八	九七	五	一七	一	一	一	二	一六〇

出身学校別では多岐にわたっているが、中学校（旧制）卒が圧倒的に多く、また専門学校出身など全体として高学歴であることが読み取れる。満洲農業移民の先駆的指導者、エリートを要請するという目的があってのことだからである。「第四次報告書」と『満洲開拓史』では大学卒が四名と記されている。

学生原籍府県別表

県名	人数	県名	人数	県名	人数	県名	人数
宮崎	二四	神奈川	四	長野	二	山口	一
福岡	二三	石川	四	愛知	二	福井	一
佐賀	九	兵庫	四	茨城	二	滋賀	一
山形	八	徳島	四	岐阜	二	山梨	一
熊本	七	栃木	三	秋田	二	埼玉	一
岡山	七	島根	三	香川	二	静岡	一
大分	六	岩手	三	広島	二	青森	一
新潟	六	和歌山	三	富山	二	北海道	一
東京	五	宮城	三	三重	二		
長崎	四	鹿児島	二	奈良	二		

学生の原籍府県別表を見ると、ほぼ全国から学生が集まってきていることがわかるが、なかでも九州出身が圧倒的に多い。一位の宮崎県二四名以下、二位福岡、三位佐賀、五位熊本、七位大分、十位長崎と九州勢が占めている。これは学園の指導者山田悌一が宮崎出身であり、彼を慕って応募した学生が多かったということを物語っているのではないだろうか。

受験学生の志望動機

それでは、実際に鏡泊学園の募集を知った学生たちは、どのような思いで志望し、満洲に旅立っていったのだろうか。ここではそのような学生の一人であった水上七雄（第一節に登場）の例を見てみる。水上七雄は『二十世紀日本の断章—大正・昭和・平成私記—』（私家版、一九九六年）という回顧録をあらわしているが、当時の向学心に富んだ青年の心情がよく描かれている。彼は鏡泊学園の解散後は第四次城子河開拓団に移った。一九四三年応召しハルビンの一七七部隊に入営。部隊の移転により帰国し、熊本で敗戦を迎えた。のちに京都市会議員をも務めた。

その回顧録によると、彼は石川県の雪深い山村の農家の四男として一九一五年に生まれた。当時の一般的な若者に共通した意識であろうが、彼もまた天皇制軍国主義教育とマスコミに踊らされて、満洲事変後の大陸に対する志向が強まっていった。その頃国内ではこんな歌が流行っていたという。

俺も行くから　君も行け
狭い日本に　住み飽いた
海の向うに　支那がある
支那には　四億の民が待つ

雪深い山村に育った彼には、本能的に広漠千里の「赤い夕日の満洲」に憧れがあった。彼は向学心に燃えていたが、経済的な事情から学費に対する不安もつきまとっていた。農業を手伝いながら勉学に励み、四高（現在の金沢大学）の理科甲類に合格したが、ちょうどその頃『北国新聞』で鏡泊学園の生徒募集を知った。彼はこの時のことをこう書いている。

「大学に入りたい者は山ほどいる。しかし今必要なのは満洲開拓の先駆者ではないか。それこそ水上の使命ではないか！」と内心一人で力んでいた。こうして私は大学の道を捨てて大陸の道を選んだのである。

私は県立図書館で探しあてた中華民国精図の中に、長白山脈の北縁に、紺碧の宝石のような鏡泊湖を発見して、夢見るように心が踊ったのであった。（中略）

その後、私は入江たか子主演の「満洲建国の黎明」という映画を見て強い刺激を受け、完全に満州熱にうかされていった。（中略）

鏡泊学園の規則書には三ヵ年の学業終了者には学園村で十町歩乃至二十町歩の農地を分与して理想的な農村の建設に当らせるとあったので、長兄は入学金の参百円を奮発してくれたのだった。満州で二十町歩の分家が生まれると期待したのもむりはない。私は、〝男子志を立てて郷関を出ず、学もし成らずんば死すとも帰らず〟と悲壮な決心をして学園の予備校である国士舘の高拓校に入るために上京したのであった。

水上七雄の例はその典型だが、鏡泊学園を志望した若者たちは、食い詰めて大陸にわたったというより、新国家の理想実現を目指して応募したものが多かった。国内では考えられない二〇町歩の土地の誘惑がためらう背中を押したこともあるだろう。だからこそ、学園解散という苦境も耐え抜いた。「王道楽土」「五族協和」の掛け声と自分の生き方を重ね合わせた。

鏡泊学園作業中の写真（野菜貯蔵庫上被工事）
（出典：「満洲移民参考資料」日本力行会所蔵）

学園での生活と苦難

話は戻るが、学園生たちは一九三四年三月中旬に湖畔への入植を完了し、新しい生活が始まった。根雪が消えて湖畔の大地が地肌を表すと、早速家屋の建設、開墾、水路の開削、堰堤の構築と分散して取り掛かっていった。しかし、匪賊が襲撃してくる懸念があり、夜間も十分安眠することはできなかった。また、食糧、弾薬など物資の運搬にあたるものは、敦化から湖畔までの長距離を匪賊来襲の危険を冒して決行しなければならず、その苦労は並大抵ではなかった。

学生は一〇名から一二名で一分隊に組織され、それが十二分隊あった。そしてそれが四分隊で一小隊、三小隊で一中隊と組織されていた。現地教育はこの分隊編成を基礎にして行われ、普段は農耕、雨天の時は学科と文字通り晴耕雨読の生活を送っていったが、軍事訓練、行軍なども実施した。

しかし、入植してわずか二ヶ月にして学園最大の試練がやってきた。五月一六日、山田以下一四名が所用を終えて寧安省公署からの帰途、大廟嶺において匪賊の襲撃を受け、全員が犠牲になるという悲劇が起こったのである。

山田悌一の死

その日、山田、樹下教官、今井幹事の三人の職員、学生五人、独立守備隊鏡泊湖分隊の椎橋伍長ら五人、それに満人の通訳の計一四名は土地買収、業務連絡などの所用を終え、トラックで帰る途中であった。しかし、大廟嶺の北方で道路に落とし穴が掘られ、トラックがその落とし穴に転落したところを、周囲で待ち構えていた五〇人ほどの匪賊によるいっせいの銃撃を受け、全員が死亡したのだった。

この事件以来、学園には急に艱苦の重圧がのしかかってくる。山田は学生たちの信望が厚かっただけに、彼らの精神的打撃は甚大だった。事件後、学園創設者の一人大林一之が後任の総務となり、小池警備司令が現地の代理総務となるが、学生たちの心は乱れがちになった。

それに物質的な窮迫が加わった。連日の豪雨に見舞われ、水田の堰堤は切れ作業は困難となった。また、匪賊の動きが活発となり、食糧の調達が難しくなっていった。匪賊の動きは草木が繁茂すると活発になる。湖畔の木々が茂り出すと学園と敦化間も危険路と化し、物資輸送ができなくなった。やむを得ず、六月から九月までの四ヶ月は付近の朝鮮人から手持ち米を購入してかろうじて命を支えるという具合であった。

山田らの遭難後も匪賊の襲撃は続いた。半月後の六月四日には学園の第一小隊と第二小隊の間にある、学園の使用人宅が襲われる。湖畔一帯には一五〇〇人の匪賊が集まり始め、銃を構えて白昼悠々横行しているのが学園から見えるほどであった。学園では全員警備につき、塹壕や望楼に寄ったまま夜を徹し、日中眠りにつくという状態であった。

第二期生の到着

第二期生三〇名は六月五日、物資輸送の池田馬車隊と石見伍長以下一一名の兵隊に護られ、第一期生と合流すべく学園を目指して敦化を出発したが、膝まである泥濘に悩まされ九日になってようやく学園から約一〇キロのソーチオミというところまで差し掛かった。そこで匪賊の襲撃を受け、学生は無事であったが石見伍長以下全部で五名の兵が戦死した。結局第二期生は前後五回の襲撃を受け、戦闘を続けながら、六月一五日に学園に到着したが、敦化を出てから一〇日間を要したことになる。

アミーバ赤痢の蔓延

さらに八月一六日には、学生一〇名が物資輸送のため東京城に赴き、その帰路に匪賊の襲撃を受け、死亡している。痛手は匪賊や食糧難ばかりではなく、アミーバ赤痢の蔓延があった。六、七、八月の三ケ月はアミーバ赤痢のため作業が思うように進まず、耕作放棄をするに至った。当時の彼らの食糧は包米、大豆、それにわずかな米を混入したものが主食物で蔬菜も欠乏したので野草も食べなければいけない状態であった。その結果消化不良を起こし、全員の四分の三が罹って病床に臥してしまった。こんな状態で一九三四年は過ぎていった。

翌三五年に入って状況は小康を得たが、木々が繁茂する頃になると再び匪賊が活躍し始め、生活物資の補給に困難をきたした。そして学園の将来をどうするかという大問題を解決しなければならなくなった。これまで山田の広い人脈を通して学園の運営資金を獲得してきたが、それもできなくなってしまったからである。

第三節　最初で最後の卒業式と解散、その後

最初で最後の卒業式

東京からやってきて関東軍と折衝した大林総務は七月三日、学生たちに善後策を伝えている。それによると責任をとって大林総務は辞任する。問題解決まで関東軍が経営する。学園の負債約一〇万円は学園財産を処分して充てる。学生は希望により、拓務省第四次基幹移民として入植し、また一般移民の農事指導員とする、などであった。

このようにして最初にして最後の繰り上げ卒業式が一九三五年一一月二一日に挙行され、一同は悲壮な決意を胸に秘めつつ四方へと散っていくことになった。一五〇名あまりの学生は協議した結果、第四次城子河開拓団へ四五名、三河、海拉爾の自由開拓民（ホロンバイル開拓団）に二〇名、その他に転ずるもの六

〇名、鏡泊湖に残るもの三〇名と決定し、お互い同じ満洲国にある限りここを故郷とすることを誓い合って四散していった。

東宮少佐の解散勧奨と残留組の正式承認

翌一九三六年、学園残留組は入植三年目の春を迎えたが、関東軍では現地残留者の取り扱いに苦慮していた模様である。三月上旬、当時佳木斯にいた東宮少佐が、関東軍の内意を受けて鏡泊学園の解散を勧奨するために来訪する。少佐としては解散を説得し、他に好適地を与えようと考えていたのであったが、徹夜での説得にも残留組三〇人は信念を堅持して譲らなかった。彼らの信念とは、

「恩師と盟友の墓を棄てて、立ち去るわけには生きません。仮令匪襲その他如何なる困難に遭遇しようとも、これを守り通す決心で、すでに卒業式直前、百五十名の青年は鏡友会を組織し、お互いは四散しても、心は鏡泊湖に繋がることを盟い、四方に散じた人々に代わって、ここを守ることを確約しております」(『満洲開拓史』)

というものであった。

彼らの決意に逆に心を動かされた少佐は、解散の説得どころか、激励の言葉を与えて去っていった。

「諸君の気持ちはよく解った。全く同感である。実は諸君に、解散を奨める説得に来たのだが、諸君の吐露した真情には同感を表する外ない。信念のない人々の意見なんか、私も相手にはしない。どうか徹底的にやって見給え。将来は何とかなるであろう。三年後には、再びこの鏡泊湖にやって来て、

諸君の元気な顔を見ることにしよう。それまでは頑張ってくれ。」（『満洲開拓史』）

少佐は帰任後、「現地を実査した結果、現在員を特殊移民として存続せしめるべき」との意見書を発表して彼らの残留を支持した。これによって残留組は湖畔に永住することが正式に認められることになった。

残留組による学園の再興

とはいえ、その後も苦労は続く。仲間たちが四散したあとは湖畔の大きな宿舎はまるで静まり返り、沈滞気分が漂った。解散のためすべての支援者を失った現地では食糧増産に必死で取り組まなければならなかった。

そんな学園危急のときであった一九三七年五月、東京城守備隊長後藤四郎中尉からの委託を受け村塾を設けることになった。そして満人七人、朝鮮人二人、他に関係者の日本人六人の少年が入塾してきた。学園再興は残留組の使命でもあったし、入塾生も優秀で晴耕雨読の生活は充実してきた。これがきっかけとなって学園残留組は持ち直していくことになった。そして自給自足の営農のほかに、漁業、伐木、畜産加工、購買、販売組織などの諸事業に取り掛かった。満拓公社から経営資金を借り入れるにあたり、組織を協拓組合とし共同経営方式で運営された。各地に散っていった学園卒業者も鏡友同志会を組織し、学園の再興に協力していくことを決議した。

三九年二月一九日鏡友同志会が開かれ青年義勇隊の誘致を決議する。三月には拓殖委員会の富永大佐が来園し、これが具体化し、六月三〇〇名の青年義勇隊が学園に託されることになり、鏡泊学園訓練所として開所した。この結果、学園同人、学園村塾、訓練所の三者が一体となって展開されることになった。ちなみに鏡泊学園開拓団は三五年拓務省の管轄になって分散開拓団として指定されている。

湖畔に残留後しばらくは生産活動を軌道に乗せることに夢中で過ごして来たが、やがて村での生活に多少余裕がでてくると、結婚し妻帯するものが出てきた。

殉難者七周忌記念「興亜烈士の碑」

一九四〇年八月一五日、湖畔に山田ほか殉難者の七周忌を記念して碑が建てられ、除幕式が挙行された。碑は徳富蘇峰の筆になるもので、除幕式には日本から遺族も参加している。彼らは帰途、遭難現場に立ち寄り、頭山満揮毫による記念碑「嗚呼殉国十九烈士の碑」に参拝し、往時を偲び帰路についた。

城子河開拓団への合流

それでは、学園解散後第四次城子河開拓団へと移っていった四五名はその後どうなったのだろうか。第四次城子河開拓団は、第一次弥栄、二次千振、三次綏稜に次いで一九三五年に送られた試験移民である。ただし、直接在郷軍人の手を経て応募された三次までとは異なり、直接の手を経ずに募集された全国各地からの編成であった。入植地は弥栄や千振の南、ソ連国境に近い東安省密山県鶏西にあった。

一一月二三日、残留組に見送られながら鏡泊学園を後にした青年たちは、先遣隊として一二月二三日に城子河に入植した。城子河の本体が入植したのは，年が明けた三六年三月二日である。

その年は天候も順調で作物の生育も良好、余裕もできたため家族招致の見通しが立った。三七年、二人の団員が日本から奥さんを連れて来、その後も家族招致が続いた。

四〇年には個人経営に移行していった。これは地下資源（石炭）開発が開拓政策より優先され、全団員を収容することが不可能になったからで、鏡泊学園組のうち四人だけが鶏西に残り、あとは新たに吉林省五常県開原へと再入植することになった。四一年二月から三月にかけて、開拓史上類例を見ない開拓団の大移動が行われたのである。鏡泊組としては三度目の入植となった。

入植作業は順調にいったが、その年暮れに太平洋戦争に突入、次第に負け戦がはっきりしてくると開拓団にも召集が来るようになり、男子の数は次第に減少していく。そして、四五年八月一日には根こそぎ動員で全員が招集され、残るのは婦女子のみとなってしまった。

八月九日のソ連参戦以降は他の開拓団同様悲惨な逃避行、避難生活を強いられるが、国境から遠く離れていたおかげでハルビンの桃山小学校収容所に入ることができた。しかし、収容所生活の間に栄養失調や凍死するものが続出、また発疹チブスの流行による死者も出た。日本（佐世保）に帰ってこられたのは四六年一〇月二一日であった。

ホロンバイルへの移転者

学園解散後、興安北省にあるハイラルの東方十六キロのホロンバイル（呼倫貝爾・免渡河）地方に入植した人たちもいた。岩手県出身の小原久五郎の場合を見てみる。父が北海道開拓農業の経験を持ち、兄は岩手県藤根村の原野を切り開いて農場を営んでいた小原久五郎は、苦学をして国士舘大学を卒業した。同校で五族協和の精神を身に付けた彼は、鏡泊学園の職員（農業機械指導員）となって、学生たちと一緒に満洲に渡った。

学園解散後の一九三五年一二月、同僚だった古賀新作とともに学生一八名を引率してホロンバイルへ移ったが、そのうち五名は三河に分村していった。小原らはホロンバイルで開拓組合を組織し、翌年春から小麦、燕麦、大豆の栽培を始めた。また、牛、馬、緬羊などの飼育も始められている。その後内地から妻や子供を呼び寄せた。しかし、当時近くには通える小学校がなく、妻と子供はハイラルで別居生活を送らねばならなかった。やがて、免渡河にハイラル小学校の分校ができ全校生徒七人の開校式が行われた。

四二年、久五郎は脳溢血のため四七歳で死亡、四五年春には末娘が発疹チフスのため一六歳で死亡した。久五郎の妻と看護婦として働いていた娘は苦労の末、四六年一〇月、葫蘆島から無事生きて帰ることができた。

三河《サンガ》共同農場への移転

学園生のうち、岡部勇雄ら五名は興安北省東額族の瀬崎参事官に勧められて三河にやって来た。三河は満洲西北部、ハイラルから約一八〇キロ離れていて戸数一、五〇〇戸、七、四〇〇人が住んでいた。大部分が革命を逃れて流入した白系ロシア人で、そのほかに蒙古人、ブリヤート、ツングース系の人たちが若干住んでいた。彼らは小麦や燕麦を栽培し、牛や馬の放牧も行なっていた。

岡部らはロシア人農家に住み込み、翌三六年四月からは、依根《イケン》に入植した。それから三七年八月に自由移民として認可されるまで苦労したという。

第四節　鏡泊学園の意味

田島梧郎の体験から

鏡泊湖畔に残留し現地生活を続けた人たちのその後については先にも触れたが、当事者の一人である田島梧郎が貴重な体験記を残している。『鏡泊誌』と題した手書きの文章で一九八二年に自費出版されたものだ。

田島は、一九四六年満洲から引き上げ帰国後は長崎県の北高来郡（多良岳山麓）に居住した。民族協和を口先では唱えながら実際には現地の人を見下し、生活環境を異にする在満邦人が多い中で、彼の体験記からは、残留組が現地の人と同じ仕事をやり同じ生活をすることによって、民族の違いを超えて連帯し人間的な絆を結んでいたことが理解できる。その象徴とも言える事件が鏡泊湖疑獄事件であった。

この章の最後に、国が唱える空虚な掛け声だけの「五族協和」ではなく、その言葉を信じて真摯に実践した人たちから、鏡泊学園の姿を捉えてみたい。うわべだけの「五族協和」は日本人の優越に裏打ちされたまやかしであったが、実際に厳しい環境の現地で生活するには、文字通り民族の違いを超えて対等に協力し合う必要があった。そしてそれを実践した人たちがいたのであった。

学園漁業部

一九三五年一一月末に最初で最後の卒業式を行い、学園が解散したあと、残留組は学園村を結成し、現地の人たちと協力して生産活動に邁進したが、その一つに漁業部があった。これは原住民たちの勧めで、鏡泊湖地域産業開発事業の一環として始められたもので、漁業宿舎に寝泊りし、現地の人と一緒に操業に従事するものであった。凍結した湖に穴を開け、そこから長さ二〇〇メートルもある網を下ろして堅い氷の下に広げ前進しながら魚群を追い込むという漁をするには、生死を共にする一体感が求められた。この氷原の上での漁業は四月中旬、岸辺の氷が融けるまでの半年間行われ、それからは皆懐かしの我が家に帰り農耕に精を出すという生活だった。田島は学園漁業部の二代目責任者に指名された三八年以降、四五年に召集されるまで、現地人に溶け込んで漁業に従事していた。

鏡泊湖疑獄事件

敗戦前年の四四年早春、村に寝耳に水の衝撃が走った。鏡泊湖村村長の程万玉をはじめ部落長（満系の人が主でほかに朝鮮系三名）を含む四三名の有力者が一斉に警察に検挙拘留されるという大事件が起こったのである。罪名は反満抗日の工作を進めたということであった。しかし、学園村ではこの十余年、村長はじめそれこそ五族が協力し、信頼し合って生活してきていた。大家族のように助け合い、協力しなければ生きていけなかった。だから反満抗日運動が行われているはずがないのは確かだった。

しかし、戦局が傾いてきていた日本は、満洲国の治安維持対策として善良な満洲国人民を見せしめ的に検束して、拷問による供述書を作り上げ反満抗日の思想犯に仕立て上げていた。一種の弾圧政策である。鏡泊湖村周辺はもともと抗日救国ゲリラの根拠地の一つでもあったから、その見せしめの標的にされたのであった。

救出に全力をあげたかったが、あいにくこのとき学園村では応召者が多く、残留者は一〇名ほどしかいなかった。一緒に働いていた現地人仲間が一挙に拘束されたことで学園村には動揺が走った。対策の協会が開かれたが、名案が浮かばず成り行きを見守ろうという静観論が多数を占めた。しかし田島は、ここで静観していては鏡泊湖という一つの生活圏でよき隣人として生活してきた仲間を裏切ることになると訴え、その結果、代表を選出して救出作戦が展開されることになった。

田島はその一人として、仕事を休んではたびたび新京の関係官庁や有力者をまわり、逮捕の違法性を訴え、救援を依頼して回った。これでは満洲国が掲げていたアジア開放、民族協和、王道楽土建設の看板は偽りになる、との思いからであった。さらに、かつて鏡泊学園山田総務が訓話の中で「民衆の中に飛び込み、民衆の心となれ」と教えていたことが支えとなっていた。幾多の苦難と田島たちの献身的な努力の末、最終的に死刑直前で全員の無罪釈放を勝ち取ることになった。

数奇な運命

けれども、話はここで終わらない。田島は彼らが釈放されるより前の一九四五年七月半ばに召集されてしまい、東満八面通の宿舎に入隊することになった。部隊は対ソ戦を経て敗走を続け、日本が敗戦を受け入れたあとの九月一一日投降した。しかし、ただ一人脱出した田島は心の故郷鏡泊湖を目指すが、もう少しというところで現地人の部落に捕まってしまう。そして民衆裁判で殺されてしまうところだったのだが、たまたま村人の中に、田島が先述の鏡泊湖疑獄事件で懸命に奔走して助命嘆願運動をやり、それが功を奏して死刑が中止されたことを知る人があり、今度は逆に彼が助けられることとなった。

敗戦後、日本人と現地人の立場が逆転し、今までの恨みを晴らすかのように現地の人たちに殺されてしまった日本人開拓民も多かった中で、田島のような例は極めて稀有だといえないだろうか。

後日談になるが、日中国交回復後の一九八〇年、田島は友好訪中団の一員として鏡泊湖を訪れ、三五年ぶりにかつての朋友たちと再会している。彼らは、反満抗日疑獄事件で投獄され、死刑を宣告されていたときに、田島の救命運動によって助かったことを深く感謝していて、涙を流して再会を喜びあった。

鏡泊学園とはなんだったのか

一九三三年八月一日、「五族協和」「王道楽土」という心を酔わせる美しいスローガンに、理想的新国家建設を夢見て東京を出発し、満洲に渡った鏡泊学園の若者たちがいた。彼らは、一儲けしようとの魂胆で満洲に渡ったわけではなく、国内で食いはぐれて満洲に渡ったわけでもなかった。

日清、日露、第一次世界大戦と軍事力による覇権が常態化した世の中に生まれ育ち、徹底した天皇制軍国主義教育の洗礼を受けた若者たちは、国策と自分の生き方を重ねることで、純粋に新国家建設の役に立ちたいと海を渡った。彼らはスローガンに内包する日本の優越性、侵略性を見破るには余りにもナイーブ過ぎた。今の私たちには想像できないほど徹底した国家による臣民教育、情報操作が行われ、戦勝の躁状態のなかで、大部分の若者たちは国を「疑う」という生き方があることさえ考えつかなかった。彼らの中では内発的な思考とその体現として満洲への入植を実行に移していったのだろう。しかし、結果的には若者特有の理想主義が時代に絡め取られていったとしか言いようがない。

入植からわずか二年後の三五年一一月には学園は立ちいかなくなって解散し、学園生は各地に四散していった。学園生たちは異郷で生きていくことの困難さは身をもって体験したが、この段階でも「五族協和」「王道楽土」のスローガンが砂上の楼閣のように虚しいものであったとは考えなかった。多くの若者たちは媚薬のように思考停止させるこの言葉のもつ理想に酔い、その実現のために命をかけた。史料を読み解く限り、現地の人たちの生活の中に溶け込み、喜怒哀楽を共にしようとする純粋さが感じられる。もちろん純粋だからといって侵略の片棒を担いだという歴史的事実は変わることはないが…。

歴史の検証と警鐘を

国を挙げての「満洲は日本の生命線」「いざ、満洲へ」の煽動に踊らされ、満洲で艱難辛苦を極めた若者たちを自己責任といって突き放すことはできない。また、その犠牲を国民が等しく受忍すべき苦難という言葉で簡単に片付けることもできない。それでは武力を背景に他国を侵略して傀儡国家を作り上げ、無辜の国民を送り込み、悲劇的結末を招いた責任の所在が曖昧になるだけであろう。

この悲劇を招いた最大の責任は、大陸での軍部の独走と、それを防ぎきれずに追認していった政府の弱腰にある。とくに満洲領有の野心を持った軍部は、策謀によって戦いのきっかけをつくり、思惑通り満洲国という傀儡国家を作った。さらにその長大な国境線を守るため続々開拓民を送り込んだ。しかし、敗戦が明白になると撤退させるどころか、敵に気づかれるのを避けるため情報を一切与えようとしなかった。まさに棄民である。その結果起こった数々の悲劇は枚挙にいとまがない。

今また、時代は世界的閉塞状況の中で、きな臭い匂いと軍靴の響きがすぐそこまで来ている気配が感じられる。これら一連の歴史を検証し、二度と同じような悲劇が起こらないよう警鐘を鳴らし続けていく必要があるだろう。

第三章
多摩川農民訓練所

上宮教会多摩川農民訓練所
（出典：『上宮教会八十年史』上宮教会、1977）

東京都大田区、蒲田駅から東急多摩川線に乗って、二駅目の武蔵新田駅を降り、商店街を進む。新田神社を通り過ぎ、さらに多摩川に向かっていく。古い町工場、木造のアパート、戸建の住宅、高層マンションの混在の地。多摩川の土手と多摩川清掃工場の巨大な煙突がすぐそこにある。土手に上がると、上流にガス橋が見える。七〇数年前、この地に多摩川農民訓練所があったとは想像も及ばない。そこは農民を訓練する所ではなく、最底辺の労働予備軍を農業訓練し、満洲農業移民として送り出す所だった。

第一節　多摩川農民訓練所とは

蒲田区と大森区の多摩川べりに

多摩川農民訓練所はどこにあったのだろうか。その実在を示す地図が二つある。ひとつは、戦前の蒲田区と大森区が戦後統合されてできた東京都大田区の公刊物である。

史料名　大田区の文化財　第26集　地図でみる大田区（3）
発行　大田区教育委員会　　編集　社会教育部社会教育課文化財係
発行日　一九九〇年六月一一日　　　　縮尺　一／五〇〇〇

この五七、六〇、六一頁に、それぞれ「救世軍農民訓練所」、「救世軍農場」、「多摩川農民訓練所」の記載がある。この地図はいずれも昭和一二年六月測量と記されている。名称の通り、ここは多摩川の下流域で川崎市と川を隔てて向かい合っている。

もう一つの地図は、井口悦男編『帝都地形図第六集』（之潮、二〇〇五）から発行されている。実際に作成された一／三〇〇〇の地図の復刻版で、これには、現在の縮小地図が対比して付け加えられている。

総称としての多摩川農民訓練所

名称については、この頃の新聞記事、運営団体文書、東京府公文書・公刊物などは、概して「多摩川農民訓練所」としている。例えば「東京府統計書」などは、団体を区別するために、団体名に続けて、上宮教会多摩川農民訓練所、修養団多摩川農民訓練所（以上昭和一〇年版）、救世軍農民訓練所（昭和一一年版）と使用している。新聞記事においては、『朝日新聞』（一九三五・四・二四朝刊）が「農民道場」という言葉を使用しているが、開設以降の殆どの記事は「多摩川農民訓練所」としている。各団体については、後に詳述する。

「多摩川農民訓練所」とは、三つの運営委託団体の訓練所の総称として用いられ、区別する必要があるときには最初に運営団体の名前をつけるという使われ方をしたと考えてよいだろう。

所在地は、次項で述べる『東京府救護委員会報告書』に明記されている。これによれば、次の住所である。

上宮教会付属宿舎　蒲田区矢口町七九七（注・現大田区下丸子二丁目三〇番付近）
修養団付属宿舎　蒲田区矢口町七九七（注・現大田区下丸子二丁目三〇番付近）
救世軍付属宿舎　大森区調布嶺町二ノ一五二三（注・現大田区鵜の木二丁目四九番付近）

開設時期は、各団体の資料によれば、上宮教会、修養団が一九三四年六月、救世軍が同年七月である。なぜ、蒲田区、大森区に訓練所が置かれたのかは不明である。ただし、条件面について考えると思い当たることがある。それは、広い農場が必要であったことだ。この所在地は多摩川の河原に隣接していた。もうひとつは、このころ、この地域の耕地整理が終わり、多摩川洪水敷《しき》埋《り》均《きん》工事も行われていたことだ。現実に、救世軍の訓練所は、耕地整理組合の誘致に応じて設置されたことが『大田区史』下巻（大田区、一九九六）に述べられている。

東京府救護委員会とは

多摩川農民訓練所は、東京府救護委員会によって設置された。同委員会は、第一章でも述べたが、大不況下で失業が急拡大する中、「冬期に於て失業の為極端なる窮迫に陥れる者に対する救済方策」を目的に、一九三〇年一〇月一〇日に組織された。構成員は会長の東京府知事以下、府の総務、学務、土木の三部長、知事官房主事、それに学務、庶務、衛生、会計、社会の六課長、合計一〇名である。事業内容は、寄付金を募集して、これを窮民に分配したり、収容保護、宿泊保護、給食保護などの社会事業に補助金を出すことであった。本章において繰り返し引用する資料のうち、『東京府救護委員会報告書』は、一九三四年版と一九三六年版があり、後者を引用するので単に『救護報告書』と略す。

東京府救護委員会がどのような事業を行なっていたのかをもう少し詳しく見てみよう。一九三四年度の収支について具体的に見てみる。

まず「天皇　皇后両陛下よりの御下賜金」二万円については、世帯持ち二四、九〇〇世帯に七〇銭、独身者八、五六一人に三〇銭を分配している。仮に当時の円価を今日の二〇〇〇倍とすると、各一四〇〇円、六〇〇円である。

これを除く会計で収入・支出を見てみる（以下一円未満切り捨て）。

収入

前年度繰り越し	一二、六六〇円
本年度寄付金並びに助成金	二六、二二五円
利子	一八一円

支出

屋外居住者収容保護事業費	二、五〇〇円
失業労働者更生訓練施設費	二、九七〇円
知識階級失業者更生訓練施設費	四〇〇円
各種事業補助費	一七、三〇〇円

内訳

歳末年始救済事業補助（東京市）	一〇、〇〇〇円
歳末無料診療事業費補助（東京府社会事業協会）	三、〇〇〇円
給食事業補助（共愛会宿泊所）	六〇〇円
授産事業補助（東京府社会事業協会）	七〇〇円

満洲移住事業補助（天照園宿泊所）　三、〇〇〇円
写真撮影費切手代その他　五〇二円
繰越額　一五三九五円
（附記）右繰越金は昭和一〇年度早々農民訓練所費等に充当するものとす
尚外三府費七、八四八円を支出し屋外居住者収容保護事業を施行せり

なお、収入の寄付金は、一一七団体・個人からであり、助成金は東京府（一〇、〇〇〇円）である。

東京府救護委員会の満洲移民関係三事業

東京府救護委員会は、一九三四年度に、さらに進めて「積極的救済事業」として、失業者の独立更生を目的とする農民訓練所、失業者更生訓練施設等を開設した。

失業者更生訓練施設事業のひとつが、屋外居住者や知識階級（中卒以上）計一四五名を四運営団体に訓練を委託したものである。これらの訓練生は、各運営団体の宿舎に寝泊まりし、多摩川洪水敷埋均工事に従事した。四運営団体は、救世軍、上宮教会、修養団、労働護国会である。もうひとつは、知識階級青年失業者教化訓練施設で、芝増上寺社会課に委託し、府の斡旋により各官公署に就職した二〇名に対して行われた。

『救護報告書』は、東京府救護委員会が一九三五年度に行なった三つの満洲移民関係事業を記述している。ひとつが第一章で記述した天照園移民に対する補助であり、ひとつが次項で述べる多摩川農民訓練所の設

立である。もう一つは、多摩川農民訓練所修了者の送出と渡満後の満洲現地訓練の委託である。この満洲現地訓練の委託先とは、後で出てくる大連近くの満洲移民訓練所である。

多摩川農民訓練所設立の目的

『救護報告書』では、多摩川農民訓練所については昭和一〇年度の事業報告の中で記述されている。その理由は、昭和九年度収支会計の繰越金で昭和一〇年早々に支出されたからである。

目的については農民訓練所概要の第一項目に明記されている。

> 管内失業者にして労働に堪え得る身体強健にして志操健固なる者を収容して農業的及精神的訓練を与え将来満洲移住又は内地独立農民として更生せしむることを目的となす　（『救護報告書』）

ここで注目されるのは、当初目的に、「内地独立農民」としての余地を残していたことである。

敷地および建物

『救護報告書』によれば、施設は次のようになる。

運営団体	敷地	建物	坪数	建築費（精算額）
救世軍	二〇〇坪六合	和風木造平屋建	本館四〇坪二合五勺 納屋七坪　便所二坪	二、四六五円
修養団	一四〇坪		本館階下四五坪	三、四五七円

本館階上四一坪二合
納屋六坪
上宮教会　一四〇坪　　洋風木造二階建　本館七二坪　　三、一六八円
納屋四坪

修養団の建物の項の記載がないが、写真等から上宮教会と同じと考えられる。『上宮教会八十年史』によれば、「本会の建物は台湾総督府の建物を移築したものである」。上宮教会と修養団の建物は、同史料の写真に見られるが、相似的で軒を接している。修養団の建物は、『愛と汗　躍動の七十年』（修養団出版部、一九七五）所収の写真においても確認できる。

東京府学務部長宛の「救世軍農民訓練所諸報告」（一九三七・五・一二、以下、「救世軍報告」）によれば、救世軍は土地賃貸契約をしている。「嶺鵜耕地整理組合長　長久保豊」との間で、宅地四〇〇坪、一ヶ月三〇円、ただし一坪につき七銭五厘である。同様の上宮教会による「多摩川農民訓練所調査ニ関スル件」（一九三七・五・二〇、以下、「上宮教会報告」）によれば、契約書はないが、借地料坪一一銭となる。

運営団体

運営委託先をより詳細に記載しているのは、府の昭和一二年五月一四日起案同一九日施行の「昭和一二年度多摩川農民訓練所委託費支出の件伺」（以下、「委託費支出の件」と略す）で、次の三団体である。以下、それに記載されている運営委託先の住所、団体名、代表者を挙げておく。

東京市神田区神保町二丁目一七番地
　財団法人日本救世軍財団
　　代表者理事　山室　軍平
東京市荒川区日暮里町一丁目一七九九番地
　社団法人　上宮教会社会事業部
　　代表者理事　高木　武三郎
東京市向島区吾妻町東一丁目三六番地
　財団法人　修養団社会事業部
　　代表者理事　蓮沼　門三

各団体は現存する。その概略について、簡略に紹介する。

救世軍は、一八六五年、イギリスのメソジストの牧師、ウイリアム・ブースを創立者とし、軍隊流の組織名称を特徴とするキリスト教宗派で、救貧活動に力を入れてきた。日本での活動は一八九五年に一四人のイギリス人士官が横浜に上陸して活動を始め、日本人最初の救世軍士官は山室軍平である。

修養団は、一九〇六年に蓮沼門三を中心として東京府師範学校（現・東京学芸大学）で創立された社会教育団体である。第二代団長は平沼騏一郎（枢密院議長、内閣総理大臣などを歴任、東京裁判においてA級戦犯で訴追され終身刑）。第一代後援会長は渋沢栄一であり、戦後も大槻文平経団連会長など、著名な財界人が歴任している。二〇〇五年に明治神宮会館で行われた創立一〇〇周年記念式典には、天皇・皇后が列席し挨拶している。戦前は国家主義的側面の強い社会教育団体であった。現在はＳＹＤ（財団法人修養団）として、文部科学省所管の社会教育団体となっている。

上宮教会は、聖徳太子（上宮太子・ジョウグウタイシ）の遺訓を基本理念として一八九七年四月一一日に創立され、簡易宿泊所、診療所などを設置し、救貧活動を行なっている。戦後は、社団法人、社会福祉法人となったが、社団法人上宮教会は一九七二年に解散、社会福祉法人上宮教会となったが、二〇〇二年、上宮会と名称変更している。

三団体に共通しているのは、社会事業に力を注いでいたことで、前項で述べた多摩川洪水敷埋均工事に伴う訓練施設運営も四団体のうち、この三団体が委託されている。『救護報告書』の実施成績を見ると、府の臨時収容保護施設、失業者訓練、給食保護、その他の保護（職業紹介、無料理髪等）でもこの三団体は主要な地位を占めていたことがわかる。また、この三団体は、宮内省、内務省、東京府、慶福会、東京市の全てから助成金を受けている（『社会福利』一九三四・二、財団法人東京府社会事業協会発行、一三九頁）。

委託条件

委託にあたって、東京府は運営三団体に対してどのような条件をつけたのだろうか。これについては、「昭和一二年度多摩川農民訓練所委託費支出ノ件伺」（東京府、一九三七年五月　以下「委託費支出の件」）に掲載されている。

委託条件

一、訓練所の収容定員は一団体三十名とし管下失業者又は生活困窮者中満洲農業移民に適する徴兵検査終了後満三十歳迄の独身青年を身体検査、性行精査の上入所せしむるものとす
二、事業施行に当りては本府の指揮命令に遵い他の委託団体と協調して規律ある指導訓練を施すは勿論　期間終了后は本府の指示に依り満洲農業移民として更生自活の方途を講ずること
三、訓練所には満洲農業移民たらんと志す者のみを収容し其の意志無きに至りたるもの又は心身の欠陥等に依り不適当者と認められるに至りたるものは他に適当の方途を講じ速に退所せしむること
四、訓練所に於ける指導員は二名を常置し之が人選は訓練所の使命に鑑み他の団体とも協調し十分訓練の効果を挙げ得る人格者を詮衡採用すべきこと
五、訓練生に付ては身上明細書、訓練中成績、戸籍謄本其の他の関係資料を整え置くこと
六、事業報告書は別途通牒の様式に従い遅滞無く提出すること
七、収支状況に関する会計簿冊は常に整頓し置き本府に於て事業に関する調査又は会計の報告を命じ若くは検査を為す場合之を拒むことを得ず
八、本事業は本年四月一日より昭和一三年三月三一日迄とす
九、右各項に違背したる場合は交付金の一部又は全部の返還を命じ若くは委託を解除することあるべし

（かな部分の原文はカタカナ）

『救護報告書』の概要の記述から変化したのは二つで、一つは項目三で、内地独立農民としての余地が

消えた。満洲移民専用へと「縛りをかけられた」のだ。もう一つは、常置する指導員が一名から二名に増えたことである。

運営収支と府費計上

運営収支については、「委託費支出の件」に詳しい。府による概算総額ならびに各費用項目規準額提示が行われ、各団体の申請に対して府の査定で決定されることが伺われる。

ここにはいくつかの特徴が見られるので、摘出しておく。

前記「委託費支出の件」に先だって、東京府は三団体宛に予算申請規準額細目を示した府文書「昭和一二年度多摩川農民訓練所予算ニ関スル件」（一九三七年四月一〇日施行）の冒頭で次のように述べている。

多摩川農民訓練所の経費に対し本年度より府費を計上し補助することと相成候に付ては昭和一二年度予算書別紙規準に依拠し明細立案の上至急申請書提出相成度此度及通知候

（かな部分の原文はカタカナ）

『救護報告書』によれば、「昭和十年度農民訓練所経費内訳表」には、経常費、借地料などが含まれており、救護委員会は、訓練所経費を含めて補助していたものと考えられる。

「委託費支出の件」の史料によれば、補助金の支出元は、「救護委員会支出」と「府費支出の分」に分かれている。前者の項目を見ると、訓練生の生計に関わるものが中心であり、後者は訓練所としての経費が中心となっている。額を見ると、前者が合計の七〇％を占めている。

査定額は申請額の項目毎に手を加え、最終的に三団体が同一補助金額になるように作られている。このうち、項目で最も乖離が大きいのは、訓練生の食費で、二三％引き下げられ、規準額として府が提示した金額である、訓練生一人一日二〇銭三〇人一ヶ年分二一九〇円となっている。救護費、慰安教化費についても申請額の二〇％、一五％が削られている。

上宮教会のみが、花嫁斡旋費や訓練費、訓練所出身者補導連絡費を計上し、認められている。これは、上宮教会が渡満した卒業訓練生の花嫁の斡旋に力を入れていたことを示している。

なお、「委託費支出の件」には、「昭和一二年度府歳出臨時部」として、予算科目を

款　社会事業費
項　失業救済事業費
目　失業者更生訓練費

としている。

また

本年度予算高　　　二〇、〇〇〇円
前年度予算高　　　　〇円
比較　増　二〇、〇〇〇円　減　〇円
備考　委託費　五、〇〇〇円　移送費　一五、〇〇〇円

と記している。このうち、移送費は渡満の際の諸費用予算と考えられる。

予算科目がどこに入るかは、行政の姿勢を端的に表すといってよいだろう。つまり、東京府は、多摩川農民訓練所の予算を、「社会事業費」に含め、その中の「失業救済事業」、より細目には「失業者更生訓練費」と考えていたのである。しかし、発足三年後には、前記のように「縛り」をかけ、満洲農業移民専門施設へと性格を変えた。この差は小さいようにも見えるが、後の同様の施策、たとえば、多摩川農民訓練所を引きついだ東京府拓務訓練所でもくりかえされる。最初の入り口は広く見せ、後に文書の小さな変更で性格を変えていく。

定員・訓練期間・職員

訓練所収容定員は、一団体三〇名としていることは委託条件の中で明記されている。昭和一一年度の入所状況を見てみる。

「救世軍報告」によれば、昭和一一年四月一〇名、五月二七名、九月二名、一一月一九名、一二月一一名で合計六九名である。

「上宮教会報告」によれば、四月一〇名、五月八名、六月七名、一〇月六名、一一月一五名、一二月八名、昭和一二年一月五名、二月二名で合計六一名である。

この時期、この両者を見た限り、収容定員一期（六ヶ月）三〇名は大体守られていたようだ。

ここで見られる特徴は、学校制度による一斉入学とは異なり、新期生がほぼ毎月のように入所していることである。

訓練期間については、第一期生に限っては九ヶ月、以降は六ヶ月としていた。然し、中途入所などの関係で、六ヶ月に満たず渡満する者や期をまたがって在所していた訓練生も、前記報告の詳細から読み取れる。

「救世軍報告」には、職員については、農業大学卒業、前歴埼玉県農業課の職員が記載されている。月手当は三〇円。備考に、「本人と子供と二人分の宿料・食費を徴せず」とある。

「上宮教会報告」は、職員については、所長、主事、訓練指導員、農事指導員の四名が記載されている。所長、主事は月手当なし、訓練指導員は三〇円、農事指導員は一〇円である。訓練指導員については経歴として農学校卒業、海軍水兵として入営とあり、農事指導員は学歴として、専門学校在学中と記されている。

農場

農業訓練の耕地はどのようになっていたのだろうか。田畑のうち、米作の耕地は小作地によっており、小作農場と呼ばれていた。これに対し、畑は農場と呼ばれていた。

まず、「救世軍報告」から見てみる。小作契約証書の写しによれば

契約者　内藤八郎左衛門　　救世軍財団理事　山室軍平

田　　八畝九歩　　　川崎市木月田中耕地二一五五番

田　　一反七歩　　　同所　　　二一五六番　　合計一反八畝一六歩

小作期限　昭和一一年五月一日より昭和一三年四月三〇日
小作料　一ヶ年反当たり玄米二俵半

次に、「上宮教会報告」から見てみる小作農場の位置の記述によれば

契約書写　なし
所在地　川崎市外上沼《マ》村木月《マ》
坪数　三二〇坪
料金　一石四斗
借受期間　三ヶ年間
収穫高　三石
時価換算　七五円

となっている。

畑の方は、より広大なものであった。まず場所であるが、『救護報告書』には、次のように記されている。

六、農場　東京市蒲田区矢口町、下河原町、下丸子町及大森区調布千鳥町地内多摩川河川敷一万数千坪を三団体に於て分轄の上開墾耕作す。

とある。これは、発足時であるから、五町歩位から始めて、次第に増えていったと見て良いだろう。

農場の広さについては、一九三七年五月の「救世軍報告」と「上宮教会報告」については、次の記述がある。

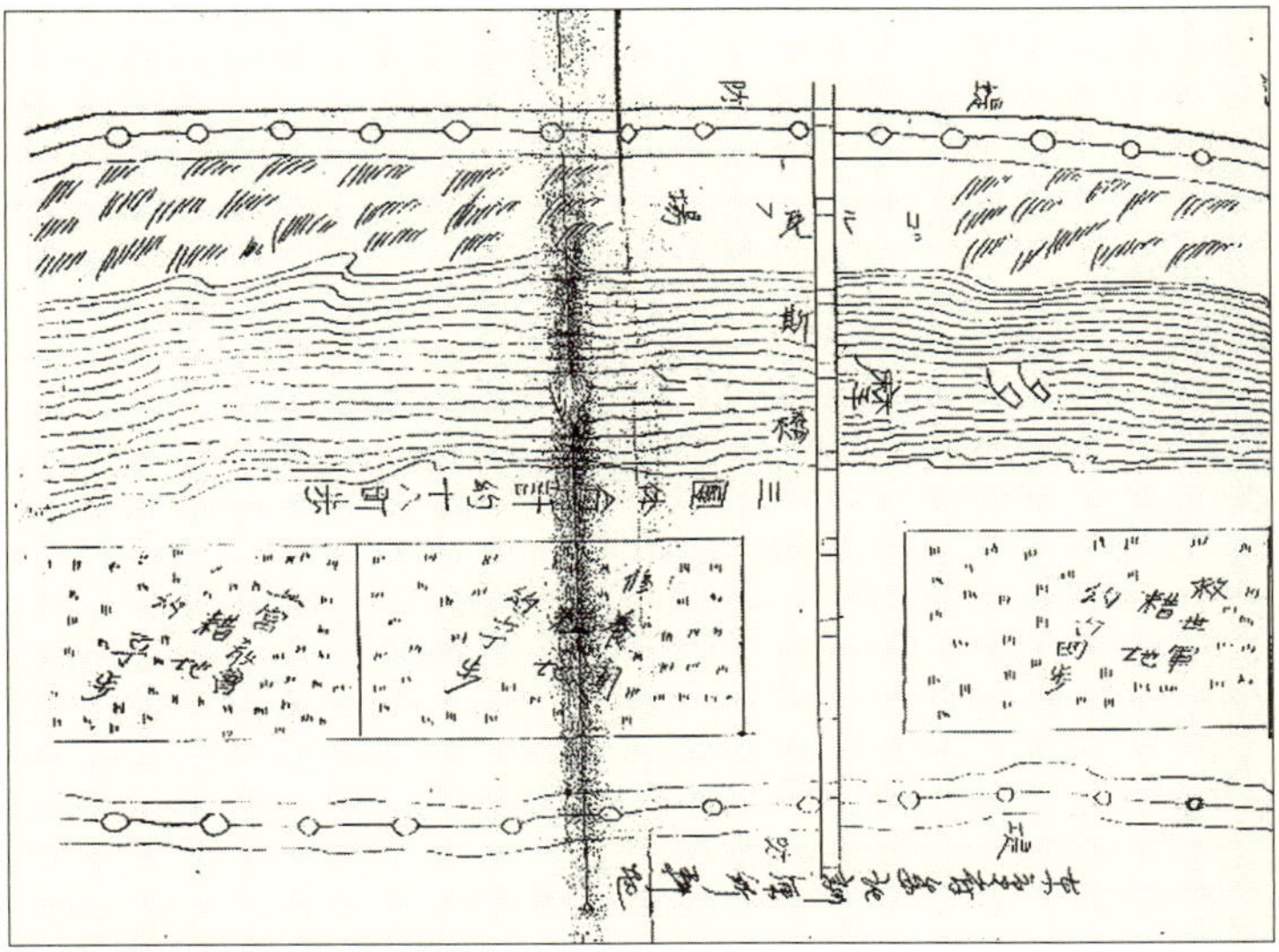

多摩川農民訓練所農場見取図

（出典：『参事会議案材料の件　一、拓務訓練所建設費追加予算』東京府、1939）

救世軍　　農場坪数　八、〇〇〇坪　既開墾　　八、〇〇〇坪
約二・六ｈａ

上宮教会　農場坪数　一六、二八七坪　既開墾坪数　一六、二五七坪
約五・四ｈａ
未開墾坪数　　三〇坪

なお、救世軍報告には、「未墾地ヲ相当得度シ」との注記がある。

最終的にどの位にまでなったのだろうか。これについては、多摩川農民訓練所の後を継いで一九三九年に南多摩郡七生村（現日野市）に設立された東京府拓務訓練所の予算追加要請の公文書（「参事会議案材料の件」一九三九・二）に多摩川農民訓練所の位置の見取り図が添付されている。それによれば、農場はガス橋を挟んで上流側に救世軍、下流側に、修養団、上宮教会の各農場が囲みで示され、各農場とも約六町歩と記載されている。正確な地図ではなく、大ざっぱな位置関係を示したものといえる。なお、第一節で引用した地図には、救世軍農場が記載されている。その位置は多摩川の大田区側、ガス橋上流約一五〇メートルで、現在のキヤノン工場の川側の河原上である。

作物・家畜

「救世軍報告」は、昭和一一年の作物について、小麦、甘藷、馬鈴薯、グラジオラス、その他根菜類を挙げ、売却代金合計として、四〇四・二九円と記している。

「上宮教会報告」でも、小麦、甘藷他、各種菜根類やグラジオラスなどを挙げている。

「救世軍報告」では、「家畜養鶏等ノ状況」として、次のように記している。

豚　一〇頭　兎　四〇匹《ママ》　鶏　五〇羽

「上宮教会報告」では、次のようになる。

鶏　昭和一二年三月末現在　雛　二六羽　親鶏　五羽

兎　五匹《ママ》　豚　三頭　馬　一頭

第二節　訓練生の生活と修了生の送出

訓練生の募集

訓練生の募集について、『読売新聞』（一九三七・七・二三夕刊）は、次のように報道している。

健康以外生活的な資力を持たぬ人たちに、約六ヶ月間農業の知識と実際を授け、渡満費一切を負担して将来は満洲の地主に仕立てようという東京府の多摩川農民訓練所では、今夏在所生全部が渡満したので、新入所生約六〇名を募集している。満二五歳以下の独身者で意志堅固な者なら誰でもよく、入所中は衣食住は勿論若干の小遣いも給付される。希望者は七月末まで東京府職業課または飯田橋の府職業紹介所へ履歴書持参で出頭すること

これを見ると、職業紹介所を通して募集されていたことがわかる。政府の「四大経営主義」で自作農主義が謳われていたにも関わらず、メディアは「将来は満洲の地主に仕立てよう」と明確に述べ、自作農主義から逸脱していることに注目しよう。

年齢と出身地と続柄

「救世軍報告」により、一九三六年度の訓練生八六名の平均年齢を見ると二五・七才であり、最年少一九才、最年長三八才である。「上宮教会報告」によれば、同年度七七名の平均年齢は二四・五才、最年少一七才、最年長三六才である。委託条件によれば満三〇才までとしているが、三〇才を越える訓練生が救世軍に七名、上宮教会に三名おり、弾力的に運営していたものと考えられる。

拓務省拓務局長が、東京府知事宛に昭和一二年八月七日付けで出した「北支事変関係満洲移民家族ニ関

スル件」の付属文書には、多摩川訓練所訓練生の第一期生から第五期生までのうち一五一名と一般採用者一〇名について、氏名・本籍・現住所（入植地）・生年月日が掲載されている。本籍地について見ると、三二道府県にわたり、次のようになっている。（パーセントは小数点第二位以下は四捨五入した）

東京府	東京市部	二八	一七・四％
	東京郡部	一一	六・八％
東京計		三九	二四・二％
関東（東京除く茨城・神奈川・群馬・埼玉・千葉・栃木）		四六	二八・六％
東京を含む関東計		八五	五二・八％
その他		七六	四七・二％

上記の数字を見ると、東京府は二五％弱である。つまり、主要な出身地は地方であった。ただし、東京府と関東を加えると約五三％を占める。

この結果は、第一章での、約二千人の無料宿泊者への出身地「尋問」結果とほぼ一致している。

前項の拓務局長の問い合わせに対して、東京府が調べた結果の文書によれば、戸主および父母との続柄が二九名について明らかになっている。

戸主　一　　長男　二　　単身戸籍　三　　次男以下　二三

これによれば、戸主、長男は少なく、殆どが次男以下である。

入所時期・在所日数・退所事由

入所者はほぼ毎月いるが、四月、一〇月頃が渡満時期であることから、比較的、その後に入所者が多い。在所日数は「救世軍報告」では、五四名についてみると、平均で一四四・五日で、最短六七日、最長二八五日である。

「上宮教会報告」では、七七名の平均在所日数は一三六・八日、最短一〇日（無断退所）、最長四六〇日である。

「救世軍報告」のうち、退所事由が明記されている五七名について見ると、

渡満	四二名
帰郷	九名
就職	四名
甲種合格入営	一名
無断退所	一名

であり、いわば渡満率は七三・七％である。

「上宮教会報告」のうち、退所事由が明記されている七三名の内訳は、

渡満	四四名
家事都合	八名
家庭の事情	五名

父病気	一名
母死亡	一名
病気	六名
訓練に堪えず	三名
無断退所	五名

で、渡満率は六〇・三％である。修養団については、報告書は、現時点では見当たらなかった。

この結果をどう見ることができるだろうか。相当、過酷な生活条件だったことがうかがわれる。

救護費の支出細目

東京府「昭和十二年多摩川農民訓練所委託費支出の件伺」によると、訓練生の生計に関わる支出は次のようになる。

項目	三団体合計	備考
食費	六五七〇円	訓練生一人　一日当たり　二〇銭
被服給与費	九〇〇〇円	訓練生一人　一期当たり　五円
救護費	四五〇〇円	訓練生一人　一期当たり　二円五〇銭
慰安教化費	三五六円	訓練生一人　一期当たり　一円九八銭
訓練生手当	三二八五円	訓練生一人　一日当たり　一〇銭

第一章の天照園移民で、満洲移民実習所の一日当たり一〇銭に対して驚きの声が上がったことを紹介した。多摩川農民訓練所の実習生の一日当たり食費はその倍である。運営三団体は申請時に増額を要望していたが、にべもなくはねつけられた。行政の側からは、この程度で我慢して当然と思われていたのだろう。と言っても、当時の貨幣価値について、私たちも正確に断言することはできない。仮に、一円＝二千円とした場合、二〇銭は四〇〇円。

日課

日課（カリキュラム）については、『救護報告書』に「本会指定日課表」が示されている。各団体はこれに基づいて独自の訓練所日課を作っている。指定日課表によれば、労働の時間は一〇時間一〇分であり、昼食時間は三〇分である。

「上宮教会報告書」では、訓練状況は次のようなものである。

(イ)訓練所日課

午前五時　起床　点呼　掃除　整頓

五時三〇分　正座　礼拝　国旗掲揚式　体操

六時二〇分　朝食　休憩　道具手入

七時　作業

一一時三〇分　昼食　休憩

一時　　　　　作業
六時　　　　　道具手入
六時三〇分　　夕食　休憩　入浴
七時三〇分　　学科　読書
八時二〇分　　休憩
九時　　　　　就寝
主要学科　公民科　満洲地理　農業　衛生学　満洲語　講習会　見学旅行　随時
(ロ)日課以外の訓練方法
講習会　図書　修養雑誌の設備　見学旅行　武道
「救世軍報告」もほぼ同じような日課を掲載している。ただし、こちらは日課以外の訓練方法で、毎木曜日夜間と毎日曜日午前に、聖書に基づく訓話が加えられている。

住環境

「救世軍報告」において、訓練所の間取りは次のようになっている。

訓練生生活室　三室　二二坪半
指導員室　　　二室　四坪半
事務室　　　　一室　三坪

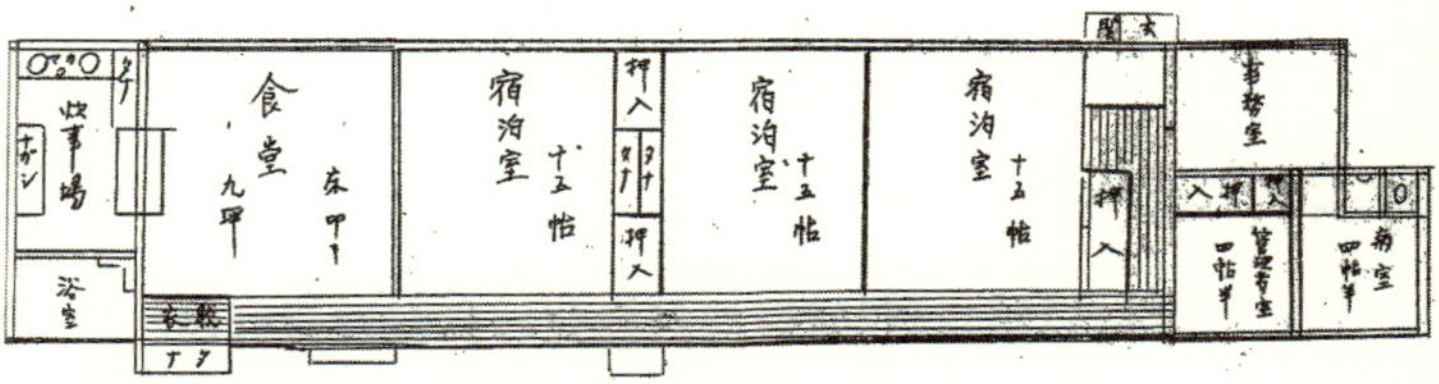

救世軍訓練所間取図（出典：「救世軍農民訓練所諸報告（昭和11年度）」1937）

食堂　　　　九坪
浴室　一
炊事　一

訓練生の生活室は、間取り図で宿泊室として、押入の付いた一五畳三室が記されている。なお、このほかに、物置二一坪が兼講堂と注記して記されている。「上宮教会報告」では、本館が、一階が事務室、宿直室、倉庫、食堂、炊事場、浴室で、二階が宿泊室二室、館長室となっている。訓練生の宿泊室の広さは、平面図では二〇坪程度であり、救世軍と大差ないと考えられる。

訓練生は、一人当たり一・五畳の畳の大部屋で生活していた。また、上宮教会の間取り図で判断すると、浴室の湯船の大きさは一畳足らずである。

労働

日課の項目で見たように、訓練の主要なものは一日九時間から九時間半を充てている農業訓練だったと考えられる。『上宮教会八十年史』は、次のように記している。

農場は多摩川の河川敷五町歩をならしたもので、砂地であったので甘藷がよくとれ、秋には芋掘りの名所となった。愛知県から西瓜作りの名人諏訪録郎氏を招いて西瓜の栽培をやったが、驚くほどよくできた。㊤のレッテルをはって神田市場に出し、評判はよかったが、物価の安い時でトラック一台の売り上げが五円、運賃が三円というような時もあった。

芋掘りについては、『読売新聞』（一九三六・九・一二夕刊）が、「多摩川の芋掘り」と題して次のように伝えている。

東京府委託の満洲行き農民移民生が実習のために作っているお芋は今年は素晴らしい出来栄え、大体二〇日頃から一般に掘らせる。申込みは蒲田区矢口町の多摩川農民訓練所宛。一坪が一五銭で、団体の申込には特別割引のサービスがある。御婦人が大根のような足をむき出して掘る風景も…秋ですネ！　場所は蒲田駅から目蒲線武蔵新田駅下車、徒歩約一〇分。

規律

前項の『上宮教会八十年史』は、訓練生のトラブルについても記している。

訓練生は夢を大陸に抱き、意気天を衝けの概があったが、中には若い者のこととて酒は飲む、喧嘩はする、夜はおそくまで帰らないというような者もあって、昼夜あずかっていた石川主任の苦労は並大抵ではなかった。第一回の渡満出発式は盛大に行われたが、東京駅で盛装した四人の団員に逃げられて煮え湯を呑まされる思いもした。

新聞では、美談として書かれたものが多いが、次のような記事も書かれている。

最初ここに入所したのは八〇名近かったが、病気で倒れた気の毒な青年もあるが、規律にたえられず脱走した者も少なくないそうだ。

（『朝日新聞』一九三五・四・二四朝刊）

渡満後の訓練

『救護報告書』には、第一章で触れたように、東京府救護委員会の満洲移民関係事業のひとつとして、送出と渡満後の訓練修了者補助について次のような記述がある。

渡満訓練生を哈爾濱郊外の日本国民高等学校に委託し約六ヶ月間の訓練後移住現地に入植せしむる方法を採りたり

そして、昭和一〇年度満洲農業移民一三六名に対する渡航費並びに現地入植準備期間の経費として、一四、四八九円九六と記している。一期から三期生までの分である。

東京府拓務訓練所概覧

多摩川農民訓練所から送出された訓練修了者について、『昭和十四年十月　東京府拓務訓練所概覧』（鈴木芳行氏所蔵、同氏提供の複製を日野市郷土資料館所蔵、以下『概覧』と略す）に詳しい。B４判裏表のリーフレット状のもので、発行者、発行年月日は記載はないが、次のような記述、写真、略図、表を含む。

記述について見ると、東京府拓務訓練所の沿革、東京府拓務訓練所規程、（昭和一四年七月一日東京府告示第六六四号）、訓練学科目並学科課程及毎週教授時数、訓練項目、所訓、廠舎、入所資格及手順、一日の行

事、練訓《ママ》。写真は、訓練所、訓練風景が計五枚、略図は京王線高幡不動駅等からの交通案内図である。

そして、表は、「東京府満洲農業移民移住地別一覧表（昭和一四年一〇月末日現在）」である。この表は、縦に、期別、渡満年月、移住地、渡満人員（団体別、合計）、現在人員（団体別、合計）に区分され、横には、第一期生から第一〇期生までが移住地別に欄が設けられ、合計も記されている。さらに、別表で「二、東京府拓務訓練所の分」として、第一期生の分が記されている。

『概覧』は、東京府によって入所案内として作られたものと考えられるが、このうちの表は、多摩川農民訓練所からの渡満関係を網羅しており、本編の課題に密接に関わる。他の公文書や新聞記述と突き合わせてみたが、ほぼ一致した。この表には三団体の枠外で「一般」と記された渡満人員が、一九三六年四月に四名、一九三七年六月に六名の計一〇名記されているが、この数字は、第二節で引用した「北支事変関係満洲移民家族ニ関スル件」の付属文書の一般採用者の数値と一致している。なお、第一〇期生の渡満人員および現在人員は、三団体（七＋九＋一六）の合計欄が三五となっているが、三二で計算が全て合致するので、明らかな誤記として訂正した。では、多摩川農民訓練所からいつ、どこへ、どのくらいの人数が送り出されたかなどを見ていこう。

送出の概要

別表（東京府満洲農業移民移住地別一覧表）にあるように多摩川農民訓練所からの送出総数は、一九三五年四月から一九三九年四月の間に、合計四三四名である。この合計数は、三団体外の一般一〇名を含む。

運営団体別では、救世軍、一四九名、上宮教会、一四五名、修養団、一三〇名となっている。一九三九年一〇月末日現在の、団員の定着率（現在人員の渡満人員に対する比率％）は、七八・八％である。ただし、渡満人員の、訓練所定員（東京府の委託条件、一団体三〇名×一〇期）に対する比率は、

全体　四八・二％
救世軍　四九・七％
上宮教会　四八・三％
修養団　四三・三％

である。

慰問袋

慰問袋について、府文書「慰問品贈呈に関する件」（一九三七年二月二四日施行）でその内容を見る。一九三七年二月二五日永安屯移民団東京班一五名分に送った慰問袋の内容は、次のような物である。

メリヤスシャツ上下	一五組	一人一組宛
靴下	三〇足	一人二足宛
手袋	三〇組	一人二組宛
歯ブラシ	一五本	一人一本宛
晒	一五反	一人一反宛

東京府満洲農業移民移住地別一覧表（昭和14年10月末日現在）

	期別	渡満年月	移住地			渡満人員					現在人員				
			年次	移住地県名	団名	救世軍	上宮教会	修養団	合計	一般	救世軍	上宮教会	修養団	合計	一般
1	1	1935年4月	4	東安省密山県	哈達河移民団	9	20	10	39		4	9	4	17	
2	2	1935年10月	5	東安省密山県	朝陽屯移民団	22	9	14	45		11	5	5	21	
3	3	1936年4月	5	東安省密山県	黒台移民団	15	2	9	26	4	6	2	4	12	4
4	3	1936年4月	5	東安省密山県	永安屯移民団	0	21	0	21		0	14	0	14	
5	4	1936年10月	6	三江省鶴立県	湯原東海村移民団	0	0	1	1		0	0	1	1	
6	4	1936年10月	6	吉林省敦化県	西二道崗移民団	26	0	0	26		20	0	0	20	
7	4	1936年10月	6	東安省虎林県	黒咀子移民団	0	21	20	41		0	18	14	32	
8	5	1937年6月	6	三江省鶴立県	福島村移民団	0	0	1	1		0	0	1	1	
9	5	1937年6月	7	浜江省五常県	大平川移民団	2	0	0	2		2	0	0	2	
10	5	1937年6月	7	浜江省五常県	朝陽川移民団	1	2	0	3		0	2	0	2	
11	5	1937年6月	7	浜江省珠河県	大青川茨城移民団	1	0	1	2		1	0	1	2	
12	5	1937年6月	7	浜江省珠河県	六道河山形移民団	1	0	1	2		1	0	1	2	
13	5	1937年6月	7	北安省慶安県	拉林移民団	1	1	0	2		1	1	0	2	
14	5	1937年6月	7	浜江省珠河県	周家栄移民団	2	0	0	2		2	0	0	2	
15	5	1937年6月	7	浜江省延寿県	中和鎮長野移民団	1	0	0	1		1	0	0	1	
16	5	1937年6月	7	龍江省訥河県	北學田移民団	0	2	0	2		0	1	0	1	
17	5	1937年6月	7	東安省虎林県	清和新潟移民団	4	2	0	6		4	2	0	6	
18	5	1937年6月	7	吉林省磐石県	牛心頂子移民団	2	0	1	3		2	0	1	3	
19	5	1937年6月	7	吉林省樺甸県	八道河子移民団	12	3	10	25	6	12	2	10	24	6
20	6	1937年10月	7	吉林省樺甸県	八道河子移民団	10	14	8	32		7	14	6	27	
21	7	1938年3月	6	三江省鶴立県	湯原静岡村移民団	10	14	9	33		10	13	8	31	
22	8	1938年11月	7	吉林省樺甸県	八道河子移民団	11	13	17	41		11	13	17	41	
23	9	1939年2月	8	吉林省盤石県	興隆川移民団	12	12	12	36		12	12	12	36	
24	10	1939年4月	8	吉林省盤石県	興隆川移民団	7	9	16	32		7	9	16	32	
	合計					149	145	130	424	10	114	117	101	332	10
	総計								434					342	

（『東京府拓務訓練所概覧』（1939、鈴木芳行氏所蔵、同氏提供の複製を日野市郷土資料館所蔵）を基に作成。移住地県名を付加。）

手拭	三〇本	一人二本宛
石鹸	一五個	一人一個宛
日誌及カレンダー	一五冊	一人一冊宛
雑誌及附録	一八冊	共通

なお、この文書は、メリヤスシャツ上下は東京府海外協会が、他の品目は救世軍、上宮教会、修養団の三団体より寄贈したものであると注記している。本土から遠く離れた、娯楽の少ない生活の中で、雑誌および付録は、魅力的だったろうと推測できる。第五次黒台移民団長は、「…原野に入植してより一葉の葉書、古新聞如きも唯一の慰問とせらるの状況の折柄今回の如き御丁重なる慰問品の恵送は団員の士気の鼓舞…」（「慰問品贈呈に関する件」）と御礼の手紙を東京府職業課長あてに送っている。また、府は雑誌を贈呈した大日本雄弁会講談社あてに、謝礼の手紙を出している（府文書一九三七年二月二四日）。それによると、雑誌は、『キング』、『現代』、『富士』の一月号各一二冊であった。

壮行式

多摩川農民訓練所第一期生は、一九三五年四月三〇日に渡満したが、この前後の様子を新聞報道（『朝日新聞』一九三五・四・三〇朝刊および五・一朝刊）からひろってみよう。

渡満前夜、上宮教会多摩川農民訓練所では、ブリの切り身に赤飯、豆腐の汁にスルメを振る舞い、煎餅と駄菓子で最後の茶話会を開いた、とある。午前一一時に明治神宮に参拝、府庁、拓務省等を訪問予定。

翌日の新聞は、写真三段、本文一段で午後五時半から府商工奨励館の送別晩餐会などを報道した。見送りは、「相当多数」、拓務省東亜課長、府社会課長らが東京駅頭で、「激励又激励」、「渡満の歌」と万歳。「行って来ます、行って参りますとはいいません、再び帰えらないからです。行きます」。

第三節　多摩川農民訓練所出身者の行方

永安屯開拓団の概要と上宮屯

多摩川農民訓練所出身者のうちから、永安屯開拓団へ送出された事例を見てみる。

「省別　日本内地人開拓団一覧表」（『満洲開拓年鑑』昭和一九年版）によれば、永安屯開拓団は、第五次集団開拓団で、一九三六年七月を入植月とし、東満総省密山県永安屯地区に入植した。入植計画は三〇〇戸、一九四三年一二月一日現在の戸数は二八〇戸、現在人員は一、一七七名である。なお、団名は永安村となっている。しかし、団史名にあるように、永安屯とも使われていた。

『満洲開拓史』の「各省別開拓民避難状況」によれば、永安村は、在籍者一、二一三名、死亡者五六六名、未引揚者二〇五名、帰還者四四二名である。永安屯開拓団は、敗戦時の逃避行に際して、集団自決、銃撃などで、悲惨な状況に直面する。

上宮教会の多摩川農民訓練所から、三期生として修了生二三名が送出されたのは一九三六年四月である。『概覧』の表によれば、うち二一名が永安屯開拓団に入植、他の二名は、隣の黒台開拓団に入植した。

永安屯開拓団史刊行会編『満洲永安屯開拓団史』（あづま書房、一九七八、以下『永安屯開拓団史』と略す）には、ここに上宮班の記載がある。これによれば、「先発隊はハルピン郊外王兆屯にあった日本国民高等学校で訓練を受けた上宮班と十郷班で組織された」（八頁）。「昭和十一年七月六日先発隊は木村団長引率の下にハルピンを出発し、（鈴木獣医も共に）同月八日永安屯に入植した」（九頁）。この頁には、上宮班一五名、黒台開拓団行き二一名の全員の氏名が記述されている。

また、一九三七年の秋過ぎに部落再編があり、従来青森県出身者と上宮教会多摩川農民訓練所出身者は「青森・上宮」という部落名であったが、上宮一五名と青森一二名とに独立したことが記されている。

渡満一〇ヵ月後

『概覧』では二一名で入植したはずの上宮屯の多摩川農民訓練所出身者は、『永安屯開拓団史』ではなぜ一五名になったのだろうか。

府文書「慰問品贈呈ニ関スル件」（東京都公文書館、一九三七・二）によれば、一九三七年二月二五日に、東京府は多摩川農民訓練所出身者の四つの団に慰問袋を送った。それによれば、永安屯移民団東京班として一五名分が記載されている。渡満から約一〇ヶ月後である。

その半年後、拓務省拓務局長が東京府知事に宛てた、「北支事変関係満洲移民家族ニ関スル件」（一九三七・八・七）には第一期から第五期までの多摩川農民訓練所出身者の名簿が添付されているが、これも一五名である。

一五名に減った原因は不明であるが、ここで想定されるのは、渡満後の日本国民高等学校での訓練である。上宮教会多摩川農民訓練所の三期生の「退所年月日（満洲移民ノ為メ）」は一九三六年四月五日となっている。そして、入植は『永安屯開拓団史』によれば一九三六年七月八日に先発隊として、永安屯に入植している。両者の数字からすると、日本国民高等学校での訓練は、実際は六ヶ月ではなく三ヶ月程度だったと考えられる。六名はこの訓練の過程で振り落とされたか、自分から離脱した可能性が推察できる。ともあれ、この六名はこの後述べる団員名簿にも記載されておらず、府や拓務省の名簿からも除外されている。また、拓務省問い合わせの他の開拓団のリストにも記載されていない。従って、この六名は、退団したものと考えられる。

二年後

次の変化は渡満二年後に現れる。府文書「慰問品送付ノ伺」（東京都公文書館、一九三八・四）によれば、上宮屯あての慰問品は、色紙一四、慰問袋二二となっている。色紙一四名分は一名減員があったと推測される。なぜなら、『概覧』（一九三八年一〇月三一日現在）では、上宮屯の現在人員は一四名となっているからである。一名の減員は、一九三七年秋過ぎから一九三八年三月までの間に起きたと考えられる。

『永安屯開拓団史』巻末の上宮屯団員名簿を見ると、逃避行以前の死亡者が二名いる。しかし、一名は、敗戦時二歳の子どもがいるので、一九三八年に死亡したとは考えられない。もう一名は死亡時期が記入されておらず、「上宮村で死亡」と記載されているが退団者の欄ではない。退団者九名の欄には、退団時期の記載がなく、一名が「黒阻子伐採行方不明」となっている。したがって、このどちらかの団員が減員したと考えられる。

慰問袋はこの一名を差し引いても、八袋増えている。この増加分は、慰問袋を上宮教会が寄贈していること、上宮教会が「大陸の花嫁」の斡旋に非常に熱心であったことから推量すると、妻の分だったと考えられる。では、「大陸の花嫁」、そして家族招致に就いて、次項で見てみる。

家族招致

家族招致に対しては東京府の場合、府文書「家族招致ニ関スル書類」（東京都公文書館、一九三七・一〇）と題した「注意書」を職業課が発行しており、その中で細かい指示・解説をしている。それによると、移住割引証を提示すれば汽車汽船運賃が半額になること、移住者の場合、三〇キログラムまでの荷物は無料輸送してくれることから、荷物の表示の仕方などまで丁寧に書かれている。

団員の結婚に関して、次の二つの記事を見てみる。一九三七年一二月一日発行の『拓け満蒙』（満洲移住協会月刊誌）からの引用である。一番目の座談記事中の木賊（とくさ）末子団員は、多摩川農民訓練所出身の男性である。

> 先頃永安屯から家族招致に来た人々が、花嫁を連れ、そして子供や兄弟達を伴って新しき永住地に行くのである。
> 日本に来る時の四十余名は今百四十余名となって勇躍、それこそ文字通り勇躍渡満するのである。

（「感激の話題を山と積んだ　家族移民船を新潟港に訪ねて」）

佐藤（源平）　栃木県の話をします　私達新妻を迎えた者五名は県知事閣下の媒酌で十月十四日二荒神社で結婚式を挙げました。嫁さんは県が花嫁がほしい移民がある事を新聞に発表しますと、希望者が忽ち九名も現われ私共は選り取り式に貰いました。

木賊（末子）　栃木県の話を佐藤君がしましたが全くよく心配して呉れて感謝してます。県では結納金を嫁の方に五十円も出して呉れましたし、移民には県としては祝旗一旒、村は五円、部落は三円の餞別、これはどの町村でも決まって居るようです。

又私は東京の多摩川訓練所から行きました関係で、欲が強いようですが結婚記念品を貰いましたし、今までも数回相当な値段の慰問品を頂いて居ります。

本当に有難いですよ。

（「永安屯へ行く　家族移民のよもやま話」）

なお、『永安屯開拓団史』によれば、これは四回行われた集団での家族招致の初回であることがわかる。また、同団史によれば、招致家族現在人員は、一九三七年九月一日に七名であったものが、一九三九年六月末には、合計四四六名にまで増えている。

ここで上宮屯について、家族招致とは別に、多摩川農民訓練所出身者とは考えられない団員が補充されたことを見なければならない。満蒙開拓団の送出が末期に近づくにつれ、虫食い状態の既存の団に穴埋めすることが増えてきた。上宮屯も多摩川農民訓練所出身者ではない人を補強したことが伺える。上宮屯の名簿には、一九三六年四月渡満の上宮教会多摩川農民訓練所の他に、七家族三一名が掲載されている。

敗戦時の多摩川農民訓練所出身者

渡満から九年四ヵ月後の敗戦時には、どうなっていただろうか。永安屯開拓団史の団員名簿は、一九四六年八月現在であり、年令は数え年と注記されている。これによると多摩川農民訓練所出身一五名の団員は五名に減っていた。

団員　本人　家族持ち　四名
単身者　一名

一〇名がどのように減ったのか詳細は明らかではないが、団員名簿と団史記述で追ってみると、次のようになる。

死亡　二名
退団者　八名
行方不明　一名「黒阻子伐採行方不明」
移動　一名「本隊入植退団後東安へ移る」
転職　一名　Y村公所へ転職
理由不明　五名

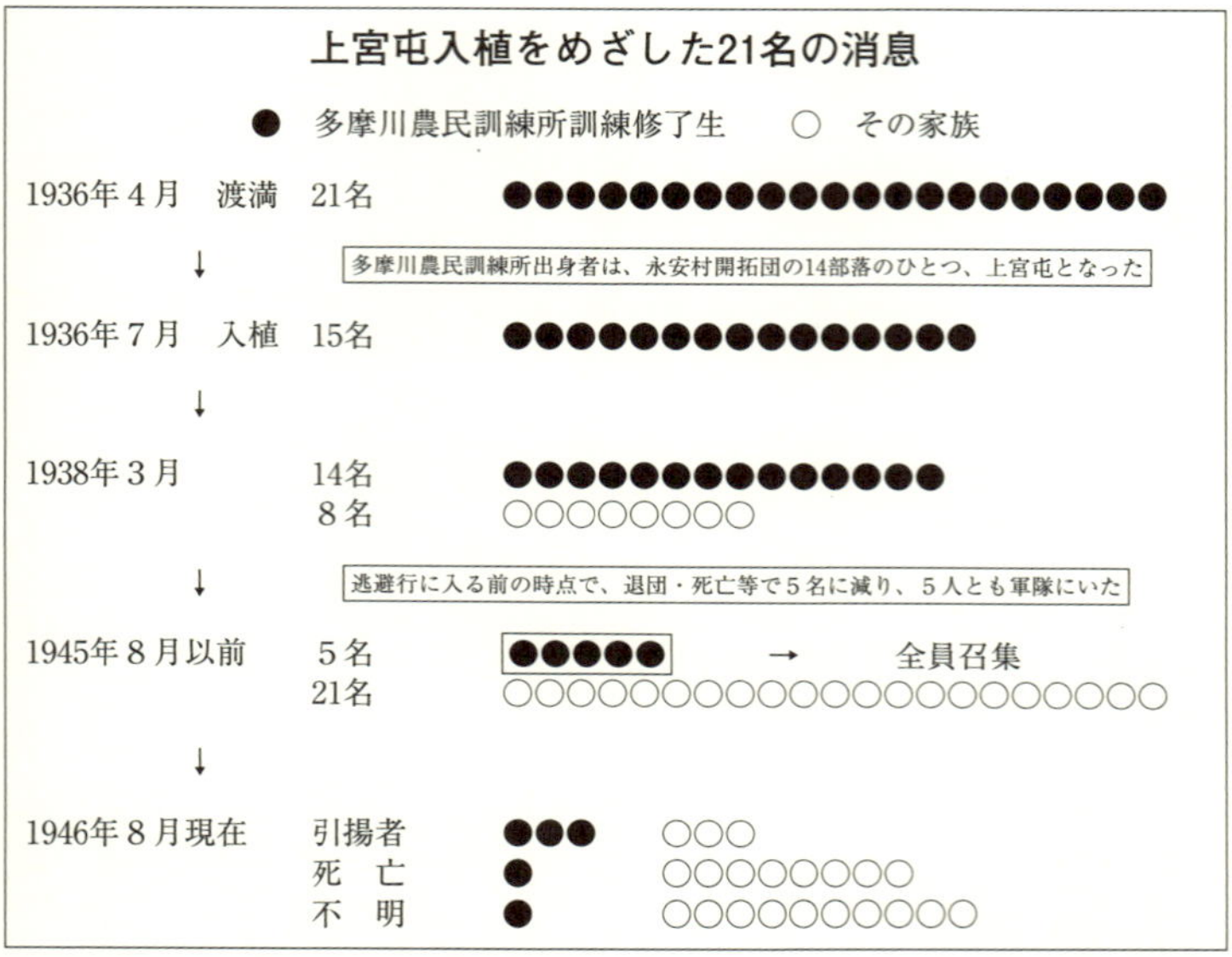

（『満洲永安屯開拓団史』及び公文書を基に作成）

しかし団員数は、本人五名の他、家族二一名に達していた。つまり、多摩川農民訓練所出身で渡満した二一名は五名に減ったが、本人、家族合計二六名で敗戦を迎えたのである。なお、上宮屯は、多摩川農民訓練所出身者ではない七家族三一名を補充して五七名となっていた。

団員名簿によれば、多摩川農民訓練所出身者は五名全員が関東軍に召集され、次のような結果をたどっている。

引き揚げ者　三名
死亡　一名
不明　一名

その家族二一名は次の通りである。

引き揚げ者　三名
死亡　八名
不明　一〇名

なお、団員名簿では、前述の「家族招致」の項で座談会に出席していた木賊団員（三六）は、応召、行方不明。家族の妻（二六）、長男（九）、長女（四）ともに、全員行方不明、備考欄には海林山中以後とあり、年月日欄には「二〇・九」（昭和二〇年九月）と記されている。

別図（上宮屯入所をめざした21名の消息）は、諸資料から当会（東京の満蒙開拓団を知る会）で作成したものである。非情とも思えるこの結果には、愕然とするしかなかった。

第四節　多摩川農民訓練所とは何だったのか

多摩川農民訓練所は、一九三九年四月、第一〇期生の送出を最後に終結する。東京府拓務訓練所が設立されるとともに、多摩川農民訓練所は、多摩川女子拓務訓練所へと衣替えした。多摩川農民訓練所とは一体何だったのか、振り返ってみる。

多摩川農民訓練所は、東京の満蒙開拓団の前半期の主要な送出拠点であった

一九三二年から一九三八年までの六年間に東京から送られた満蒙開拓団は、天照園移民（一九三二年）と鏡泊学園（一九三三年）だけである。その人数総計は、六三五名に達するが、これは、最終的な集計であって、天照園移民が一二五名、鏡泊学園も二三六名であった。これに対し、多摩川農民訓練所は、一九三五年四月から一九三九年四月の五年間一〇期にわたって、合計四三四名を送出した。

多摩川農民訓練所は天照園移民の影響を受け、設立された。それは、渡満熱に浮かされた一部の団体が失敗に潰えていく中で、そして、満洲移民が世間でほとんど顧みられなかった状況の中で、自らの意志で、命がけで、渡満へと突き進んだからだ。ルンペン移民の美談として大新聞にも繰り返し取り上げられ、センセーションを引き起こした。これに注目した府は、折からの救護委員会の余剰金を使って多摩川農民訓練所を作った。自前の訓練所、宿舎、諸設備、農地、教育課程を持ち、三団体によって運営され、財政的にも確立していた多摩川農民訓練所は、東京の満蒙開拓団の主要な送出拠点であった。そして、入植先での在り方は、主に各府県混成の開拓団の中での東京屯（あるいは、東京村、東京班、運営団体名）であった。

「帝都」を回路とした、地方の困窮の先行的流出

訓練生の出身地は、はっきりとした特徴を示している。すでに見たように、東京府民は四分の一ほどであり、その他は地方であった。また、訓練生のほとんどは、地方から出てきた次男以下であった。

東京の満蒙開拓団の前期の基盤は、都市固有の困窮の累積を含みながらも、東京府を経由した、地方の窮乏であったと考えられる。そして、その通過回路とも言えるのが、東京府へ流出した地方農民・底辺層の「ルンペン・プロレタリアート」化であった。地方の窮乏が満蒙開拓団の送出に大きく結びつけられるのは、一九三七年以降の大量移民期である。しかし、「帝都」を回路とした満蒙開拓団送出は、それに先んじて行われていた。

多摩川農民訓練所は、救護を目的とする緊急社会事業の中から生まれた

多摩川農民訓練所の設置主体が、生活窮迫者、失業者、屋外居住者の救護を目的とする東京府救護委員会であったこと、東京府の財政支出として「款　社会事業費　項　失業救済事業費　目　失業者更生訓練費」であったことから、多摩川農民訓練所は、当初、社会事業とりわけ失業救済事業として行われたことが明らかになる。運営の主役は東京府から委託された社会事業団体が行なった。この運営三団体は、無料宿泊所、職業紹介、無料健康診断等に熟練していたことから、屋外居住者にもっとも近いところにいた。

後の大量移民期では、農村の疲弊に対して行われた農村の「経済更正計画」が強行的に満洲農業移民政策に転化していく。それらに先立って、東京からの満蒙開拓団送出が社会事業として行われ、当時の主要な社会事業団体がそれに積極的に関与したことは、極めて大きな特徴である。社会事業者たちは、天照園移民を推進した社会事業者と同様に、訓練生を自立させることに情熱を燃やしたことであろう。訓練生も生存を賭けたるつぼで錬成されるように、訓練に耐えた。しかし、それは修了生が入所者の半分以下という厳しいものであった。

国内自立農民としての余地を残していた多摩川農民訓練所は、二年後にはそれを切り捨て、満洲移民専門機関へと性格を変えた。

敗戦時の逃避行に見られるような惨事に終わった満蒙開拓団の送出に、社会事業団体が熱心に関わったことは、現在から見ると大きな問題を投げかけている。「最後的生活」から助け出そうとする情熱が、困窮者の生存のエネルギーを満洲移民に利用しようとする国策に絡め取られたことになりはしないだろうか。

そこには、張作霖爆殺事件や満洲事変が関東軍の謀略事件であることが隠蔽されてきたという、「とてつもなく大きく騙された」状況が作用していたとも言えよう。

今日の日本社会では、ＮＰＯなどの社会事業が果たす役割は格段に大きくなっている。多摩川農民訓練所の短い歴史は、それらの情熱が、何かの変化で、誤った国策に絡め取られる危険性について、警鐘を鳴らしてはいないだろうか。

第四章 大量移民期への対応

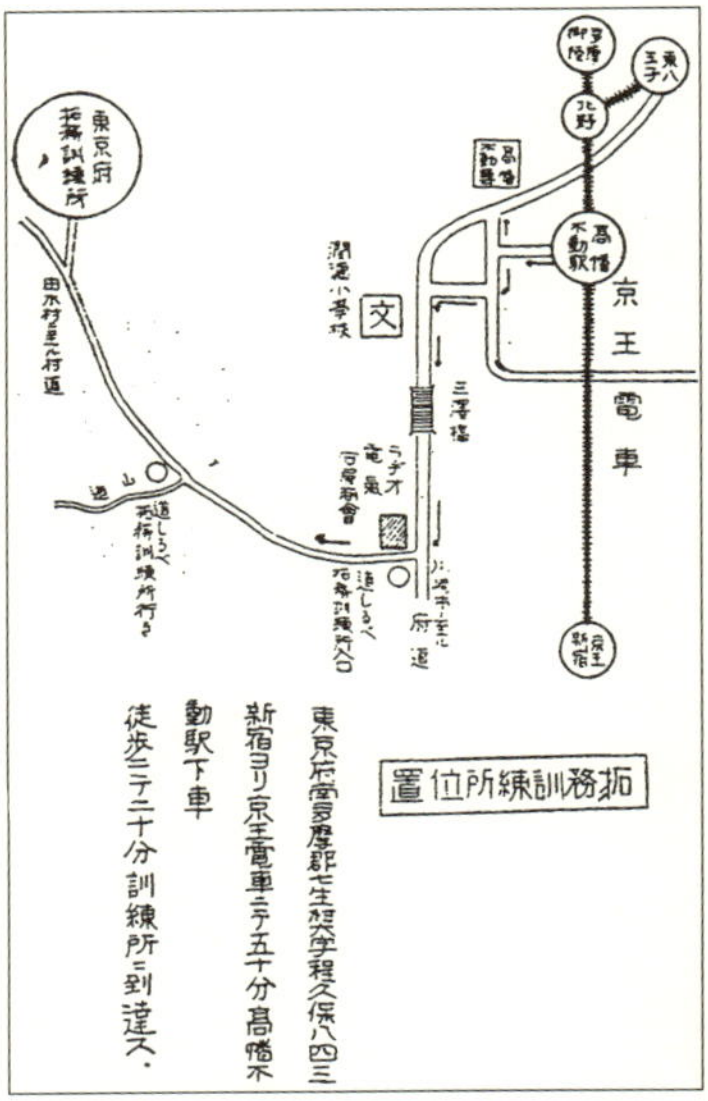

東京府拓務訓練所（入所案内地図）
（出典：『東京府拓務訓練所概覧』本史料については165頁参照）

「小拓士に感想を聴く」
（出典：『市政週報』71号、1940）

東京の満蒙開拓団は一九三二年に始まって、一九四五年まで、一四次にわたって送出された。その中間の一九三九年、大きな変化が現れる。

第一節　試験移民期から大量移民期へ

またも暴力でこじ開けられた大量移民期

日本の中国東北部支配は、張作霖爆殺、柳条湖爆破など、関東軍が引き起こした謀略事件をテコに拡大されてきた。この二つの事件の真相は「内地」ではひた隠しにされていた。もしも、これが関東軍による謀略事件であることがはっきり報道されていたら、日本による「満洲支配」などはあり得たであろうか。国民は「とてつもなく大きく」だまされたのである。満蒙開拓団自体が、このような「だまし」の土壌の上に築かれた。

しかし、今度の事件の舞台は、日本の中枢、帝都東京であった。一九三六年、軍皇道派青年将校による二・二六クーデター未遂事件である。満洲大量移民の障害になっていた高橋是清蔵相も射殺された。爆弾で引き起こされた満洲での事態は、帝都での事態に及び、今度は機関銃とピストルで、軍国主義の確立と満洲大量移民期をこじ開けた。

「満洲大量移民計画」は、すでに試験移民期の中でも、朝鮮からの移民計画とともに、たびたび報道されていた。当時報道された新聞の見出しをいくつか見てみよう。

★二十年に百万家族　満洲へ移住計画　関東軍移民部の準備進む（『東京日日新聞』一九三四・四・二八）
★先ず二十万人を送る＝対満移民の国策化　実らぬ地方へ福音（『東京朝日新聞』一九三四・一二・一三）
★満洲へ十五年に移民五十万　いよいよ実施に決定した　拓務省で本格調査（『神戸又新日報』一九三五・五・一三）
★試験移民期を脱し愈々大量移民　拓務省の満洲移民具体案（『満洲日日新聞』一九三五・九・九）
★満洲へ大移民　二十ヶ年間に五百万人の計画　現地で第一回会議（『大阪朝日新聞』一九三六・五・一二）

試験移民期後半には、関東軍を中心として「大量移民」の要求は沸騰していたと言っていいだろう。二・二六事件後、発足した広田弘毅内閣は、半年後の一九三六年八月二五日に「七大国策」を決定、「対満重要策の確立―移民政策および投資の助長策等」を盛り込んだ。しかし、関東軍はその三ヶ月半前には「満洲農業移民百万戸移住計画」を既に決定、計画は実行へと走り出していた。

この計画の基本になっているのは、二〇年後には、満洲の人口（五千万と見込んだ）の一割、五百万人（百万戸）を内地人農業移民が占め、「民族協和の中核たらしめる」というものであった。

第一期（一九三七〜四一年）の計画数は一〇万戸、第二期（一九四二〜四六年）の計画数は二〇万戸であった。

しかも、この「大量移民熱」は、別の事情によっても後押しされた。ブラジル移民の頓挫である。当時の日本は、毎年百万人の人口増圧力に喘いでいた。

ブラジル移民の頓挫

日本の近代移民の歴史を紐解くと、明治前期は北海道への国内移民が殆どだったことがわかる。中期から後期にかけてハワイ・北米が急増していくが、一九二四年の排日移民法によって北米への移民は禁止された。それにかわってブラジルを中心とした南米への移民が増加していくことになる。そして昭和初期にピークを迎え、一九三三年に二三、二九九人、一九三四年に二二、九六〇人を送り出している（泉靖一編『移民』古今書院、一九五七）。

しかし、現地労働者の日本人排撃の世論を背景に、一九三四年五月二四日、新憲法制定議において賛成一四六票反対四一票で移民制限案が可決され、一九三五年には五、三五七人に急減、その四年後には一〇〇〇人台にまで減っていく（「わが移民政策に致命的な打撃　拓務省当局語る」『報知新聞』一九三四・五・二七）。こうした状況で出てきたのが、ブラジル移民を「満洲大量移民」へと振り向けることであった。『報知新聞』の前日付の『大阪毎日新聞』は、次のように伝えている。

満洲へ大々的に産業移民を送る　ブラジルの排日に鑑み拓務省で立案

拓務省では今回ブラジル憲法議会が排日移民法案を可決したのに鑑み外務省と協力して善後策に腐心しているが、これが善後対策としては目下考究中の満洲各種産業移民政策に主力を集中すべき次の如き根本方針の下に陸軍、大蔵両省をはじめ関東軍、関東庁、満鉄等と具体的折衝の上来年度以降に実現を期せんとする模様である

この新聞は、さらに「硯滴」というコラムで、次のように記している。

▲いままでの毎年二、三万人を、さらに四五《ママ》万人にもしなくちゃならんのに、米国の移民法とは違って、表面は公平、人種的制限でないが、せいぜい二、三千人に制限されて、日本民族は何処へ行けばいいんだ。満洲国へ往けなんて余計なお節介をいうな（傍線は引用者）

第二節　東京府拓務訓練所

こうした大量移民期に東京府のとった対応は、次の三つに集約されるといってよいだろう。

一、農業移民大量送出体制としての訓練所の抜本的強化

二、「大陸の花嫁」を送り出す訓練所の設立

三、東京府初の集団開拓団の送出

二については次章に回すとして、一と三について見てみる。

東京府は全国の訓練所の調査を開始

東京府は、多摩川農民訓練所を発足させてからほぼ三年後、そして「百万戸移住計画」決定の一年後には、全国の農民訓練所の現在の状況を調査し始めた。一九三七年五月一四日施行の学務部長発「満洲農業移民訓練施設ニ関スル件照会」は、全国二七訓練所に宛て、次の内容の照会を要請している。

一、訓練課程（日課時間割）

二、課目の内容（教材あれば添付願い上げたく）
三、建物及び農場の概況
四、職員数、収容定員、処遇、経費等の概略
五、その他移民訓練に関し参考となるべき事項

そして、これらの訓練所から、詳細な回答を得ている。

東京府は、多摩川農民訓練所に代わる府直営の訓練所設置を決める。『拓け満蒙』（満洲移住協会発行）の一九三八年二月号は次のような記事を掲載している。

東京…▼多摩川の農民訓練所を本年度限り廃止し、ここに新たに昭和一三年度から「満洲農業移民国策」の一として府直営のガッチリとした拓務訓練所を新設することになった、これが敷地は南多摩郡多摩村附近が有力視され、近く実地検分を行い最後的決定をなす筈。

東京府拓務訓練所

そして、一年遅れの一九三九年、南多摩郡七生村に東京府拓務訓練所が発足した。

多摩川農民訓練所は、東京府が三つの団体に運営を委託したものであったが、東京府拓務訓練所は、府直営の「ガッチリ」としたものであった。

前章で引用した東京府『東京府拓務訓練所概覧』（本史料については一六五頁参照、以下『概覧』と略す）によれば、東京府拓務訓練所は、東京府拓務訓練所設置規程により、一九三九年七月一日に設置された。所

在地は、「南多摩郡七生村大字程久保八百四拾参番地」（『概覧』設置規程第一条）で、現在は日野市に属する。『概覧』の案内図には、「新宿より京王電車にて五十分高幡不動駅下車　徒歩にて二十分訓練所に到達す」と書かれている。現在では、東京都七生福祉園となっており、同園発行の『創立四〇周年記念写真集　なお　自立へのみちのり』（一九九〇）には、「昭和七年頃　東京府拓務訓練所」の写真が一枚掲載されている。同書の沿革によれば、一九四五年一二月に「東京府七生帰農訓練所」と改称、一九四九年に養護施設「東京都七生児童学園」を開設、児童福祉・障害者施設として今日に至っている。

東京府拓務訓練所については、松尾章一『近代天皇制国家と民衆・アジア（下）』（法政大学出版局、一九九八）、および松尾が執筆した『日野市史　通史編四　近代（二）現代』（日野市史編さん委員会、一九九八）に詳述されている。また、日野市ふるさと博物館（現日野市郷土資料館）は、一九九五年から一年間、戦後五〇年記念平和事業「戦争資料展」を開催、その成果として、『明日に伝える戦争体験』（日野市ふるさと博物館、一九九七）を発行している。その中の「Ⅳ．満蒙開拓と日野」では、一六頁にわたる記述の中で、東京府拓務訓練所についても写真入りで掲載されている。ほかに、『日野の歴史と文化』（日野史談会、一九九三・四）でも、小林和男「日野市に残る大陸進出の足跡」が、地図、航空写真を含む五頁で東京府拓務訓練所を紹介している。

公文書類、公刊物、前記先行研究、日野市郷土資料館所蔵の資料などをもとに、東京府拓務訓練所について概観してみよう。

満洲移民送出専門の訓練所

『概覧』によれば、設置の目的について規程第一条で、「満洲農業移民の目的を以て」と明記している。訓練生の定員は毎期一〇〇人で、修業期間は六ヵ月である。この点では、多摩川農民訓練所とほぼ同規模である。

訓練費用は取らないが、第一五条では、次のように明記している。

訓練生にして故なく渡満せざる者又は第一一条に依り退所を命じたる者に対しては入所中要したる実費を弁償せしむることあるべし

満洲農業移民訓練施設として、格段に縛りが厳しくなっている。

東京府文書「参事会議案材料ノ件　一　拓務訓練所建設費追加予算」（東京都公文書館、一九三九・一）によれば、敷地が一九町二反五畝二四歩、買収に三五、五三八円を費やし、さらに地上物件補償、公舎建設費に八、四二五円を使っている。この文書には、多摩川農民訓練所の河川敷の耕地のスケッチが添付されており、運営三団体合計一八町歩が記されている。東京府拓務訓練所は、耕地においてもほぼ同規模、ただし河川敷ではなく、巨木が生え、桑園もある山中である。

多摩川農民訓練所が東京府学務部管轄下の存在であったのに対し、東京府拓務訓練所は「東京府組織一覧」（昭和一四年一〇月一日現在）の中で、支庁・各廨《げ》の末尾から二番目に「拓務訓練所　所長阿部勇五郎（南多摩郡七生村）」と姿を現す。

『概覧』には「練訓《ママ》学科目並学科課程及毎週教授時数」が掲載されている。

修身及公民科　六
農業科　二〇
移民科　四
体育科　八
　　　　合計三八時間

どの位の訓練生が送り出されたのだろうか。前出、松尾章一『近代天皇制国家と民衆・アジア（下）』によれば、読売新聞の引用による次の数字が示されている。

同所は、一九三九年四月開所以来第一期二五名を第八次東京郷に入植したのをはじめとして、すでに第六期生まで総計四五八名を同興隆川王家街・七生・新東・新島分郷各区、第一〇次東京郷龍門・八丈郷に入植させたと報道されている（同紙一九四二年三月一日付）。

東京の満蒙開拓団送出のセンター

東京府拓務訓練所は、農業移民の訓練所として機能したが、それだけではなかった。

前出の『日野市史』によると、高等小学校生徒や、校長、教職員に対する拓務訓練講習会を頻繁に行なっていた。青少年義勇軍の養成にも力を入れていた。また、一九四〇年六月には「高等小学校児童女子部五一名の『拓士豆花嫁』の『土の訓練』が実施された」と記述されている。

ここで、『新満洲』（満洲移住協会、一九四〇・三）の東京府拓務訓練所の紹介記事「いざ進め！大陸目指して　東京児童の拓務訓練　本誌記者」を見てみる。

人家を離れた山の中の自然の道場、ここで東京府市学童、拓務訓練志望者数千名の中から選ばれた六百余名が一回六十名、三泊四日に亘って労働を通しての尊い修養に励んでいるのだ。記者の訪れた時は丁度東京市内本郷、下谷、蔵前外一校の児童の訓練が行なわれている処だった。

児童たちは午前六時、起床喇叭で目を覚まし、零下五度の中、「不慣れな手付きでゲートルを巻いて日輪宿舎を飛び出し洗面に行く」。太鼓の合図で朝の行事、整列、点呼、君が代斉唱、国旗掲揚式が行われ、二拝二拍手の神宮礼拝、宮城遙拝、四条の教えの復唱、そして日本体操《やまとばたらき》に移る。七時に朝食、八時から教練で整列行進。一〇時から一一時半まで日輪宿舎の中で学科。「興亜の意義、東亜の拠点としての満洲国の重要性、日満協和と義勇軍の使命」など。昼食後、三時から「労働を通しての精神訓練」。草刈り、伐採、炭俵編みなど。

かくして此の山間に日の没する頃、作業は終り、夕の行事を済まして各々の宿舎へ帰り、炊事当番心尽しの夕食を戴き入浴、次いで満洲国留日学生張徳義《ちょうとくぎ》君を囲んで満洲一般事情の紹介が座談の形で行われ、八時半消灯の合図に意義ある興亜教育一日の訓練を終るのである。

前記「日野市に残る大陸進出の足跡」は、東京府拓務訓練所での訓練体験者の感想を掲載している。「昭和十五年八月、夏休みを利用して八王子、南多摩地区の小学校の高等科二年の内から次、三男が集められ、二泊三日の訓練が実施された。私も次男坊という立場から、この訓練に動員された」。日野小学校からは五名、各校から集まった訓練生は四十名ぐらいであった。「宿泊する建物は直径十メートル位の円形で、円錐形の屋根をもち、中央は土間で、真ん中に屋根をささえる柱が一本立ち、周囲の壁ぎわに、幅二メートルぐらい、高さ三十センチぐらいの板敷きがぐるりと廻されていて、入口は一ヶ所、外壁は板張、内は荒壁、窓は二、三ケ所、屋根は円形に杉皮で葺かれている。このような建物が二、三棟たてられていた」。

これは、日本の青少年義勇隊の全国送出拠点である茨城県内原に建てられた「日輪宿舎」を模した宿舎だ。宿舎の中心に足を向けて寝ると、収容力において最も効率的になるらしい。「日野市に残る大陸進出の足跡」でも写真入りで紹介されているが、戦後、米占領軍が撮った空中写真には、この日輪宿舎が四棟、くっきりと写っている。

以下、東京市の『市政週報』、『市政日報』からいくつか引用してみる。

拓務訓練閉会式　銃後の小国民三千四百名参加　二十日日比谷公園広場で挙行

本年五月より府下南多摩郡七尾《ママ》村府拓務訓練所、北多摩郡狛江村拓務訓練所、三鷹村市興亜勤労訓練所の三ケ所で開始された高等小学校児童に対する拓務訓練は近く本年度の訓練を終了するので之を機として来る二十日日比谷公園広場で綜合閉会式を兼ねて壮烈な分列式を挙行することとなった。当日拓務訓練に参加した男子児童六十五中隊三千四百名が午後一時半会場に集合の上国旗掲揚、国歌斉唱、遥拝黙祷の後市長の式辞、来賓祝辞、児童代表の宣誓あり、勇壮なる分列行進の後万歳を奉唱して閉会の予定である。(教育局)　（「市政日報　きのふの動き」一二三〇号、一九四〇・一一・一六）

学童開拓訓練の指導者養成

本市では市立国民学校高等科二学年児童約三千名を選び、六月より十月に亘り学童興亜開拓訓練を実施するが、之に先立ちこの訓練の指導者を養成するため、五月十四日より七生村府拓務訓練所、大泉、三鷹の市訓練所で国民学校男子職員一四一名を選抜し訓練を行う。その日程は第一回は十四―十七日、第二回は二十一―二十四日、第三回は二十八―三十一日の予定である。

（『市政週報』一九四一・五・一〇）

多摩川農民訓練所から東京府拓務訓練所への移行は、府による運営委託から府直営になったことに最大の特徴があるが、それに伴い、活動内容も重大な変化が生じた。東京府拓務訓練所は訓練の他に、より能動的に、満蒙移民を推進する宣伝、啓蒙を行い、組織者、養成機関として機能し始めたのである。「大陸の花嫁」を含めた、満洲移民送出のための司令部、あるいは総合センターであった。

第三節　東京市の訓練所

東京市大泉労働訓練所

大量送出体制の強化は、東京市にもおよび、大泉と三鷹に東京市の訓練所がつくられた。

一九三八年一一月一二日、東京市板橋区東大泉町一四五番地に、労働訓練所が設置された。これに関しては、先行研究として、今井忠男『身近な地域で学ぶ戦争と平和』（光陽出版社、二〇〇八）があり、前出、松尾章一『近代天皇制国家と民衆・アジア（下）』の中でも触れられている。

大泉開拓民訓練所は、東京市文書「工事精算書」（東京都公文書館、一九三八・一〇）によれば、一〇、〇七八・二三円で、労働訓練所移転改修工事を終えている。旧宮内省楽部庁舎を移転改修したもので、木造平屋建て総坪数一四〇・五坪となっている。

東京市文書「労働訓練所開設並労働訓練所規程同庶務規程設定ニ関スル件」（東京都公文書館、一九三八・一二）では、次のようになっている。

労働訓練所規程第一条は、「東京市労働訓練所は失業者及不定居者を入所せしめ更生生活に必要なる教化、輔導及訓練を施す」とある。第二条では、入所該当者として、「一、現に公私宿泊保護施設に止宿中の者又は失業労働者若は不定居者　二、訓練期間中単身入所し得る者」としている。ここでは、多摩川農民訓練所と同じようにルンペンプロレタリアートを対象としていたことが伺われる。

庶務規程第六条には、「三、訓練修了者の帰農、就職及移民斡旋に関する事項」とあり、この時点では、必ずしも渡満に限ったものではないことを示している。

興亜勤労訓練所

東京市の満洲移民の訓練所は、一九三九年五月一〇日に設置された。詳細は厚生局福利課補導掛「興亜勤労訓練所」（『市政週報』一九三九・八・一二所収）に詳述されている。その概要を見てみよう。

名称　　興亜勤労訓練所

所在地　府下北多摩郡三鷹村新川東六〇番地

交通　　京王電車「仙川」駅（「京王新宿」より乗車時間二五分）から北へ約五町

施設　　講堂、道場、所長室兼応接室、職員室、食堂、浴場、職員住宅、寄宿舎、農事事務所、

及び農業用建物等
付属耕地　約一〇町歩
訓練生定員　五〇名
入所資格　満一五才以上四〇才未満の男子の市民
訓練期間　六ヶ月
入所時期　五月、八月、一一月、翌年二月に各二五名
顧問　加藤完治（指導員全部同氏の推薦）
訓練内容　土による心身の鍛練と東亜事情に関して正確な認識を与えることを目的とする興亜教育
この小論は、目的について次のように触れている。

興亜勤労訓練所は、本来離職対策の一施設として計画されたものである。周知の如く、昨夏物資動員計画が発表されるや、一時に多数の離職者或は失業者の発生が予想され、厚生省は逸早くも之が対策樹立の為に、「中央失業対策委員会」を設置するに至ったのである。

興亜勤労訓練所は、個人によって提供されたものであった。この小論は、「市会議員待遇者津村重舎氏の好意に依り、同氏の経営にかゝる府下北多摩郡三鷹村所在日本皇民高等塾の土地建物の無償貸与を受けることを得たので、創設費を要すること極めて僅少にして、去る五月十日本訓練所を開設する運びに至ったのである」と述べている。

もう少し詳細に見てみよう。市文書「土地並建物使用転貸借契約締結ニ関スル市議会議案提出ノ件」（東

京都公文書館、一九三九・八）である。所在地については、「東京府北多摩郡神代村大字下仙川字千羽十五番地外百四十二筆」であり、反別は、「十一町九畝二十五歩」、「外畦畔四段八歩」と記している。「事務所、教室及宿舎」については、「茅葺ノ木造二階建二棟　建坪計二百七十四坪六合六勺」。他に、「所員住宅及食堂」は、「瓦葺木造住宅平屋建一棟」で「建坪四十一坪六合一勺」である。他に、堆肥舎、豚舎、その他として、五三坪ほどが記されている。契約書を見ると転借主が東京市、転貸主が津村重舎、土地並びに建物所有者が津村重孝と記されている。

先の『市政週報』の小論によれば、この訓練所には、永住的な農業移民のほかに、「一時的に満支へ渡航し、或は官吏となり、或は会社員となり、或は軍属となって、活動しようとする」訓練生もいて、訓練期間は三ヶ月であったことも明らかにしている。

さらに、興亜勤労訓練所は、勤労奉仕運動の作業地として付属農場の提供を申し出て、「七月初から九月半までに、延人員約二万名の学生生徒が、集団勤労の為に来所する予定である」としている。宿泊、炊事で最高一五〇〇人、農具も我慢すれば二〇〇〇～三〇〇〇人の用には何とか間に合うという。

第四節　東京府初の集団開拓団

第八次興隆川東京郷開拓団

天照園移民や鏡泊学園は、いわゆる自由移民（分散開拓団）であり、多摩川農民訓練所出身者は、拓務省が関与する二〇〇〜三〇〇戸ほどの集団開拓団に入ったのだが、それらは東京単独で送りだしたものではなく、全国募集の混成開拓団であったり、他県の開拓団の一部として加わったものであった。

東京単独で組織された第八次興隆川東京郷開拓団の先遣隊が一九三九年二月、吉林省磐石県興隆川屯に送り出された。『満洲開拓年鑑　昭和一九年版』(満洲国通信社、一九四四)によれば、開拓総局第一科調査(昭和一八年一二月一日現在)として、次のように掲載されている。

入植地	吉林省磐石県興隆川
種別	集団
出身府県	東京
入植年次・年月	第八次　一九三九年六月二日
入植計画	二〇〇戸
現在戸数・現在人口	一五三戸　五五三名
最寄駅港・キロ	取柴川　一一キロ

距離的には新京(現長春)に近いが、列車では吉林を経てぐるりと迂回しなければならない。入植年月日は『満洲開拓史』では、昭和一四年二月一九日となっている。しかし、『朝日新聞』(一九三九・四・一一朝刊)は次のように伝えている。

新しく建設される拓務省第八次満洲興隆川東京郷先遣隊として多摩川訓練所の野村愛三君(二六)ほか一六名は府の土屋書記に引率され一八日午後三時半東京駅発列車で勇躍大陸へ出発する。当日は午前八時集合し宮城を遙拝、明治神宮に参拝の後同一〇時拓務省を訪問し挨拶し府の午餐会に臨んで晴の首途につく予定である。

『満洲開拓史』の二月一九日というのは、さらにその前の先遣隊が入植した日と考えられる。相次ぎ送り出された本隊も加え、『満洲開拓史』によれば人口は七一四名にも達する。

新旧訓練所修了生が半分

興隆川開拓団は、多面性をもった開拓団である。一つの特徴は、多摩川農民訓練所と東京府拓務訓練所の修了生の両方が参加していることだ。『概覧』によれば興隆川への渡満は次のようになっている。

多摩川農民訓練所
第九期生　一九三九年二月　三六名（救世軍一二名　上宮教会一二名　修養団一二名）
第一〇期生　一九三九年四月　三二名（救世軍　七名　上宮教会　九名　修養団一六名）
東京府拓務訓練所
第一期生　一九三九年九月　三四名

『概覧』の記載は第一期生までであるが、この後も送り出している。「東京の満蒙開拓団を知る会」が、興隆川開拓団の当事者の方に質問の手紙を出し、直筆でいただいたご返事を整理して紹介する。なお、この方は一九四〇年頃、東京府拓務訓練所修了生として渡満した。二一才の頃であった。団の地内に興隆川という小さな川があったという。

【名称】　第八次興隆川開拓団
【人員】　二六〇名位
【部落別】
一、興隆川　多摩川農民訓練所出身
二、北興隆川　多摩川農民訓練所出身
三、王家街屯　東京府拓務訓練所出身
四、小荒頂子　東京府拓務訓練所出身
五、取柴街　東京府拓務訓練所出身
六、西太地　新島分村地区
　小取柴　新島分村地区
七、三新屯
八、二道河子
九、不明
この手紙から見ると、約半分は、多摩川農民訓練所と東京府拓務訓練所の訓練修了生である。

新島分村地区も

部落の項目を見ると、新島分村地区が二つある。なぜ、新島からの分村があったのだろうか。これについては、『読売新聞』(一九四〇・二・二九朝刊)が七面の大半を使って詳しく報じている。これによれば、新島は六〇〇町歩の耕地があり、麦と甘藷を収穫し、抗火石を切り出して生活してきた。戸数八〇〇、人口六、〇〇〇人で、

昨年の夏頃から島の青年たちの間に「年々増加する人口をこの耕地と抗火石で支えることは困難である、先きが見えている、この際われわれは島の将来の平和のためにも第二の村を求めなければならない」と大陸への分村計画が真剣に考えられてきた

同島青年団第一分団長佐々木甚之助(三〇)君、石材職工組合長前田庄八(四八)さんらが新島本村当局を熱心に説いた結果、このほど第一次分村計画として満洲国吉林省の東京郷に同村八〇〇戸の半数をあげて分村する計画が実行の第一歩を踏み出しまず三〇戸を移植新島部落建設の先遣隊とすることに決定

とある。七〇才の佐々木長之助夫妻も渡満を決意した。新聞は続けて記述する。

長之助翁　わしらはもう年寄りで大した働きも出来ませせなんだが倅がゆくとこなら一緒に行きます、この年寄りが満洲へ行って倅の言うとおりに、七〇の年寄りでも暮らせるんだと村の衆にみせてやりますよ、冥土へのお土産に満洲へ行ってひろい地面で百姓しそれでお国の為になるんなれば文句いう所はありませんわい、島を出るときゃそう思っても矢張り泣けやした、宮塚山やら向山やら朝晩見なれたあの山もこれで一生の見おさめだと思って婆さんと一緒に目の底へしっかりしまってきました

注目されるのは、「分村」と明確に意識していることである。一九三七年に始まる大量移民期の中心は「分村・分郷」運動であった。疲弊した村を二つに分け、残る部分を母村、渡満する部分を分村とした。先祖の墓は母村が守る。村単独では不可能な場合は、「郷」にまで広げる。この運動の影響が及んで、村の将来を見据え、若い人たちを中心に決意したようである。

なお、先の手紙とは別の、興隆川開拓団に詳しい関係者の方の手紙では、同団は総数二二〇名、総人員六四四名、村落は一一ヵ所である。新島地区は五七世帯（新島本村、若郷村、式根島、三宅島、神津島）で、村落は三ヵ所になった。前職は農漁業だった。

編物製造会社をやめ、一家で渡満

集団開拓団を送出することは、かなり大変だったようで、興隆川の場合も訓練所修了生と新島出身者だけではなかった。福山琢磨編『孫たちへの証言　第12集「今、書き残しておきたいこと」』（新風書房、一九九九）には、関口幸子さんの手記「東京から興隆川開拓団に入植した父、銃殺される」が掲載されている。

昭和十四年二月、父小出芳吉（四五）と母りう（四〇）は、私と弟（七）を連れて東京から満洲国吉林省磐石県興隆川開拓団（加藤久人団長）に入植しました。私が九歳の時です。父は池袋で編物製造会社をやっていましたが、なぜやめたかは知りません。この開拓団は東京郷開拓団とも呼ばれ、百五十八世帯、六百四十八人が入植していました。

敗戦時の逃避行についても詳しく述べられている。関口さんたち老幼婦女子団員は、団本部に避難したが、九月五日に始まった銃撃で、屯長をやっていたお父さんが亡くなった。そして、関口さん一家三人は、伝染病、厳寒、内戦による銃撃などの中を生き抜き、売り子や使用人の暮らしをしながら、一九四六年九月から一〇月にかけて、帰国するが安住の生活はなく、母の励ましの一言で生き抜いていく。

関口さんの場合、一家で渡満していることもあり、訓練所出身者とも考えられない。第六章で問題にする転業者の走りと言ってよいだろう。

興隆川開拓団団員の多面性は、第六章の転業開拓団でも述べるが、その前に、もう一つのことを見てみる。

「小河内村開拓団伝説」

東京の満蒙開拓団を調べているうち、いくつかの謎があることに気づく。その一つに「小河内村伝説」がある。どういうことかと言うと、「帝都」の水の確保のため、ダムの湖底に沈むことになった小河内村民が大挙して満蒙開拓団に行った、ということが一部の人に根強く信じられてきたのだ。そして、その開拓団というのが、この第八次興隆川東京郷開拓団である。

私たちも当初そう思っていた。なぜかというと、『満洲開拓史』の中にそれがあったからである。この本は、満蒙開拓団に携わった人たちが中心になってまとめられたものだが、豊富な資料によって、各種の文献、著述に引用されている。この本の「分村・分郷開拓団名一覧表」には、二二二頁に次のような記載がある。

県名　　東京
次別　　種別：集団　八
名称　　興隆川東京村
送出母村　小河内村

その後、図書館巡りを繰り返しているうち、『新満洲』（満洲移住協会、一九三九・六）の「満蒙開拓団地方めぐり」という頁に小河内村についての記載があった。

かくの如くにして大東京の満洲開拓移民は誕生したが、昨年に至って更にまた新しい事態に直面した、それは府下西多摩郡小河内村が東京市民に給水する浄水場の貯水池として全村六〇〇戸のうち五〇〇戸が湖底に沈まねばならぬことになったことである。

府職業課では是非同村民をそのまま満洲に移住せしめたいと中央関係方面と協議の結果、昨秋同村から二〇名の開拓地視察団を派遣し、第八次に二〇〇戸の満洲小河内村を建設しようと吉林省磐石県興隆川に入植地も決定し、既に小河内と多摩川訓練所等から成る先遣隊員五二名が入植して本隊を迎える準備に営々として作業に努めて居る（一六六頁）

右の様な事情を綜合して考えると小河内村の大量移動は失敗に帰したとしても明春までに結成さるべき二〇〇戸の東京村は決して悲観するには当らない（同頁）（傍線はいずれも引用者）

何かおかしいのである。満洲へ行くような、行かないような。

「小河内村開拓団」伝説に疑念が生じた。こういう時の検証手段は、当事者に聞くか、戦前の報道をもっと広く集めることしかないように思えた。興隆川開拓団の団員だった方に出した手紙での質問のご返事には、「小河内村出身者はいない」とあった。

私たちの会の戦前の新聞の解析が進展しはじめたので、小河内村村民と満洲移民関係の記事を集めてみた。そして新聞記事は、小河内が中心で行ったという記事と、小河内に一切触れない記事とに見事に分かれた。前者を紹介しておこう。

次の記事は、『小河内村報告書』（小河内村、一九三八）の一九六頁に掲載されている新聞記事である。

　大陸に故郷を移転

　更生の地を大陸に求め、拓務省、東京府の斡旋で、満洲各地の移民団の実績調査に赴いた東京市小河内貯水池関係村満洲視察団一行四六名は、去る一二日出発以来熱心に現地の農耕状態を視察、三一日午前六時上野駅着列車で帰都、直に宮城遙拝をなした後同九時半から拓務省高等官食堂で視察報告会を開いた。

　安井拓務局長、浅川東亜第一課技師、佐藤東京府職業課長、佐久間同主事以下出席、吉野小河内、佐藤丹波、加藤小菅の三村代表が起って報告したが、いずれも現地の進歩した農耕状態と規律ある集団生活に驚嘆し、懸念していた気候風土も予想程でもないので移住を決意、この旨帰村して村民に伝え、村民大会を開いて具体的移住方法を決定すると述べ、同一〇時半閉会帰村した。

（『報知新聞』一九三八・一一・一二）（傍線は引用者）

ここでは、現在進行中の出来事として報道されている。『小河内村報告書』発行後の、翌年に入ると次のような報道が出ている。

今年は湖底に沈む小河内村民を中心に新生東京郷（吉林省興隆川）の建設へと新しき戦士を送ったが、…

（『読売新聞』一九三九・四・二二夕刊）

大東京六〇〇万市民の水源に捧げる宿命の重荷を担った『湖底の村』小河内村民が大陸に求めた更生の地―吉林省の一寒村、磐石県興隆河畔にその先遣部隊一六名が『東京郷』建設の希望に燃えて入植したのは大陸の春まだ浅い二月だったが、…

（『読売新聞』一九三九・五・一四夕刊）（傍線は引用者）

ここでは、既に事実報道として書かれている。これらとは別に、小河内のことは触れられていない他社の記事もあった。

東京郷の先遣隊　一八日に首途

新しく建設される拓務省第八次満洲興隆川東京郷先遣隊として多摩川訓練所の野村愛三君（二六）ほか一六名は府の土屋書記に引率され一八日午後三時半東京駅発列車で勇躍大陸へ出発する

（『朝日新聞』一九三九・四・一一朝刊）

私たちの会は、戦前の満洲農業移民に関する一〇〇以上の戦前の新聞報道を入手していたが、「小河内中心」で送られたことを明確に否定する記事はなかった。

では、本当はどうだったのだろうか。小河内村民は大挙して満蒙開拓団に参加したのだろうか。

解明に当たって、戦前の新聞・雑誌の他に、次の三つの文献を参考にした。『小河内村報告書』（小河内村、一九三八）、『湖底の村の記録』（奥多摩湖愛護会、一九八二）、『奥多摩町誌　歴史編』（奥多摩町、一九八五）。

小河内村民の大闘争

小河内村がダム建設を受け容れる村議決定をしたのが、一九三一年夏。翌年一〇月、府知事からの諮問があり、市当局は一年後に補償費、移転費等を村民に交付する旨言明。しかし、神奈川県側から小河内ダム建設に抗議が出るなど難航し、村民生活は「宙吊り」状態の中で困窮化、多大な借金に喘ぐ。一九三五年には、小河内、小菅、丹波山村村民千名がムシロ旗を押し立てて上京しようとして警官隊と衝突する事態にまで至る。足尾鉱毒事件で、一八九七年に行われた帝都への「押出し」闘争の再来である。結局、一九三八年六月六日、紛争解決の調印に至る。

『小河内村報告書』の略年表には、「一九三三年一月　村民は移住を覚悟し、各方面にその候補地物色」とある。

そして、この年、東京府は小河内村民に、サンパウロ州チエテ移住地に「東京村」を建設しようというブラジル移民のキャンペーンを行う。この頃は、満洲への国策移民は試験移民時代であり、年間五〇〇人位を送ったに過ぎない。大量移民と言えば、当時は南米移民だったのである。

小河内村では、移転先物色に要する予算も計上して、村民も各地を探したが、大量に移転する好適地は見つからなかった。埼玉に適地を見つけたが、東京市の対応は冷たいものであったようだ。

それでも少人数の移転は、「一九三八年八月一日現在で、総移転戸数五三二世帯中、決定を見たものが二二二戸に及んでいる」（『小河内村報告書』）。なお、小河内村民の苦悩を描いた小説として、石川達三『日蔭の村』（新潮社、一九三七）がある。

村民は、満洲へ移民することにソッポを向いた

前述の『報知新聞』（一九三八・一一・一二）の記事では、一〇月三一日の満洲視察報告会で小河内・小菅・丹波村の代表が、村民に具体策を諮って、すぐにでも開拓団に行きそうな報道だった。しかし、『小河内村報告書』の発行は、そのわずか一ヶ月後である。そこには、「この視察の結果、村民の心がどこまで動くか見当がつかぬが、村内全部移転は大体昭和一四年度中には完了するはずである」という言葉の後に、この『報知新聞』の記事が引用されて終わっている。

一体、どうなったのだろうか。それを伺わせるものが『小河内村報告書』の「第七　感想編」の村会議員酒井義春の著述にあった。酒井義春は、一九三五年の陳情運動の呼びかけ人であり、また陳情書の代表二一名の筆頭格になっており、小河内村の中心人物の一人と言えよう。その酒井が述べていることを引用する。

村の諸問題に触れて

……三多摩のうち、つまり一市三郡の府下にも集団移住の適地は見出せなかった。是非に及ばず、満洲視察に出かけた。満洲の地には小河内五〇〇戸位を呑吐し、育てて呉れる移転地はザラにある。帰村して、これを村民諸君に報告したが、真に耳を傾けるものは、尠なかった。大陸進出の日本の夜明けに、此の熱意の無いのには熟熟と寂しいものに思われた。（傍線は引用者）

村民は、村幹部の報告にソッポを向いたようだ。そこには、七年間にわたって府・市の「仕打ち」に耐え抜いてきた村民の、権力を見る冷静な眼が作用していたのではないか。

移住は二世帯

二〇〇七年九月の、私たちの国会図書館巡りで一人の会員が探し出した『奥多摩町誌　歴史編』（奥多摩町、一九八五）には、実は小河内村から満蒙開拓団として行った人二名の記述があった。二〇〇八年七月三〇日に、私たちの会四人で行った日野市の資料探索巡りは多大な成果があったが、その一つに日野市政図書室で探し出した『湖底の村の記録』（奥多摩湖愛護会、一九八二）がある。『奥多摩町誌　歴史編』の記述は、実はここからの引用であった。

昭和一四年五月四日現在、満洲国吉林省磐石県興隆川・第八次興隆川東京郷開拓団へ、島崎元吉・古谷長一の二世帯が移住することに決定した。

結局は僅かな数であったが、戦後のみじめさを思い合わせば却って、このような不成績がむしろ、関係村民の運命から見ても、仕合せということに落ちついたのではあるまいか。

（傍線は引用者）

第五章
東京からの大陸の花嫁

（出典：『写真週報』七三号、一九三九）

第一節　早く嫁が欲しい

大陸に嫁げ

一九三二年から始まった満蒙開拓団へは男性のみが送り出されていた。しかし、日本人を大量に移民させ満洲支配を確固としたものにするために女性を送り出すことの必要性は、当初より指摘されていた。一九三三年二月「満蒙開拓の父」と呼ばれた東宮鉄男は、「新日本の少女よ大陸に嫁げ」という歌を作詞し、「如何に諸施設を宣伝するも、彼等に家庭的の慰安を与え得ざれば、要するにこれに永住は不可能にて（中略）勿論拓務省に於ても、移民の妻を送る事に関しては援助を与える可きも、此の事は理屈や命令のみにては行かず、少女達や親達の心を之に向けるより他に道はなかる可く、茲に於いて先生に『内地の少女達や親達の心を安心して大陸に嫁ぐ如く導く』ポスターの原画、揮毫を御願申上ぐる」（『東宮鉄男伝』東宮鉄男大佐記念事業委員会、一九四〇）と奉天の小倉円平に書簡を送っている。

満蒙の地に日本人を定住させ、支配的民族にさせることは、この地を支配するための必須のことであった。そのためには開拓団家族を作り、日本人の子孫を作る。まさに大和民族の定着のために「大陸の花嫁」の送り出しははじめられた。

東京府は、一九三四年夏頃に目黒区にあった洗足高等女学校校長前田若尾らに依頼して満洲移民に関する調査を行っている。帰国後、「在満日本青年にも親しく会談し、花嫁紹介の依頼をうけ、女史自身も渡満者の妻帯を痛感したので、結婚紹介所の労をとるべく準備を進めている」（『婦女新聞』一九三四・九・一六）

というように花嫁送り出しの準備に着手していたようである。この「花嫁」については、一般的な「花嫁」だったことが、以下の文章で窺える。彼女は、「満洲視察の収穫　全女性に対してのお願い」と題する『婦女新聞』（一九三五・三・三一）に掲載された文章で、「チチハルにいる我国人は二千人、その中三百人は女だそうですが、いかがわしい商売のものが二百人だということで、各地ともこの割合はあまり変わらぬ様です。（中略）私は至る所で女性の欠乏を痛感しました」と書き、病院、孤児院、教員、タイピスト、ホテルの事務員等として満洲で女性が働くこと、そして働いている独身男性の妻となることを訴えている。したがって、彼女のいう「花嫁」とは必ずしも開拓団だけの花嫁ではなかった。

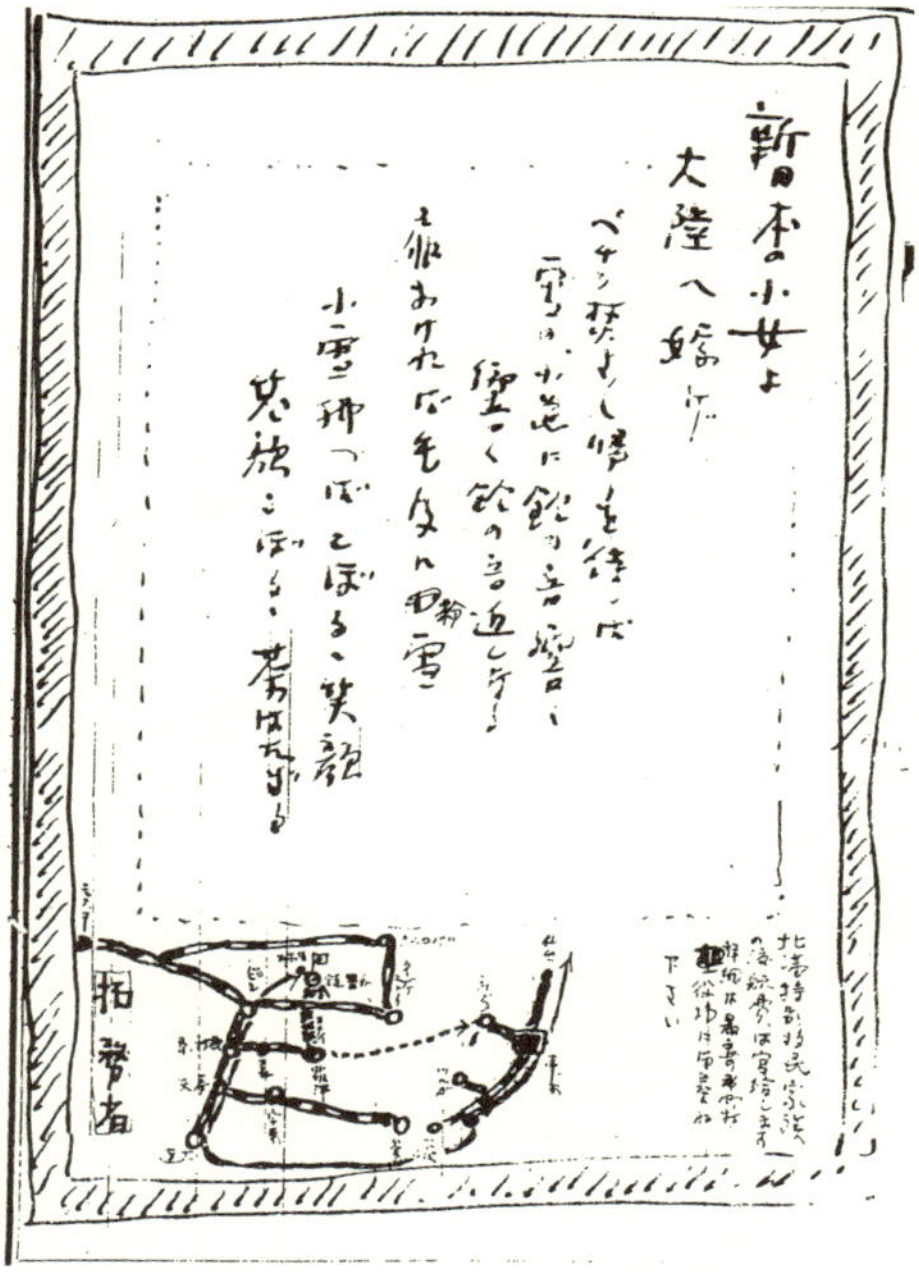

東宮鉄男作成のポスター原画（『東宮鉄男伝』1940）

嫁が欲しい

一九三五年四月から渡満を開始した、多摩川農民訓練所の人たちに花嫁が届くのは大変だったようで、「早く嫁を送ってくれ」という催促があり、運営団体はそのことで苦労していた。

現地の声は「早く花嫁を送ってくれ、何時来るか」と哀願泣訴、はては脅迫じみてきて困った。百方運動しても、未開の満洲に嫁に行こうと決心する娘は、なかなか発見できなかった。しかし、やがて横浜家庭学園の有馬夫妻、救世軍世光寮の上田女史の斡旋で昭和一二年三月二一日（中略）二組の結婚式が挙げられた。

（高木武三郎編『上宮教会八〇年史』上宮教会、一九七七）

また「満洲移住地視察団の報告を聞く」（『拓け満蒙』一九三七・一〇）には次のような記述がある。

杉野（農村更生協会）　農村から出たものは比較的家族を得易いが、大都市から行った者はその点非常に困難じゃないかと言うことを伺って居りますが、その問題は逐次解決しつつありますか。

皆川（視察団・岩手県）　それについて、私が第四次に行った時に私の方の出身で多摩川の訓練所を出て向陽村に行っている人に会って来ましたが、あすこは比較的年齢の多い人が多いようであります。三十五歳くらいの人が大多数で、結婚に対しては多摩川訓練所出身の人は、実家の人たちが案外お嫁さん探しと言うことを考えない。又東京府の方でも別に尽力されていないような形でありますが、どんな人でもいいから来てさえくれれば貰うという考えを持って居るようでありました。年齢の関係からも又一人ではどうしても百姓をやって行くこともできないのですから、多摩川の訓練所あたりでも斯う言う方面にまで心配して下さると大変いいではないかと思います。相当あせっているようであります。

さらには、大亜細亜婦人連盟主事金澤郁子、同理事山田政子が「北満移住地　婦人のことども」（『拓け満蒙』一九三八・二）という記事を書いているがその中に次のような記述がある。

第五次を見に参りました。此所でも婦人方に集まって頂きたいと希望致しましたが男の方達も六、七人集まりました。（中略）この青年達は多摩川訓練所を出た人たちで嘗ては左翼運動にも携わった事のある人も二、三交っている様でしたが、漏らされた不平には聞捨に出来ない様なこと又大いに考えねばならないこともありました。『大抵の視察団は自動車でやって来て本部だけを視て直ぐ又自動車で帰り、そして間違ったことをいい加減に報告している。たまに吾々が耕作しているところを視察に来ても、横柄な態度で口を聞きまた直ぐにでも花嫁を送るという様な事を言って吾々を慰めてくれるが、帰ると直ぐ忘れるのか何時迄経っても音沙汰がない』と言う様なことを言って憤慨していました。私達は之に対し、猫や犬なら直ぐ引っ張って来るが、貴男方の片腕になる人を探すのだからなかなかお連れすることはできないのであって、その人たちを恨むべきではないと言って置きましたが、悲痛な叫びの声だと思いました。

以上の記述で明らかなことは、多摩川農民訓練所から行った人たちが一刻も早く「嫁がほしい」と各方面に訴えていたということである。東京府もこうした状態を黙って見ていたわけではなかった。「花嫁さがしお婿さんは将来の地主支度金に金五十円」（『読売新聞』一九三七・三・七夕刊）には次のような記事が載った。

府の多摩川農民訓練所から農業移民として満洲に渡った第五次移民団は、すでに個人住宅を建設してこの夏には祖国ニッポンから花嫁を迎えるまでになった。満洲国の地主になるのもいま一息の頼もしさ、なかでも東京神奈川あたりから意思堅固な娘さんを糟糠の妻に貰いたい若者は五〇名ほどあるので、府職業課や農民訓練所側の上宮教会などは花咲く春を控えて「満洲農業移民に嫁ぎたい」花嫁候補者探しをいよいよこのほど積極的に開始した。容貌より身体のガッチリした娘さんで親の許しのある人は丸の内の府職業課へ申し込みなさい。拓務省から家族招致費として一人につき八〇円、府から花嫁支度金として五〇円でる。

こうした働きかけが功を奏したのか木村誠『大陸開拓・土の花嫁』（中央情報社、一九三九）というパンフレットには「東京府庁　七組の結婚」と題して次のような記述がある。

先ず六月三日に行われた帝都初の集団結婚風景だが、その日は午前十一時から府正庁で岡田府知事を初め拓務省、東京府、その他の関係各種団体の代表らが出席、頗る盛大なものであった。

興亜の第一線、満洲に築かれた東京郷に新しい家庭を建設しようという若き七組の集団興亜の誓いであった。七人の花嫁さんは何ずれも日比谷大阪ビル内の海外夫人協会が経営している神奈川県中里村の農園訓練所と目黒警婦協会花嫁学校を出た（中略）また七人の花婿さんは第五次とか七次先遣隊として渡満、牡丹江省の黒台や吉林省八道河子に挺身開拓の鍬を奮った若人ばかり。

女子農民道場

この記述の中に書かれている「神奈川県中里村の農園訓練所」とは海外婦人協会が経営する神奈川県都筑郡中里村大字上谷本（現横浜市青葉区みたけ台　神奈川県立中里学園）に作られた「女子農民道場」のこと

である。ここは、一九三六年七月四日に開場したもので「南米へ満洲へと行く海外移民の花嫁達に農業の実際を教え、第一線の花嫁にふさわしい精神を吹き込む」ことを目的にして作られた。一九三八年には、同所に「満蒙を目指す花嫁道場」も作られている。敷地面積は、約六町歩。ここについて、当時満洲で活躍していたジャーナリストであり、女子教育にも熱心であった望月百合子は『大陸に生きる』（大和書店、一九四一、復刻版、ゆまに書房）の中で「この協会で経営している花嫁学校は三ヶ月修業で費用は一切無料。お嫁入りの世話までただでしている。雨の日にこの学校を訪れると生徒は六人で第二期生、第一期生はみんな既に北満の花嫁となって現地へ行っている。この六人の花嫁の他に村の女子青年団の人々が五、六十人集まって来た。この素朴な乙女達を前にして満洲の話をしみじみと語りだすと、娘たちは瞳を輝かせてきいてくれる」とリポートしている。

警婦協会家庭学校

また、「目黒婦警協会花嫁学校」は警察官家庭婦人協会が経営する「警婦協会家庭学校」のことで目黒区上目黒に作られ一九三六年四月一〇日に開校した。当初は「警察官の花嫁養成」を目的にしていたが、「時代に適合して社会各方面に将来有意義なる家庭生活を営み得る婦人の養成に努め（中略）今後は積極的に鮮・満・支進出の花嫁の養成と結婚媒酌に邁進」（『婦女新聞』一九三八・八・二一）することになった。ただ、注意しなければならないのは、この時期この団体が斡旋していた「花嫁」とは、主として官吏、会社員で開拓団の花嫁斡旋は少しずつ行われていたことである。

第二節　多摩川女子拓務訓練所

建議国会に提出

以上のように、この時期の満洲への女性の送り出しや花嫁の斡旋は、開拓団に対してだけはなかった。こうした「花嫁の斡旋」では開拓団の嫁になりたいと名乗り出る者も少なかったのであろう。多くの開拓団においても同様の状態であり、当時問題となっていた「屯墾病」の原因の一つに「嫁が来ない」が挙げられていた。一九三六年には「二十ヶ年一〇〇万戸」送り出し計画が始まり、「農業移民一戸あたりの家族数を五人」と計算され、これに呼応する形で、三七年頃より移民が盛んだった長野県、山形県などで、県主催の「女子拓殖講習会」が開催されている。長野県では、「昨年四月より長野県御牧ケ原農民道場に女子部をつくり、花嫁養成訓練を行っている」（『写真週報』一九三八・五・四）とある。しかも、三八年に作られた満蒙開拓青少年義勇軍が国内訓練、外地訓練を経て各開拓団に配属される四一年に向けて彼らの定着のためにも「花嫁」の確保は急務となっていた。

一九三九年二月一三日第七四回帝国議会衆議院建議委員会第一分会において伊藤五郎議員、森田重次郎議員（他賛成者二七名）より「女性移住者養成道場設立ニ関スル建議」が提出された。この建議の理由書は次のようにある。

盟邦満洲国の育成と東亜新秩序の建設とは我が帝国不動の国策なり而して此の国策遂行に当り我が国民の大陸への進出問題は如何に重大性を有するかは殆ど議論の余地なかるべし然り而して此の大陸

進出の成功不成功は一つに懸かりて将来大陸の花嫁となるべき女性の有無並其の良否に存す然らば此の花嫁の問題は洵に満洲国の育成並東亜新秩序建設の成否を決する鍵なりと謂うも過言にあらざるなり仍て政府は一日も速に全国道府県各地に将来大陸の花嫁となるべき女性の養成機関を設立し女性に対して大陸の重要性を普及徹底し大陸進出は正に女性の祖国に対する一大責務なることを自覚せしめ以て満洲国及支那大陸の長期建設途上に横はる現在及将来の大陸花嫁問題を解決するは最も肝要なりと信ず是れ本案を提出する所以なり

（原文はカタカナ）

この建議における議論で議事録によると伊藤は、「一日も速やかに全国道府県各地に、将来大陸の花嫁となる所の女性の養成機関を設置しまして（中略）大陸花嫁問題を解決することが最も重要であろうと信じます」と発言し、これに対して平沼騏一郎内閣の寺田市正拓務次官は、「政府も同感の意を表する（中略）今日まで各府県をしてそれぞれの既設の農民道場、或いは農学校等の施設を利用しまして、女性の拓殖的訓練を実施せしめるよう指導しつつあるのでございます、尚お之を積極化する必要を認めまして、」（中略）「昭和十三年には九万一六五〇円、昭和十四年には一六万三五〇〇円になっていますが是が四六府県に対する女子拓務訓練の為の助成費でございます」と答えている。この建議は同年二月二十三日建議委員会において可決された。

「多摩川女子拓務訓練所」国庫補助金で開設

こうした国会における議決は、すぐに実行に移された。一九三九年四月二四日拓務省拓務局長名で東京府知事に宛てに出された公文書がある。

昭和十四年度地方事業費補助に関する件

昭和十二年度以降青年移民の募集宣伝に関する道府県事業費に対し国庫補助金交付の処本年度に於いては（中略）特に女子拓殖訓練に関する費用に就ても補助金を交付し中央地方相協力して一層本事業の円満なる遂行を期せむ（中略）適切なる実施計画を樹立し五月末日迄に国庫補助申請書を提出相成度

とある。そして東京府はこの指示に従い国庫補助金を申請したことが「参事会議議案材料の件」という文書から判る。この文書は一九三九年七月一九日に知事、総務部長、庶務課長の稟議を受けて作成されたものである。「女子移民訓練費（訓練委託費）一、〇〇〇円　財源　全額国庫補助金」とあり、この一〇〇〇円は「家畜奨励の為女子訓練用として委託団体に対して養豚、養鶏、養兎の諸設備費を補助」とあり「豚舎一〇坪、鶏舎一〇坪、兎舎五坪、種豚、種鶏、種兎」の建設購入がその内訳になっている。この一〇〇〇円は追加予算であり、既定予算は四五〇〇円とあり、この金額も国庫補助金だったと思われる。

一九三九年六月「多摩川女子拓務訓練所」は、「訓練所」を作れという機運の高まりの中で作られた。ちょうど「多摩川農民訓練所」が七生に移転する計画があり、訓練に必要な土地建物はすでにある、国や府からの助成金も確保できる、そのうえ当時の首相平沼騏一郎は、この多摩川女子拓務訓練所の運営委託を受ける予定の「修養団」の名誉顧問だった。そうしたことを受けて「多摩川農民訓練所」が「女子拓務訓練所」に変転したのではないだろうか。

前身の多摩川農民訓練所は運営費が、「東京府救護委員会」と「東京府」の予算から出ていたが、この女子拓務訓練所については、国庫補助金から支出されていたことは、「大陸の花嫁」を送り出す事業が国を挙げたものであったことが判る。こうして、多摩川農民訓練所から渡った男たちが求めていた「花嫁」が送り出される体制が作られたのである。

多摩川女子拓務訓練所の設立

「多摩川女子拓務訓練所」の訓練生の募集状況を「今年から大陸へ　花嫁同伴で矢口に訓練所開設」（『読売新聞』一九三九・二・一四夕刊）では次のように書いている。

これまでは移民の花嫁志願者が少なく、昭和一二年にも（中略）さがしまわってやっと四九人しか集まらぬ状態で、大陸では花嫁飢饉を来していた。

ところが、事変以来銃後女性の覚醒から花嫁希望者が激増。昨年四月から現在まで早くも五四名が花嫁となって大陸へ進出し、希望者もこれまでは田舎の小学校卒業者ばかりであったのが最近は都会の高女卒業者がどしどし申し込んでくる有様。

本年度までに少なくとも七、八〇名は突破する見込みになったので府はいよいよ四月から矢口の農業移民訓練所跡地に「花嫁訓練所」を開設。十町歩の耕地で農業万般の実地指導を行うほか礼儀作法、料理、裁縫、家庭衛生などを教え三ヶ月で三〇名宛て一ヵ年に一二〇名の大陸の花嫁を養成することとなった。

訓練所での農業実習風景
（出典：『写真週報』73号、1939）

このような募集を経て、一九三九年六月一五日「多摩川女子拓務訓練所」が開設された。運営を行ったのは、上宮教会と修養団である。ところでそれぞれの団体の年表にこの「多摩川女子拓務訓練所」に関する記載があるが、農民訓練所のときは委託を受けていた救世軍については、この記述がない。場所も離れており、「女子拓務訓練所」に関しては委託をうけなかったのであろう。

翌日の『読売新聞』夕刊には開所式の様子を次のように伝えている。

　拓士達に良き花嫁を送るため東京府学務部で計画した多摩川女子拓務訓練所の開所式は一五日正午蒲田新田神社付近の同訓練所で行われた。選ばれた花嫁候補生二〇名は、朝九時三〇分若き希望に燃えて東京府庁に集まり学務部職員に引率されて省線電車で出発、訓練所に赴き正午から厳粛な入所式をあげた後茶話会を開いた。九月一杯まで公民科、移民農業科、家事科実習と三ヵ月半の寄宿生活の間にみっちり花嫁教育を仕込んで土の戦士達を世話する筈で、七月初旬には更に二〇名を増員する予定。

『写真週報』(一九三九・七・一二)には、この多摩川女子拓務訓練所が「満蒙へ送る花嫁さん」と紹介されている。入所式の様子や農作業風景などの写真が掲載され、「開拓者の良き妻になるにはまず志操堅固で困苦に堪え、農耕の技もできねばならないが、あの荒寥たる野に一輪のうるわしき花と開いて楽しい家庭を作るには、なによりも女らしいやさしさとあたたかさをもった人でありたい」と訓練所を紹介している。

訓練内容については、『グラフィック』という雑誌の一九三九年七月一五日号に以下のように書かれている。「教育方法は、農業実習に重きを置き、家事科では育児、衛生、作法、裁縫、料理。移民科では満洲語、移民事情等を教える。日課表を見ると、午前五時起床、六時迄に洗面、掃除を終わり、六時に国旗掲揚、国歌斉唱、宮城遥拝、神宮遥拝、綱領音読、日本体操、教練を行い、八時から一一時半、午後一時から五時半迄学科と農業実習、五時半に国旗降下式、七時から九時まで自由時間であるが外出は厳禁、九時就寝となっている」。

多摩川女子拓務訓練所から送りだされた花嫁

このように開設された「多摩川女子拓務訓練所」は、この訓練所が閉鎖されるまでの間に何人の「大陸の花嫁」を送り出したのであろうか。

前出の『上宮教会八十年史』によれば「一三〇名の花嫁を送り出し」たとある。さらに同書には、この花嫁送り出しの結果開拓地で生まれた子ども達も「昭和一五年で既に四五名になり」とある。同書には年度毎の送り出し人数も記載されており、女子拓務訓練生を含んで合計二四三人となっている。

「多摩川農民訓練所」に関する我々の調査によれば、上宮教会からの移民者は、一四五名である。また、「伸び行く女子拓務訓練所」（『週報』一九四一・九・一〇）の中に「東京府女子拓務訓練所では、昭和一四年六月開所し、同一五年一二月までに六八名入所し、そのうち四二名が開拓民の許に嫁し、一七名は訓練中で、追って渡満する」とある。

以上の記載から、開設以前の花嫁も含めれば相当数の女性達が渡満していたと思われる。「多摩川女子拓務訓練所」からの花嫁の数は、『上宮教会八十年史』にある「一三〇人の花嫁」がいつまでの人数か、修養団分も含んでいるか否か等々不明な点が多いが、一〇〇名以上の花嫁を送り出したことは確かだと思われる。

多摩川女子拓務訓練所の位置づけ

この多摩川女子拓務訓練所は、「伸び行く女子拓務訓練所」の中で次の様に位置づけられている。

満洲開拓事業に女性の積極的進出を促すため、昭和十三年度に拓務省助成の下に、二十三府県に於いて府県主催で女子拓殖講習会が開催され（中略）世間ではいわゆる「大陸の花嫁講習会」と呼んでいた。（中略）昭和十四年度、十五年度と引き続いて北海道以外は全国漏れなく実施され、十五年度には延人員七千余名が講習会に参加した。昭和十四年度から拓務省では、右の講習会の訓練を統一す

るため、女子拓殖指導者の養成を始め、現在までに既に百六十一名養成されている。（中略）
この内地の女子拓殖講習会と同じ趣旨で昭和十五年度に満洲国北安省鉄驪県第七次安拝開拓団に安拝開拓女塾が開設され、これがきっかけとなって昭和十六年度に日満両国政府助成、開拓団経営の下に（中略）開拓女塾が設けられ、合計二百名を入塾させることとなった。開拓女塾は、満洲における内地女子を対象とする女子拓殖訓練施設であるが、開拓民の花嫁たる決意を有する者を対象とする度合が相当強く、これが一つの特徴である。（中略）
この両者は拓務省の助成の下に行われている女子拓殖事業であるが、一方各府県並びに各種婦人団体を経営主盤とする女子拓殖訓練所も現在までに数府県に設置されている。東京府女子拓務訓練所（上宮教会並びに修養団委嘱）や日満帝国婦人会関西女塾等がそれである。（中略）
開拓団花嫁は、このような拓殖訓練のいずれかを経た者の中から斡旋され満洲に進出するのであるが、勿論縁故関係を辿る世間一般の結婚形式もあり、しかも斡旋数はこれが一番多いようである。

以上のように当時「大陸の花嫁」は、一般的な「仲人による結婚」という形式を取るものも多かったが、「大陸の花嫁講習会」、満洲現地の「開拓女塾」、そして府県や団体が設置した「女子拓殖訓練所」という四つのルートを通って斡旋されていた。「多摩川女子拓務訓練所」は、このルートの一つであり、しかも一九三九年六月開所と比較的早く設置されている。ここでも東京は大陸の花嫁送り出しにおいて先駆け的な役割を果たしているのである。

多摩川女子拓務訓練所は次へと受け継がれた

このような役割を果たした「多摩川女子拓務訓練所」は、『上宮教会八十年史』によれば一九四一年に閉鎖されている。「時局悪化のため訓練希望者も少なくなり、且つ渡満送出ができなくなったため」としているが果たしてそうであろうか？

四一年といえば、「開拓農業法」が制定された年であり、むしろ全国的には盛んに大陸の花嫁が送り出されていた時期である。『開拓』（一九四三・三）の「開拓相談」というページに「東京には大陸の花嫁訓練所がいくつありますか？」という問いに対して次のような答えが載せられている。

東京府委託女子拓務訓練所は従来蒲田区矢口町多摩川湖畔に設置されてあったものを北多摩郡東村山回田に移転、修養団皇民道場の施設を利用、その訓練を修養団に委託している。

つまり「多摩川女子拓務訓練所」の委託運営から上宮教会が離れたのは明らかであるが、その後は修養団が引き継いだのである。修養団に委託された訓練所については、この誌面で続けて訓練内容が次のように書かれている。

その訓練内容は満洲開拓の精神に燃ゆる志操堅固、身体強健なる年齢満一七歳以上凡そ三〇歳に至る未婚の婦人にして国民学校普通課卒業以上のもので、保護者の承諾を受けたるものを常時四〇人まで収容し、農業実習等の勤労訓練を通し公民、家事、開拓に関する学課を教授、約三ヶ月間に亙り満州の花嫁たりうるの練成訓練をなすものである。

また、「乙女の開拓尖兵多摩川河畔に汗の錬成」（『読売新聞』一九四三・一・五）には「東京興亜女子拓務訓練所」が取り上げられている。そこには、「一人でも多くの日本女性を満洲に送らねばならないと下川兵次郎老人が中心になり、昨年四月に開所した東京興亜女子拓務訓練所（中略）約一〇〇余名の多さを数え」とあり、「希望者が少なくなった」ということはなかったのである。したがって、多摩川女子拓務訓練所がいつまで在ったのかは不明であるが、この場所から訓練所がなくなっても、大陸の花嫁を送り出すという機能は、引き継がれていったのである。

第三節　東京都女子拓務訓練所

東京都女子拓務訓練所の開設

東京府は、一九四三年七月一日東京都となった。そして、東京都は、一九四三年一一月二〇日「東京都女子拓務訓練所」を東京都板橋区（現練馬区）東大泉に設立した。同日発行の「東京都公報」にこの訓練所の規定を次のように定められたことが公示されている。

第一条　東京都女子拓務訓練所ハ満洲開拓民ヲ志望スル者女子ニ対シ必要ナル訓練ヲ行フ

第二条　本所ニ入所シ得ル者ハ左ノ各号ニ該当スル者タルコトヲ要ス

一　年齢十七歳以上三十歳未満ノ女子ニシテ保護者ノ承諾アル者

二　身体強健、志操堅固ニシテ訓練ニ耐エ得ル者

第三条　訓練生ノ定員ハ五十人トス

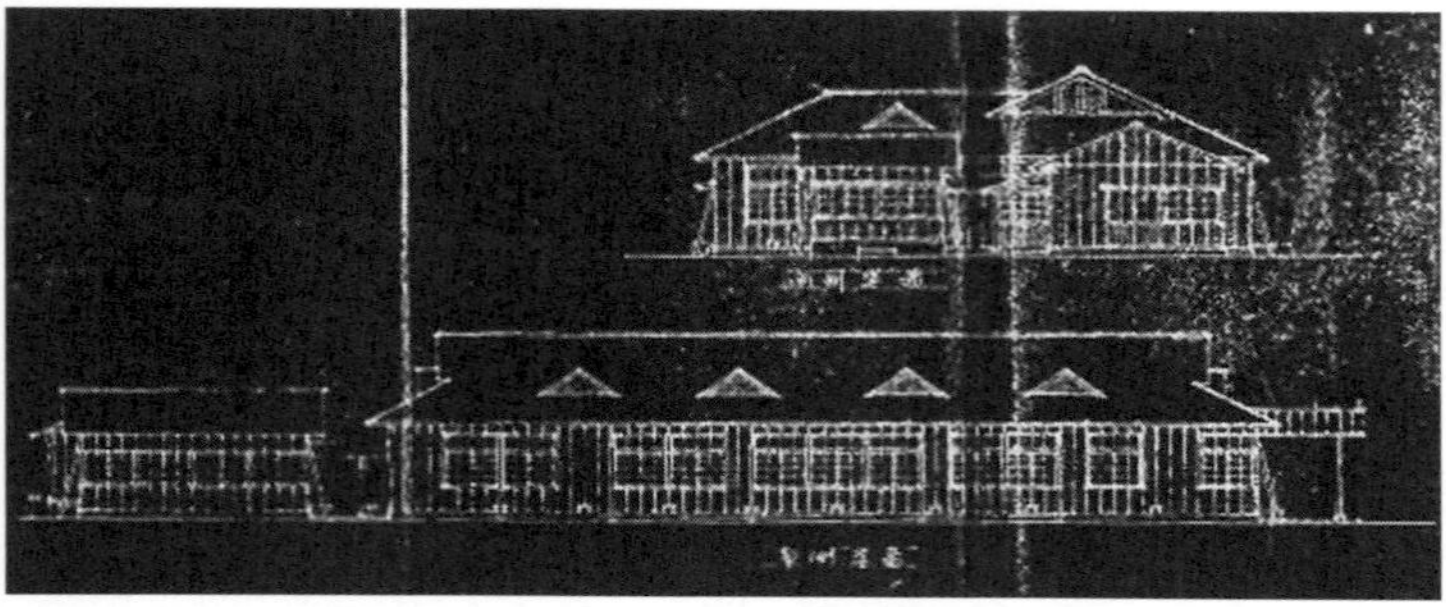

訓練所建物の図（出典：「工事精算書　労働訓練所移転改修工事」東京市、1938）

第四条　訓練期間ハ六箇月トス
第五条　訓練課目ハ左ノ如シ
修身及公民科（皇道精神、公民心得、開拓精神）
農業科（農業大意、農業経営、実習）
家事科（助産育児、栄養、保健）
体育科（体操、教練）
第六条　本所ニ入所セントスル者ハ所定ノ願書ヲ都長官ニ提出シ其ノ許可ヲ受クベシ
第七条　入所ヲ許可セラレタル者ハ所定ノ誓約書ヲ都長官ニ提出スベシ
第八条　訓練中ノ費用ハ之ヲ徴収セズ
第九条　訓練生ニ対シテハ訓練用具ノ貸与及ビ渡満支度品ノ給与ヲ為スコトアルベシ
第十条　訓練生左ノ各号ノ一ニ該当スルトキハ退所セシムルコトアルベシ
一　性行不良ニシテ改悛ノ見込ナシト認メタルトキ
二　病気其ノ他己《ママ》ムコトヲ得ザル事由ニ因リ退所ヲ願

出デタルトキ

三　其ノ他開拓民トシテ不適当ト認メタルトキ

この訓練所は、一九三八年「宮内省楽部庁舎建物を解体移転」して作られた「労働訓練所」が、「東京市大泉開拓民訓練所」となり一九四三年七月一日「東京都大泉拓務訓練所」と改められ、同年一一月二〇日には同訓練所の廃止と同時に「東京都女子拓務訓練所」になったという経歴がある。この訓練所ができる前の一九四三年二月二七日に発行されている『市政週報』に「満洲開拓花嫁募集」という記事があり、女子拓務訓練所として独立する前も「花嫁訓練」が行われていたことが窺える。

また、今井忠男編『身近な地域で学ぶ戦争と平和』（二〇〇八）に、女子拓務訓練所の元農業指導員隅春吉さんのインタビューが載っている。それによると「建物は木造の平屋建てで、建坪は一七〇坪、L字形をしていて南側には室内行事が行われる三二畳の講堂と隅さんの宿泊所と風呂場があり、廊下を隔てた反対側に事務室と生徒の居住部屋三室が並んでいました。入り口は東側でした。檜造りの講堂は元学習院の音楽室（宮内省楽部）を宮内省から払い下げられて移築した建物といわれ、そのためか普段は「音楽室」と呼ばれていました」とある。また、インタビューを受けた指導員は、生徒は「東京都が全国から募集した。貧しい農家の女子が多いなと感じていました」と語っている。

この訓練所から渡満した人のことが陳野守正『大陸の花嫁―「満州」に送られた女たち』（梨の木舎、一九九二）にある。

福島県の山村で育ち、青春期を紡績工場や東京での「女中奉公」ですごした。東京にいたとき雑誌などで大陸の花嫁を知った。家庭の事情もあったが、もともと百姓が好きだったのでぜひ満州に行って百姓をしたいと思い、都庁の厚生局に相談に行った。係りの人から東京都女子拓務訓練所を紹介され六ヶ月の訓練を受けた。訓練生は四〇人ほどいたが、他県出身者も多くいた。訓練は主に農業実習。小さい頃から百姓で体を鍛えたので訓練は苦にならなかった。

訓練生の中には、一、二ヶ月で大陸の花嫁になる者もいて、赤坂の日枝神社で合同結婚式を挙げて渡満した。

大久保さんは、訓練生二人と八丈からの女性四人で、迎えに来た長嶺八丈開拓団長に連れられて一九四四年四月東京を出発、新潟港から渡満した。

この訓練所は、戦時中空襲にあったようであるが、建物全体は残っていて、敗戦後は、「大泉帰農訓練所」または「内地訓練所」として、一九五一年まで存続した。今井の前掲書によるインタビューによれば「驚いたことに敗戦後も生徒は一人も退校せずに居残りました。生家の貧しさや戦災のために戦後も帰る所がなかったのでしょう。その後、那須高原や千葉県の習志野などの内地の開拓地に嫁いでいきました」と語っている。閉校後この場所は、増築されて東京都立母子寮「みかえり寮」に変わり、戦災で焼け出された母子のための寮となった。

以上のように一九四一年以降「多摩川女子拓務訓練所」は閉鎖されたとしてもそこが作られた目的は、場所を変えて継承されていったのである。

その他の東京からの大陸の花嫁送り出し機関

東京には、こうした公的な「女子拓務訓練所」の他にいくつかの「送り出し機関」や仕組みがあった。

東京興亜女子拓務訓練所については、先の『開拓』一九四三年三月号の「開拓相談」に次のような記載がある。

東京興亜女子拓務訓練所は未婚女子に大東亜新秩序建設の意義殊に満洲開拓事業の国策的重要性を認識せしめ、大陸進出の積極的気魄を啓培すると共に日本婦道を実践し以て興亜の御盾としての良妻賢母たらしめ、進んでは開拓事業に挺身するところの烈々たる興亜女性ならしめる目的の下に府下北多摩郡狛江村玉翠園内に設置されて居りその訓練の概要は左の通りであります。

⑴定員—五〇名、⑵訓練期間—二ヵ年、⑶費用—訓練所負担、⑷応募資格—国民学校高等科を修了せし身体強健、意志鞏固なる者にして両親の承諾を得たるもの、⑸高等女学校在学者又は卒業者にして満洲開拓の国策的大事業を重視将来必ず渡満するの決意を有する者（若干名）、⑹訓練方針—皇国女性としての総合的訓練をなす、⑺訓練課目—教学、体錬、特技、増健、農事、国防、礼儀作法等の七綱より成っている。

とあり、実学だけではなく、思想教育に重きが置かれていたことが窺える。開所が一九四二年四月であり、この施設を伝える一九四三年一月五日の『読売報知新聞』によれば、

ここは最初官吏、会社、工場等に勤める少女たちが月に一泊二日の訓練を受けていたに過ぎなかったが、次第に国民学校の乙女たちの心を動かし最近では国民学校高等科女児八〇名が入所し、それに

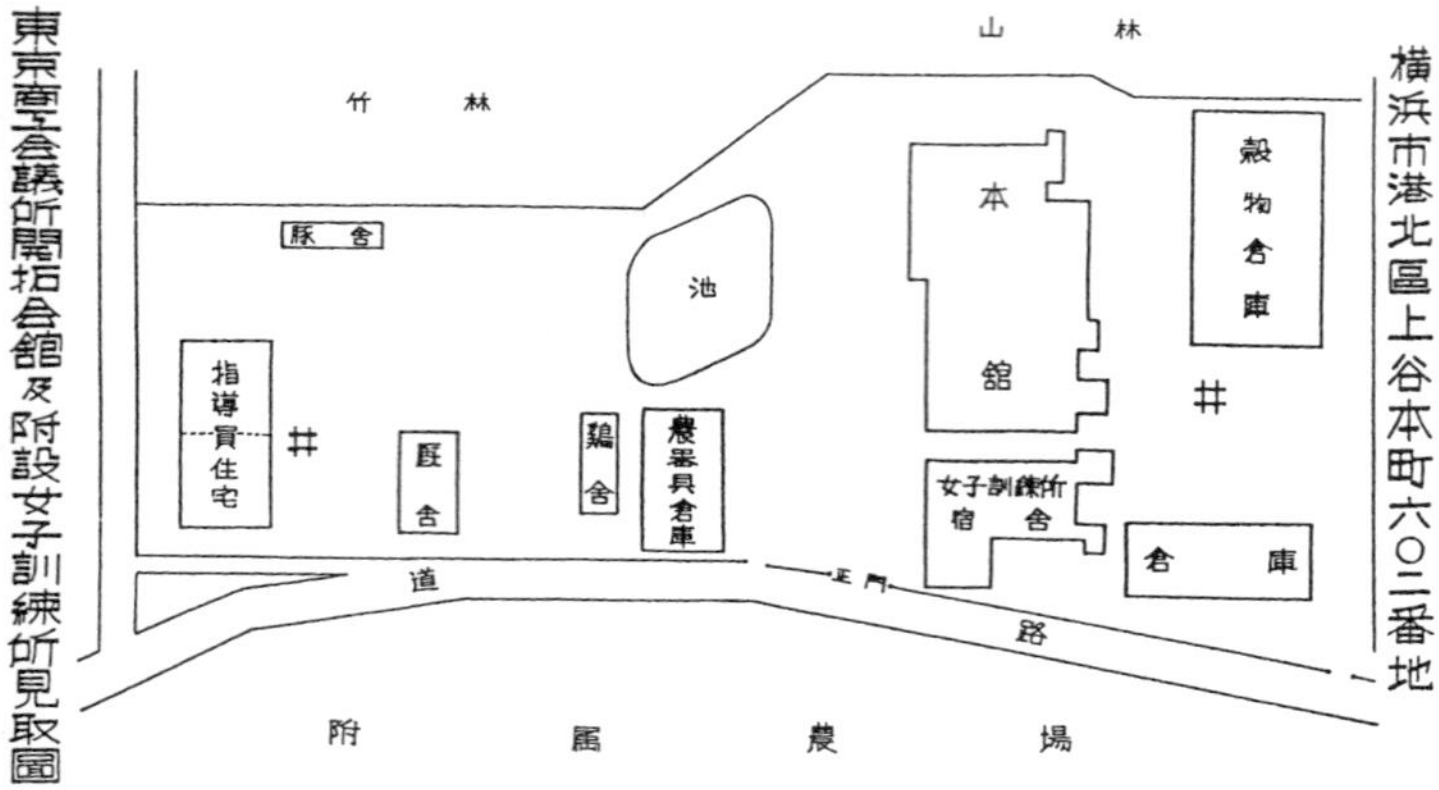

東京商工会議所開拓会館及附設女子訓練所見取図
（「東京商工会議所開拓会館披露記念写真」所収、1943・8、東京商工会議所経済資料センター所蔵）

参謀部、貯金局、印刷局はじめ各官吏、会社、工場に勤める女事務員、タイピスト、女給、家庭にある乙女など約三〇名も加わり（中略）此のうち十数名はすでに渡満の決意を固め内原訓練所女子部への入所を志願している

とあり、二年間の教育期間は全て泊り込みではなく、職業や学業を続けながら通うシステムだったのではないかと思われる。

　この他の東京関連の訓練所としては、「東京商工会議所開拓会館附設女子訓練所」がある。この訓練所は、海外婦人協会が経営していた「女子農民道場」を含む土地を買収して、一九四二年一〇月一日に開所した。この訓練所から一九四五年一月に第一三次新安東京開拓団に参加した東京向島出身の人からの聞き書きが『道なき帰路　中国残留婦人聞き取り記録集』（中国帰国者の会、二〇〇三）にある。

　満州へはお百姓がしたくて行きました。終戦の

> 前の年に東京開拓団（第十三次開拓団）の募集があり、わたしはそれに応募して、満州へ行こうと思いました。日比谷通りに商工会議所があってそこで募集していました。（中略）東京開拓団は、畑仕事をしたことがない人ばかりだったから、小田急線の柿生から一里ほど歩いた所に畑仕事などの訓練する所がありました。わたしもそこに入って、一年ほど仕事を習ってから満州に渡りました。3月に入学して、11月頃まで、ひととおり、女子は女子、男子は男子、分かれて研修を受けました。（中略）訓練が終わった頃、満州から独身の男の人たち20人くらいがお見合いしにきました。先に満州に渡っていた日本人の男性がお嫁さんを探しにきたというわけです。そこの訓練所の先生が「気に入らないなら気に入らないと、先生に言ってください」って。気に入らなかったら無理に結婚することはないということでした。（中略）12月6日に合同結婚式をしました。当時は非常時だったから、そんなにいいものもなくて、赤坂の比叡《ママ》神社でもんぺ姿で結婚式を挙げました。その後、錦水っていう大きな料亭で合同で披露宴をしました。12月いっぱいは東京にいて、年が明けて1月2日に東京駅をたちました。（中略）同時に16組の夫婦が満州へ渡りました。

この他の「大陸の花嫁」を作り出すものとしては、一九四〇年から満洲現地に作られた「開拓女塾」があったが、ここに東京から参加した人の記録は現在見つかっていない。一九四四年には「県単位で送出すべき女性の割り当てがあった（中略）「開拓女塾経営方針」では、（中略）各開拓女塾と府県のリンクを目指すとしている」（杉山春『満州女塾』新潮社、一九九六）とあり、東京にも割り当てがあったのかも知れないが、敗戦によってこの計画は、東京へは実行されなかったのかもしれない。

次に、一九四〇年ごろから開拓団や満蒙開拓青少年義勇軍を訪れ、裁縫・洗濯・炊事の勤労奉仕を行う—実はこれは集団見合いであったが—という行事が盛んに行われていた。いくつかの県では学校や青年学校単位で送りこまれていたようであるが、東京の場合は現在のところそうした例は見当たらない。この勤労奉仕を組織していた組織のひとつである「大日本連合女子青年団」は「女子青年幹部拓殖訓練講習」を行っている。「また『花嫁相談所』を設け相談を受け付け」(『婦女新聞』一九四〇・五・一〇)と東京で「花嫁相談所」を設けている。

一九四三年からはじめられた戦時下の食料増産を目指した「報国農場」は東京関連では、「新京東京」「扶余東京」「東京農大(男性のみ)」が作られたが、このうち「新京東京」の勤労奉仕隊に参加した人の手記の中に奉仕隊参加後、花嫁になったというものがある。

さらに七生に作られた「東京府拓務訓練所」において「東京市教育局では三万三千人の児童に拓務訓練を行って好成績をあげたので、明年は女児童にも同様の訓練を与えることとなりその試験の意味で去る一〇月二一日から三泊四日猛訓練をおこなった」(『婦女新聞』一九四〇・一一・三)。こうした女子児童に対する訓練は「豆花嫁訓練」とも言われた。

第四節　「大陸の花嫁」に課せられた役割

女子拓務訓練生信条

ところでこの「大陸の花嫁」に課せられた役割とはどのようなものであったのであろうか？上笙一郎『満蒙開拓青少年義勇軍』（中公新書、一九七三）には、「満蒙開拓青少年義勇軍綱領」に似た、以下の「女子拓務訓練生信条」があったことが書かれているが、この「信条」には「大陸の花嫁」に課せられた役割が簡潔に表現されている。

一　私ハ万世一系ノ皇室ヲイタダキ奉ル皇国日本ノ臣民デアリマス
一　私ハ興亜ノ聖業ヲ遂行シツツアル大日本ノ女性デアリマス
一　心身ノ修練ニ務メカナラズ　天皇陛下ノ大御心ニ副イ奉リマス

そして、「日本古来の家族制度を取り入れた厳正な農村共同体の確立と家産の永代世襲、勤労開拓主義」（「開拓農場法」一九四一年満州国公布）が制定された。拓務省は「女子拓殖指導者提要」（一九四二年）に、「満洲開拓地での女性の役割」として以下のようにまとめた。

一　開拓政策遂行の一翼として
イ　民族資源確保のために先ず開拓民の定着性を増強すること
ロ　民族資源の量的確保と共に大和民族の純血を保持すること
ハ　日本婦人道を大陸に移植し満洲新文化を創建すること
ニ　民族協和の達成上女子の協力を必要とする部面の多いこと
二　村共同体に於ける女性として
イ　衣食住問題を解決し開拓地家庭文化を創造すること

三　開拓農家に於ける主婦として
イ　開拓農民の良き助耕者であること
ロ　開拓家庭の良き慰安者であること
ハ　第二世の良き保育者であること

民族の純血を守る

そして、太平洋戦争末期になるとさらに、戦時体制下として一層の「民族の純血」を守るものとして位置づけられる。一九四三年、農政学者であった小野武夫は、『民族農政学』（朝倉書店、一九四三）の中で大陸の花嫁を送り出す意義について次のように書いている。

開拓農村は国防第一線の背後に在って平戦両時重要の任務を帯ぶるものであれば、開拓農民の血液は常に純日本民族を以て清浄に保たなければならぬ。今、画期的に重要なる第二期五ヶ年計画に際し、配偶者の導入に成功しないならば、やがては満人婦女を妻とするものが生じないとは限らない。今後若し徒に五族協和の美辞に酔うて満人婦女と婚を通じ、其の間に生まれたる子供が原住民の婦人を母とし、祖母とする所謂第二世、第三世の開拓団員が発生するようになったならば、他日一旦事ある日に於て、開拓民の愛国心はそれが為に脆弱となり、否な往々にして不倶戴天の異分子化することなきにしもあらずである。

このように、満蒙開拓の目的であるこの地に日本人を増やすことを貫徹する意味において「大陸の花嫁」

の送り出しは行われたのである。

第五節　女性たちはなぜ大陸の花嫁になったのか

高学歴の女性も応募

都会で暮らしていた女性たちはなぜ、このように位置づけられていた「大陸の花嫁」に、なったのだろうか？

多摩川女子拓務訓練所に入所した女性たちがなぜ「大陸の花嫁」になりたかったのか、どういう人たちだったのかについては、現在ほとんど資料が発見されていない。わずかにいくつかの新聞記事や座談会の記事があるだけである。

「大陸の花嫁きのうまでに早くも八三名力強い銃後の乙女心」（『朝日新聞』一九三九・三・九）に多摩川女子拓務訓練所への応募者に関する記事が載っている。

三〇名の応募人員に対して早くも八日までに八三名に達し係員を感動させている。中込者の中には北海道、仙台等から各一名、山形県三名あり、神奈川、千葉県等の近県から申し込み殺到し、市内は約六割を占め年齢は二三、四歳が一番多く、高女出身者が一割を占め、市内某高女に教鞭をとっている一女性も混じっている。

また、多摩川女子拓務訓練所開設を前にして調査渡満した上宮教会主事の報告をもとに作られた「大陸の花嫁都会出の人たちも立派に開墾の一員楽しい現地報告書」(『読売新聞』一九三九・五・一五朝刊)が載っている。

東京出身の団員で私たちが今日までお世話した花嫁は五〇名ほどおりますが、東京の中流家庭で女中さんをしていた人、看護婦、派出婦、産婆などをしていた人、かわっているのは美容院にいたことのある人や満洲国大使館員、厚生省に勤めていた人など、いずれも東京で生活していた人たちです。そして日常満人と近づく機会の多い彼女たちは、満洲語を覚えるのも男の団員より早く、第四次移民の哈達河にいる花嫁たちなど台所に積み上げられた白米六斗入り南京袋と、四斗入りの味噌樽を私に指さし「一体東京で米一俵と四斗樽の味噌を台所に飾ってご飯を食べている家は何軒あるでしょうか」と言っています。

同年一一月二一日『朝日新聞』夕刊に嫁ぐ日を前にした記事が載っている。

去る七月入所以来晴耕雨読式な四ヶ月間の花嫁修業をこのほど終えた第一期生一六名は今月末から来月初旬にかけ秋の収穫を済ませて上京する北満東京郷の青年達に迎えられて明朗な東京花嫁部隊として遠く吉林省の奥地、興隆川の拓地に乗り込むことになった(中略)先に渡満した同訓練所の先発花嫁七人から新家庭建設の希望に満ちた現地便りが舞い込んできた、その中の北満の国境に近い黒咀子開拓団部落に嫁いだ荏原区の某会社重役邸の女中さん(中略)なお同訓練所には第二期生として同じく一六名が既に入所、先輩株の姉さんたちに交わって訓練をうけている。

ここで明らかになったことは、都会で働いていた女性たちが多摩川女子拓務訓練所から「大陸の花嫁」

になっていること、そして、実際に渡満したかは明らかではないが、応募の段階ではかなりの高学歴の人たちがいたということである。また、第一期生の応募者は八〇名以上いたが、実際に入所したのは先に引用した六月一六日の『読売新聞』によれば二〇名であり、七月初旬には更に二〇名を増員されたとしても四〇名、第一期生として花嫁になったのは、二三名だった。応募者の半分が入所し、また入所者の半分が渡満したということは結婚という人生を左右する選択であり、また「家」意識の強かったこの時代において「大陸の花嫁」になるというのはハードルが高いことであったということではないだろうか。

中には特筆するエピソードとして取り上げられている孤児同士の婚姻という例（「養育院で結婚新生へ道途宣撫工作の第一線へ」『朝日新聞』一九三八・二・一二）もあったようであるが、都会で働いていた女性たちが伴侶を求めて「大陸の花嫁」になって行った。

都会から満洲へ

彼女達はなにを考え渡満したのだろうか。多摩川女子拓務訓練所から渡満したのではないが『拓け満蒙』一九三八年一二月号に「銀座から大陸の花嫁に」という戸島君江さんの手記が載っている。以下、手記を読みながら考えて行きたい。

母一人子一人で東京で育てられ、大妻高等女学校を出て、銀座松屋で六年間働いていた戸島さんに第二次千振郷移民団にいる男性との結婚話を持ってきたのは「母がご懇意を願って居ります安部磯雄先生のお宅」だった。彼女は母親からこの話を聞かされるとすぐに「満洲のお百姓いいじゃないの。わたしきっと満洲のお百姓っていいと思うわ」と即答している。そのときの心境を彼女は次のように書いている。

私はお店に勤めて居る間に、いつか都会生活の裏というものを知ることが出来たのであります。

明日食う米がなくとも、他人様の手前節々の着物を買う、それが一年経てばまた流行に遅れると言って新しい着物に更える。

他人様の手前ばかりで生きていく様な都会の人の生活など、どこにも余裕のある筈がありません。着物を着ること、白粉をつけることだけが人間生活の全部であるとしたら人間なんてほんとうにくだらないものではないでしょうか。

もっと生甲斐ある生活というものが他にあるのではなかろうか。

そんなことを思い悩んで居ました時も時、武装移民として満洲の開拓に挺身馳せ参じた人、その人がお嫁さんを探していると聞いて私は母さえ許せるならと思ったので御座います。

世界恐慌を経て、一九三六年には二・二六事件があり、三七年七月七日には盧溝橋事件が起こされ、日本は戦争への道を進み始めていた。しかし、街とりわけ都会ではそうしたきな臭い流れとは別の「エログロナンセンス」といわれる風潮があり、人々の間では、三六年に起きた二・二六事件より「阿部定事件」の方が印象に残っていたとも言われている。だが、盧溝橋事件以降は戦時色が強くなり「ダンスホールやパーマネントの禁止」などが始められていた時代に彼女は都会の真ん中で店員をしていたのである。しかしこうした中でも彼女の職場は、戦時体制とは無縁の「見栄と虚栄」が渦巻いていた。この中で、「人間なんてくだらない」と感じ、お国のために「満洲開拓に馳せ参じた」人との人生に「生き甲斐」感じてしまったのだろう。職場の上司からも「東京なんかの生活は、全くつまらない。本当に満洲移民なら何となく生甲斐のある仕事だと思う」という賛意もうけ、彼女は、母親と一緒に渡満している。そして、東京の友達に満洲へ嫁ぐ心構えをこう記している。

東京で見る夢は繁華な新興都市新京の生活であったり、ライラックの花咲くロシヤ風景のハルピンであったりして、満洲の真の楽土である土のにおいに関心を持たないひとが多いからであります。もし、そんな夢を描いて移住地に嫁がれる方があったとしたら、却って真剣に働く夫の士気をにぶらせ、折角の大きな建設を台なしにしてしまう結果になることを恐れます。土の開拓は飽くまでも地味であり、建設は汗に依ってのみ成し遂げられねばならぬ新理想村の最も大きな因子となる妻の責任は夫以上に重大であると思います。

「大陸の花嫁」の優等生のような手記である。「生甲斐を感じられない生活」から抜け出す手立てとして「新理想村の建設」という「生き甲斐」を手に入れることも都会から「大陸」へ向かう動機だった。この手記を読んで「多摩川女子拓務訓練所」に応募した人もいたのではないかと思われるほどである。

彼女の卒業した大妻高等女学校の創始者大妻コタカは一九三八年一二月号の『拓け満蒙』に「年若き女性に贈る～移住地を視察して～」でつぎのような心得を書いている。

一家を形作っていく上に何としても配偶者を満洲に送らねばならぬのですが此の配偶者が漫然として渡満して行き、大地主になろうとか、一攫千金を夢見たり、夫と二人きりで姑のない気楽なちやほやした生活をしようと言うようなそんな浮薄な心の持ち主が行っては困る。そういうものが行っては、手足纏いになり、そういう人が行ったのでは折角一致協力して勇猛邁進している青年の気を鈍らせたりするから、そんな人は絶対に行ってくれてはならぬと言う。それではどうするかと言うことになりますと、各県で是非そう言う人を指導訓練して頂きたいのです。

国策宣伝雑誌『拓け満蒙』や改題された『新満州』『開拓』にはこのような言説がたびたび出てくる。裏を返せば、それほど「地主になれる」「姑のいない気楽な暮らし」を夢見て渡満した女性が多かったという表れでもある。狭い日本の中で、舅、姑、小姑に囲まれた「嫁」としての生活の息苦しさに比べれば、新天地での夫と二人だけの生活、しかも現地人を雇った「地主生活」これに魅力を感じて「大陸の花嫁」になった人が多いことは容易に想像がつく。このことを肯定すれば、「家制度」の破壊につながりかねない。本音を「教育、訓練」で覆いつくす、そのためにも「女子拓務訓練所」は必要だったのである。

また、「都会」の「高等教育」を受けた女性たちが嫁いでいるということがことさらに宣伝されている。都会からの「花嫁」の記事には必ず高学歴や公務員、会社員などの女性たちの話が出てくる。家が貧しいから満洲へ嫁に行かせるのではない。女でもお国に役立つことを示すために行かせるのだと本人、家族が思い周囲もそう思わせることが必要だったからであろう。

大陸の花嫁に関する先行研究、相庭和彦他共著『満洲「大陸の花嫁」はどうつくられたか』（明石書店、一九九六）には、「花嫁」を選んだ「動機」と諸要因について「様々な要素の複雑な絡み合いを前提とする「ふ分け」の作業であり、冷静かつ慎重な分析を要するものである」としているが、残念ながら東京からの「大陸の花嫁」に関する資料や証言が今となっては容易に得られない。ただ同書にある「経済的要因（貧困・家に居づらい)」「社会的要因(「愛国心」・社会的使命感)」「文化的要因(満洲への憧憬心・好奇心)」「家庭的要因(肉親が現地に居住・縁故関係)」「個人的要因(自己実現・解放要求)」「状況的要因(「縁談」の物理的・時間的切迫性、なりゆき)」「このような複数の諸要素が、相互に関連しつつ青年女子一人ひとりの人生の決断に、さまざまな形で影響を及ぼしていったと考えられる」という分析は、本章で引用した様々な女性たちの手記をみると東京からの大陸の花嫁についても同様であると思う。

そして、『写真週報』の多摩川女子拓務訓練所の垢抜けた都会の娘たちの写真、米俵と味噌樽を積み上げた現地での暮らしのリポートなど宣伝が行われていた。こうした新聞、雑誌の他少女雑誌、ニュース映画が作られ、少女たちに満洲へのあこがれを煽っていったことが先の先行研究の中に詳しく書かれている。

女性指導者の果たした役割

そして、見逃すことができないのは、当時の指導的な女性の果たした役割である。東京府の依頼を受けて、満洲調査旅行をした前田若尾をはじめ、大妻コタカなど当時の女性教育の第一人者が渡満し、「大陸の花嫁」になることの意義を報告記事とし雑誌・新聞などに発表していることは、先に見たとおりである。

そして、当時としては先進的「職業婦人」でアナーキストの洗礼も受けたことのある望月百合子もまた「満洲」への夢を少女たちに語っていたことである。望月百合子は戦後当時のことを問われ「私は本当にあの地で理想郷を建設できると思ってた。たとえ侵略の地であろうと、日本が掲げていた王道楽土のスローガンを逆手にとってやろうと思ったの。少なくともスローガン通りにあの国を理想郷に近づけようと思い、必死で死にもの狂いでがんばる人間の邪魔はできないだろうって。骨を埋める覚悟で命を賭けて働いたんですよ。敗戦ですべての努力は水の泡になってしまったけど、それを侵略という言葉だけで片付けられたくないの。その思いだけはわかってほしい」(「復刻によせて」『大陸に生きる』復刻版)。満洲という「理想郷」に魅せられ、がんじがらめの内地から逃れた人たちは多い。そうした人たちの「夢」の実現が結果として、国家政策の推進となっていたことを気づけなかったことの意味は深い。百合子が慕っていたアナーキストの石川三四郎は「渇しても盗泉の水は飲まず」(同書)と彼女の満洲行きを反対したという。

「大陸の花嫁」はこうして送り出された。あこがれや擬似的な「自己実現」は、同時に、他国の民の土地を奪う侵略行為の一端を担っていたということを忘れてはならない。

第六節　海を渡った少女たちのその後

報国農場から花嫁へ

このように「満洲へのあこがれ」を煽られた少女たちは次々と海を渡っている。日本国内の女子拓務訓練所や満洲国内に作られた「満洲開拓女塾」を通して花嫁は作られ送られた。また、勤労奉仕隊として女性たちは送り出され、半ば強制的に結婚をした人もいた。そして敗戦間際には、食糧増産を名目にした「報国農場」が作られ、ここにも女性たちは参加した。敗戦直前に満洲東京報国農場から渡満した女性は次のように動機を語っている。

東京から八王子市小比企村に疎開をして、近所の防空壕掘りなど手伝っていたら、村役場の方から満州報国農場勤労奉仕隊員として徴団渡満を進められ、内地の狭いところで食糧難、空襲と戦々恐々としているより、外地の広野で青春の憧れもあり、食糧増産奉仕隊員として国策に添って渡満の決意、六ヶ月の予定で内地を立った。（中略）正月には内地に帰った。三月又渡満を進められ、今度は大陸の花嫁というロマンを夢に抱き、希望の天地で大陸の土となる覚悟。一大決心をして昭和二十年三月十日大空襲東京都庁が焼け罹災者が目を赤くはらし避難民の多かった東京を後に列車に乗った。戦況もだんだん悪化して来た。玄界灘の連絡船も魚雷防災に救命胴着も緊張して身につけた。再渡満はハルピンの扶余農場に入植した。（中略）坂本に現地召集令状が五月十日に来ているので、新京に来る様、連絡があり、ハルピンより新京へと満州鉄道に乗り南下した。気持ちは落ち付かず、とるものもとりあえず急いだ。五月十二日坂本牙城宅秋山場長を仲人、友人十二、三人厳粛の内に標準服とモンペ姿、壁に掲げた宮城二重橋の写真の前で三三九度の杯を交わす。（朝倉康雅『嗚呼　満州東京報国農場』一九八〇）

「外地の広い広野での青春」にあこがれ、内地の戦禍を逃れて海を渡り、結婚式を挙げただけの夫婦。この二人はその後、妻は逃避行、夫はシベリヤ送りという運命をたどり再会できたのは、敗戦五年後の一九五〇年一〇月一二日であった。砂上の楼閣の上にたった「あこがれ」や「夢」。こうしたものを信じた当時の女性たちが負った苦難はあまりにも大きい。

また、満洲へは、花嫁としてではなく、家族の一員として渡っていった人たちもいた。そして、現地で結婚をした女性たちもいた。彼女たちが開拓団員の一員としてあるいは、現地で働く女性として、配偶者としてたどった運命は、「大陸の花嫁」と同様であった。

棄民化政策

「幸せ」だった生活も敗戦により暗転する。敗戦間際の一九四五年一月から七月にかけて、開拓団の男たちは戦地に狩り出された。開拓団には、女と子供そして年寄りしか残されていなかった。一九四五年八月九日ソ連の侵攻、守ってくれるはずの関東軍もいなくなった満洲の各地を幼子を連れて逃げ惑った。「逃避行」は、彼女たちの命を奪い、子どもを奪い、家族を奪った。集団自決が行われ、ソ連兵や中国人に襲撃され命を落としたり、病魔に侵され帰らぬ人となった。そして、生き続けるために、泣く泣く中国人に子どもをあずけたり、生活のために中国人との結婚をせざるを得なかった人たちもいた。

しかも以上見てきたように国家的に「大陸の花嫁」の「送り出し」は行われた。しかし、その責任はとられること無く敗戦後も棄民化政策が行われた。

『満洲開拓史』によれば敗戦時開拓団在籍者は約二二万三〇〇〇人（現地召集者を除く。在留邦人全体は一五五万人）いたとされている。このうち敗戦前後に死亡した開拓団員は、七万八五〇〇人であったという。こうした状況であったのにもかかわらず、一九四五年八月一四日当時の大東亜大臣は「寄留民はできる限り定着の方針をとる」と発令し、同月三一日に出された「戦争終結に伴う在外邦人に関する善後処置要綱（案）」には「過去の統治の成果を顧み将来に備え出来る限り現地において共存親和の実を挙げるべく」と棄民することを方針としていた。日本国は、彼女、彼らを見捨てたのである。

政策に翻弄された人々

一九四六年五月に引き揚げが開始されるまで、人々は飢えと寒さに耐えなければならなかった。しかし、一九四九年一〇月一日に中華人民共和国が設立され、日本は新中国を承認しなかったので引き揚げは中断された。一九五三年中国側の呼びかけで民間レベルで集団引き揚げが再開されたが、岸信介内閣時の一九五八年に民間レベルの引き揚げが中断されてしまった。しかも一九五九年三月に「未帰還者に関する特別処置法」が制定され、親族の同意により厚生大臣によって約一万三六〇〇人が「戦時死亡」として戸籍上抹殺された。また、連絡の取れていた人も「自己の意思による残留者」とされ、国家による帰国の道を閉ざしてしまったのである。一九七二年に日中国交正常化が行われ、残留孤児の肉親探しが一九八一年にようやく始まったが、敗戦時十三歳以上の女性たちは、「自分の意思で中国に残った」とされ、「残留婦人」として、「孤児」とされた人たちとは違う扱いを受けた。「残留婦人」たちは、身元引受人がないと永住帰国できないという制度に対して、一九九三年には、一二人の女性が、成田空港で篭城をおこない抗議をした。こうした闘いなどによって一九九四年「中国残留邦人などの円滑な帰国の促進と永住帰国後の自立支援法」が制定された。しかし、これは、生活の自立とはほど遠いもので、残留孤児・婦人の棄民化政策に対する怒りの裁判が開始され、二〇〇七年一一月「中国在留邦人支援法」の改正が行われた。当時の首相福田康夫が「気づくのが遅すぎました」と語った。実に満蒙開拓が始まった一九三二年から、七五年がたっていた。

国への怒り

大陸の花嫁たち、あるいは家族とともに海を渡り取り残された女性たちや子どもたちを弄ぶかのように繰り出される国家の政策。しかし、こうした過酷な状況に立ち向かいつづけたのも彼女たちであった。その中のひとり鈴木則子さんの言葉を紹介したい。鈴木さんは、東京の仁義佛立講開拓団家族の一員として一九四三年七月、一四歳で渡満した。その後、一九七八年に帰国するまでのことは、小川津根子・石井小夜子共著『国に棄てられるということ「中国残留婦人」はなぜ国を訴えたのか』（岩波ブックレット、二〇〇五）に詳しい。この中で彼女は、「なぜ私たちはここに来たのか、なぜ開拓団が関東軍の弾よけになったのか、関東軍はなぜ私たちを捨てたのか」それを知りたくて中国語や中国の歴史を学んだ。そして「自分もその侵略者の一員、加害国の一人だったと痛感しました」、だから「『日本鬼子』といじめられてもその気持ちがわかるから耐えることしかできなかった」と語っている。そして、帰国後一九八二年に「中国帰国者の会」を作り、二〇〇一年には、残留婦人二名とともに「国家賠償訴訟」裁判を起こした（裁判は、敗訴が確定）。「私たちを中国に送った責任、置き去りにし、長年放置した責任が国にあるのは明らかではないでしょうか」と法廷で意見陳述している。これらの言葉は、国に棄てられたうえに日本が過去に犯した罪を我が身に引き受け、帰国後も国の仕打ちに対して闘い続けた彼女の怒りがにじみでている。そして、この彼女の言葉は、同時に国家の政策に自覚的であるか無自覚であるかを問わず従い、それを担ってきた私たちひとりひとりに向けられている。

第六章

転業開拓団

新安開拓団壮行会（『写真週報』216号、1942）

第一節　その背景

東京が送った主な開拓団は後半期に集中

第四章「大量移民期への対応」の冒頭で、一九三二年から七年間に東京から送り出された開拓団は三六一名、混成で送り出された多摩川農民訓練所修了者四三四名を加えても七九五名であることを述べた。全期を通じて最も多く送り出されたのは、一九三九年以降、特に一九四一年以降であり、それらの大半は、転業開拓団であった。私たちの会の判断で転業開拓団に分類した総数は少なくとも三三八一名であり、このうちの一九四四年六月入植の第一三次興安荏原郷開拓団だけで一〇三九名にのぼっている。後期には他に一九四三年、一九四四年に青少年義勇軍を各一隊送りだしているが、合わせて五〇〇名に満たない。また、報国農場も三つ合わせて二百名台と考えられる。

この章では、転業開拓団について見ていきたい。

転業という特別の意味

東京の満蒙開拓団の後半期、その基盤をなした「転業民」あるいは「転廃業民」は従来とは全く別の、明確な限定された意味を持っていた。

「転業」と言った場合、それは広範囲にも使うことができる。例えば、クリーニング屋をやっていた人がタクシーの運転手になった場合、転業と言うことができるだろう。しかしながら、今回はそれらとは違っていた。その意味を史料の中から発見してみよう。

東京市が発行する『市政週報』（一九三九・四・一）は、「離職者対策とその施設」という小論（職業課離職対策掛）の中で、冒頭次のように述べている。

支那事変が長期戦となるに及んで軍需資材を始として国内の重要物資総動員と生産力拡充が目下我国の最も重大な問題となって居るが、物資動員に伴う統制が次第に強化されるにつれて平和産業方面に多数の離職者が現われつゝあることは御承知の通りである。而かも此の人々は従来の失業の様に事業の失敗とか一般の不景気の為に失業したものではなく、戦時経済態勢の強化の為に止むなく離業したり離職した人々であって、甚だ御気の毒な次第である許りでなく、銃後の国民生活安定と云う立場から一日も放置することの出来ないのは云う迄もない。

二つのグラフ

次の頁のグラフは、『東京百年史第5巻』（東京百年史編集委員会、一九七九）の八三〇頁に掲載された表を基に、グラフ化してみたものである。注として「直接軍事費は陸海軍省費、臨時軍事費および徴兵費の合計」（大蔵省昭和財政史編集室編『昭和財政史Ⅳ（臨時軍事費）』東洋経済新報社、一九五五）とある。

ほとんど指数グラフに近い。筆者がこれに似たグラフで思い出すのは、日本の戦後から最近までに至る国債残高ぐらいのものだ。折れ線は、国家財政に占める軍事費の比率を表したもので、注意深く見るとホップ・ステップ・ジャンプ状になっていることが解かる。ステップが始まる一九三一年は九月には「満洲

百万円

国家財政に占める軍事費

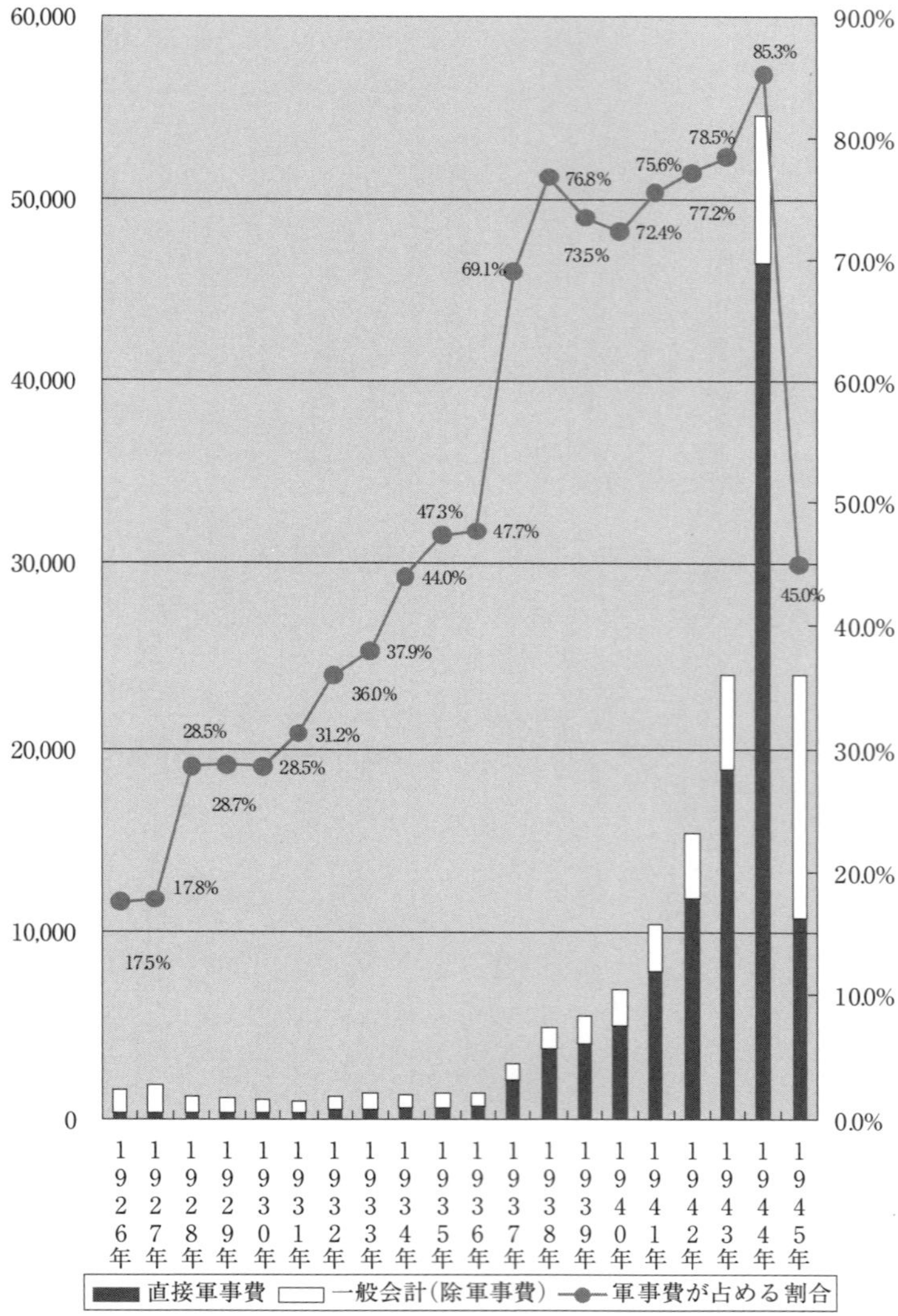
60,000
50,000
40,000
30,000
20,000
10,000
0
90.0%
80.0%
70.0%
60.0%
50.0%
40.0%
30.0%
20.0%
10.0%
0.0%
17.5%
17.8%
28.5%
28.7%
28.5%
31.2%
36.0%
37.9%
44.0%
47.3%
47.7%
69.1%
76.8%
73.5%
72.4%
75.6%
77.2%
78.5%
85.3%
45.0%
1926年
1927年
1928年
1929年
1930年
1931年
1932年
1933年
1934年
1935年
1936年
1937年
1938年
1939年
1940年
1941年
1942年
1943年
1944年
1945年
直接軍事費
一般会計(除軍事費)
軍事費が占める割合

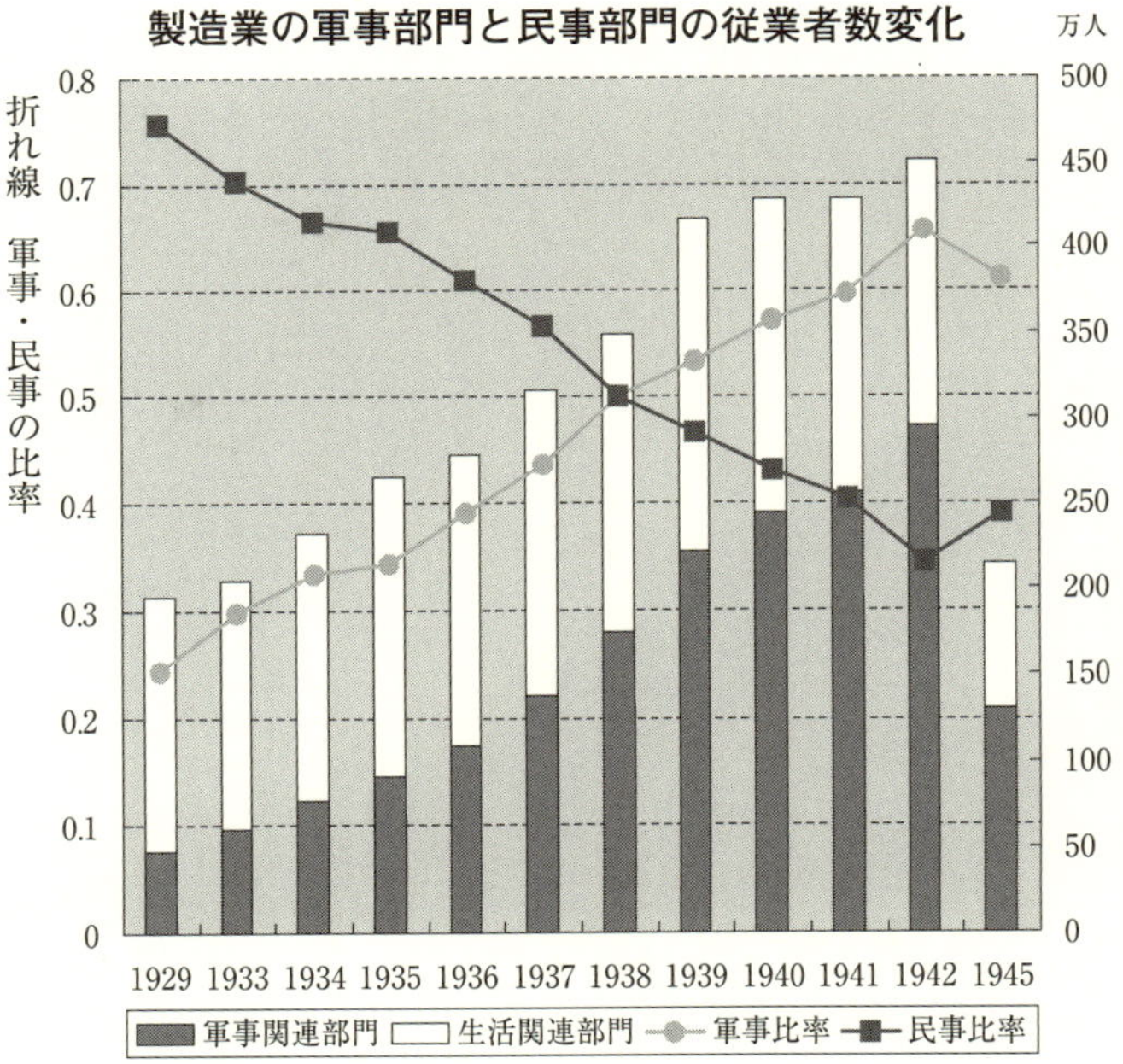

事変」があり、一九三二年五月には「五・一五事件」があった。ジャンプが始まる一九三六年には「二・二六事件」が、翌一九三七年には、「日中戦争開始」があった。そして、既に伸びきって限界に達した三年後に「太平洋戦争」が開始された。知識の乏しい筆者の頭の中にも、さまざまな事件が思い浮かんでしまう。ここで念頭に置いておきたいのは、末期は除いて、軍事費比率のピークが一九三八年であったことだ。

ついでに、もうひとつグラフをご覧いただきたい。これは、寺岡寛『中小企業政策の日本的構図』（有斐閣、二〇〇〇）が出典で、原出典は、『工業統計50年史（資料編）』（通商産業大臣官房調査統計部、一九六二）と注記があるものを当会がグラフ化している。

これも見た目に激しいグラフである。このグラフから読み取れることがある。一九二九年から一九四二年に至るまで、一貫して、しかも急激に民事から軍事への労働者の移動が進んでいたことである。このシェーレ（鋏）状のグラフは、疑いなくそのことを示している。そして、そのシェーレの交差点は、これも一九三八年であった。

一九三八年前後というのは、どういう年であったのだろうか。次に見ていきたい。

第二節　押しつぶされる平和産業

「時局」という錯覚

一九三七年七月七日の盧溝橋事件を機に、日中戦争が始まった。軍や政府は、中国を見くびっていたようだ。

当時、開戦（宣言はされなかった）によって急激に膨れあがる軍需産業は「時局産業」と呼ばれていた。戦争によってやむを得ないことは、何でも「時局」という言葉で表された。しかし、日中戦争の開始は、短期の「時局」どころか、泥沼の入口であった。事態は全く逆だった。盧溝橋事件を契機に第二次国共合作が成立し、中国は総力で抗日闘争に決起し、戦況は泥沼化し始めた。

物資・物価統制が急速に強化されたのは開戦一年後にかけてであった。膨張する軍需産業は、殷賑《いんしん》産業とも呼ばれた。殷賑とは活気があってにぎやかであることだ。

他方で生活物資の製造・販売業は、平和産業、あるいは犠牲産業と呼ばれた。この産業の特徴は、圧倒的に中小商工業者が多いことであった。

『市政週報』は、東京市が発行していた週刊誌である。一九三八年を振り返って、翌年、次のような小論を掲載している。

日支事変勃発と共に実施された輸出入品臨時措置法、資金統制法、為替管理法などの一団の法律は斯る戦時体制への突撃喇叭であった。而してこの戦時体制の主眼点は軍需資材の豊富な供給の確保に在ることは言う迄も無いのであって、限り無き軍需要を十分ならしめる為には一般民需は使用制限、消費の制限、配給統制等あらゆる角度より極度に抑えられる事となる。従って一方には軍需品製造業者その他関係者はこの旺盛な軍需要の為、非常な殷賑を来すに対し、反面斯る物資の使用配給の制限禁止を受けた業者は原材料の入手困難の為遂には従来の事業を継続する事も出来ない様な破目に陥るのであって、国民経済は非常な偏頗《へんぱ》な姿を取ることとなる。

（「東京市の転業対策」（産業局）『市政週報』一九三九・六・一〇）

しかし、当初の一年間はまだ予備的段階に過ぎなかった。満鉄東京支社に勤務していた森喜一は、いち早く変化を察知し分析していた。

第一段階に於て戦争がもたらした平和産業への影響は、むしろ戦争勃発時にあっては常道的な性質を帯び、貿易（殊に対支貿易）の不振と杜絶、輸送機関（殊に船舶）の不足、消費節約等、平時経済機構の瞬間的断落から招来された奢侈品、貿易品産業の不振が主で、従ってそれ等産業の業主と労働者に部分的な失業状態が見舞うたのである。

第二段階にあっては、其の影響の依って起る処は第一段階の戦争に伴う一つの転換点的契機ではなくして、その契機を飛越して更に長期に亘る戦時態勢整備のため高度の物資動員計画を樹立強行する処にある。

平和産業部門への原料供給及使用は或は制限され或は禁止され、その法的強行は当該部門労働者・業主に転業乃至失業の運命を見舞うに当たったのである。しかも平和産業部門には中小規模経営が膨大な層を形成し且つその下には無数と言うべき零細経営が附随して居るのである。

（森喜一『日本中小産業の機構』白揚社、一九四〇）

ここでいう第二段階とは、一九三八年の物資動員計画（六月二九日実施）以降のことである。

初期で一三〇万人推定

では、どのぐらいの人びとが、この「転業」の嵐にさらされたのだろうか。

『日本中小産業の機構』からいくつかの数字を見てみよう。物資動員計画発表時（一九三八年六月）における企画院推定失業者数は、次のような膨大な数字を算出していた。

平和産業工場従業員	八〇万人
商店従業員・自動車運転手	五〇万人

計　　　　　　　　一三〇万人（家族共約四〇〇万人）

一九三九年二月の衆議院予算第五分科会に提出された商工省の一九三八年一一月末現在の数字は次のようなものである。

失業者　　　　　三七四、六〇七人（業主　八八、三〇五　被雇用者　二八六、三〇二）

転業転職帰農者数　　二二、五〇二人（業主　四、三〇七　被雇用者　一八、一九五）

合計　　　　　　三九七、一〇九人（業主　九二、六一二　被雇用者　三〇四、四九七）

著者の森は、「転業転職及び帰農せる者の数は業主の約五%、失業労働者の六・三%に過ぎないことは事の甚だ困難なるを物語って居るといえよう」と記し、さらに、「一九三九年の物資動員計画は民間需要額を更に二〇%縮減せねばならぬ事を告げている」と付け加えている。

この時期の統計がどれだけ実態に近いかわからないが、この数字を信用するとすれば、失業者約三七万人台に止まっているのは、軍需部門にかなり吸収されたからだろう。前回の民需・軍需のグラフがそれを示している。「時局産業」は既に人手不足になり始めていたようだ。

もうひとつ注目されるのは、工場従業員の失業が多く推定されていることだ。被雇用者の失業が業主の約三倍強である。それでも業主だけでも約九万人という多数にのぼっている。

平和産業ととらえた場合、それは中小商工業者という小資産階級とそれに数倍する被雇用者である労働者階級が含まれ、さらにそれぞれの家族が影響範囲に含まれていたと考えてよいだろう。

膨大な影響範囲

次に、一九四〇年一〇月に中小商工業者に対して満洲農業移民を含む国策が決められた翌年二月、全国の中小商工業者の指導者を集めて茨城県内原で行われた講習会での発言を見てみよう。

試みに商工業の状況を申し上げてみますと、商業者の数は一寸私の調べてみたところでは二百万世帯、従業者及その家族を合せて千三百万人を算しております。（中略）

工業に致しましても、大規模経営のものは別と致しましても、小規模のものをみますと従業員十人以下の工場が百五十万で、従業者及びその家族数千五百万人、従業者十人以上三十人未満使用工場の経営者九万八千になっていて、その従業者、家族を合すると約四百万人ということになっているようでありまして、影響の範囲も相当広範囲にわたることが考えられるのであります。

（倉橋定・厚生省職業局転職課厚生理事官「転職の対策について」『大陸帰農叢書第四輯』満洲移住協会、一九四一）

―引用①

中小商工業に依存する人数を合計すると家族を含めて三二〇〇万人になる膨大な数字を挙げている。なお、この講習会の中で、満洲農業移民の推進者であった加藤完治満洲移住協会理事は、「農民だけでも日本には二六〇万の農家がありますが」と言及している。国内総人口は、一九四一年で約七二〇〇万人である。

さらに政府情報局が発行していた『皇国内外の情勢』（第八号、一九四二・二　不定期刊）を見てみよう。

わが国商業者の戸数は約二二〇万戸である。その中生活必需品関係業者は約一八〇万戸で、人口の相当部分を占めている。之に労務者を入れると約五〇〇万人に達し、国民の中堅層と言うことができる。

―引用②

一九四二年というと、平和産業への打撃が相当深刻になってきている時期である。この引用によれば、商業者、それも生活必需品関係と限定しているが、それでも「労務者」を含めて五〇〇万人という数字を挙げている。

これらの引用の数字は、筆者にとって唐突な印象を受けるものであった。「戦前は農業人口が圧倒的比率だったのでは？」ということが脳裏をかすめたからだ。しかし、一九四〇年の国勢調査を見ると、有業者の産業分布は、農業が四二・四％であるのに対し、工業二五・二％、商業一五・一％、交通業と公務・自由業で一一％で、すでに他産業合計が農業を上回っていた。さらに地域別に見ると、長野県が農業が六三・二％と多いのに比べ、東京府はわずか四・五％で、工業・商業合計で、七一・七％を占めている。山形県と大阪府も似たような対照を示している。

ここではこれまでの数字にそって、一体どの位の人びとが転業の嵐に晒されたかを考えてみる。

先の引用①は中小商工業者全体について述べたものである。引用②は、商業者について述べているが二二〇万戸のうち生活必需品関係一八〇万戸と言っている。約八二％である。この比率を単純に①の家族を含めた総数三二〇〇万人に当てはめるわけにはいかないが、仮に同じ比率と仮定した場合、約二六〇〇万人となる。

膨大な人びとが何等かの形で転業の嵐に晒されたと言えよう。

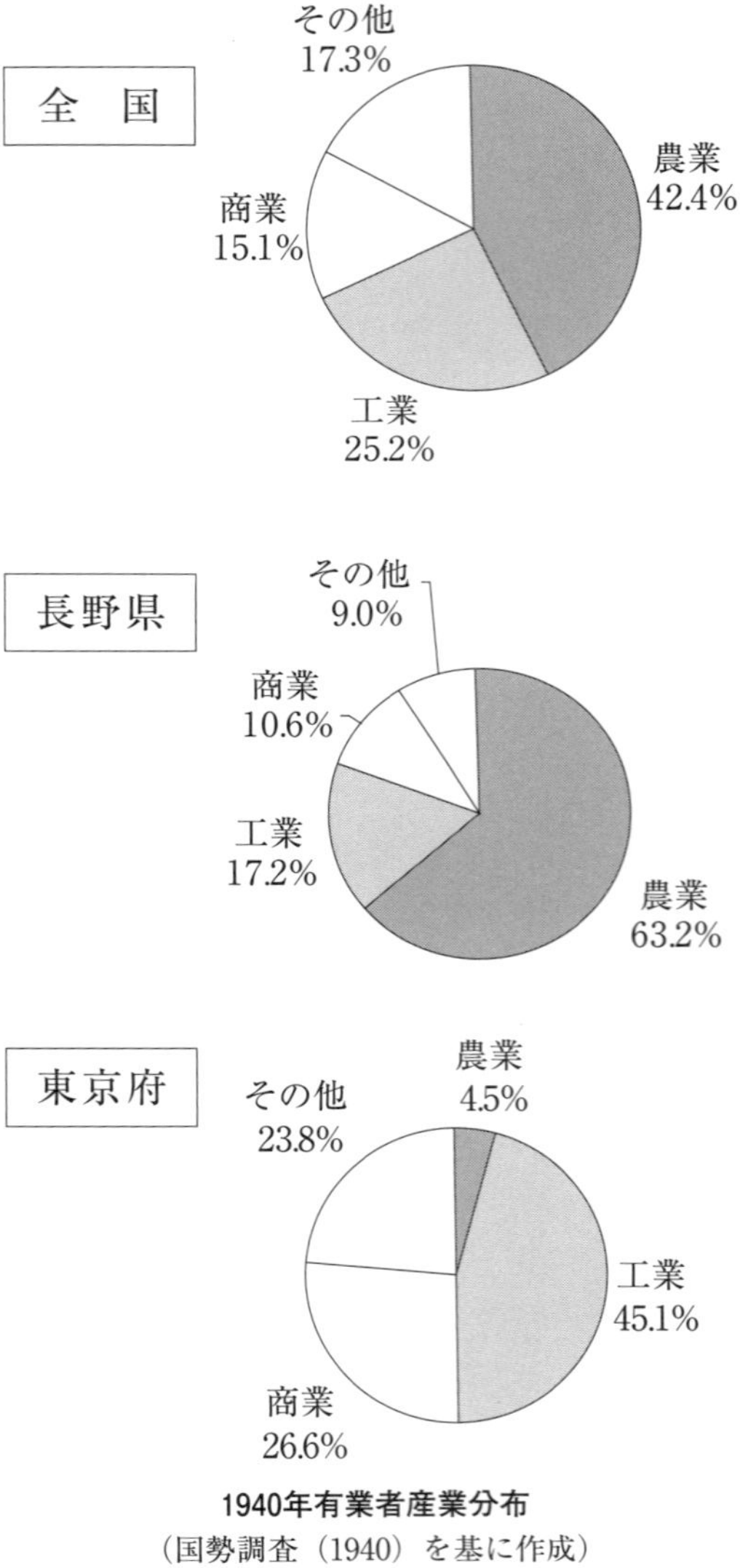

1940年有業者産業分布
（国勢調査（1940）を基に作成）

第三節　政府の転業対策と始動した国策転業移民

陸軍省・政府・皇室の転業対策

日中戦争開始の一年後、物資統制による転廃業の急激な増加に対して、各方面があわてだした。

陸軍省は一九三八年七月二二日、「物資ノ使用統制強化ニ伴フ失業者優先採用ニ関スル件」を関係軍需工場一七三社に通牒し、転業者を優先採用するよう要請した。

森喜一の前掲書『日本中小産業の機構』（一九四〇）によれば、政府が対策に乗り出したのも、一九三八年七月であった。中央と道府県にそれぞれ失業対策委員会を設置し、中央失業委員会は八月一八日に厚生大臣に答申書を出した。そこでは、失業防止方策として、事業維持、必要に応じて軍需産業、輸出産業又は代用品産業への転換を指導するというものであった。

失業救済策としては、就職斡旋、殷賑産業の雇用勧奨、職業補導施設拡充、授産施設拡充、内職の助成、帰農の勧奨、移住奨励など一〇項目が挙げられている。

東京市では、東京市滝野川修練道場（一九三八年一〇月）や東京市労働訓練所（一九三八年一一月）が開設される。

なお、上記施策でいう「帰農の勧奨」とは国内の農業への回帰という意味であり、まだ海外移住とは結びつけられていない。移住も満洲とは規定されていない。

物資統制の影響は、もろに中小商工業者を襲った。

『綿糸布、皮革、ゴム製品其ノ他ノ各種制限ニ因ル影響調査』（警保局経済保安課、一九三八・七・二九）を見てみよう。七月二五日現在で、事業廃止・事業休止・事業操短を合わせて、一七、八〇六件、失業者数三六、三二八人となっている。都道府県別では全国にわたっているが、東京、大阪、兵庫、福岡など大都市をかかえるところが多い。これを東京だけで見た場合、次のような数字が上げられている。

	件数	従業員	失業者	転業可能見込み数
綿製品	九四五	一〇七〇二	三二六	一六一
皮革製品	七四五	二一三五	四二七	一三五
ゴム製品	一七三	二二四四	四〇九	一五四

この数字はまだ転業の嵐の序の口のものであることに注目したい。

中小商工業者は、この事態を非常に厳しく受け止めていた。『皮革及護謨《ゴム》ノ各種制限ニ関スル意響《ママ》並対策等調査』（警保局保安課、一九三八・七・二二）によると、次のような当事者の意見が述べられている。

★国策ゆえ不満は申されませんが我々の死活問題たる商売を突然中止され軍需用にも向かないような僅かの材料さえ使用できぬことは酷です、第一業者及職人の生活に付政府は何等かの考慮をして欲しいものです

★代用品が出ても余り注文はないと思うから廃業の外はない

★今の如き統制状態が二年も続けば靴屋は全部廃業の外はない

一九三八年九月二二日、「朕臨時商工省ニ転業対策部ヲ設置スルノ件ヲ裁可シ茲ニ之ヲ公布セシム」という勅令六五一号が出される。部長以下三四名で商工省内に転業対策部が設置されたのである。だが転業対策部は、翌一九三九年六月一六日に公布された勅令によって廃止され、振興部に置き換えられる。

政府のこうした転業対策は、しかしうまく行かなかった。もともと国際的孤立を強め「高度国防国家体制建設」を強行的に追求する対策自体、矛盾したものであった。平和産業を中心とする多数の中小商工業

者、労働者に対するその場しのぎの政策だったともいえよう。

激化する中小商工業者の窮状―対策なし

中小商工業者に対する閣議決定が出される直前にまとめられた「統制強化ニ伴フ中小商工業者ノ窮乏状況等調査方ニ関スル件」（警視庁官房主事、一九四〇・一〇・一九）から、当時の行政からみた見通しをいくつか見てみよう（同文書第一表、第二表から）。一九四〇年七月七日実施の「奢侈品等製造販売制限規則」（七・七禁令）の影響が追い打ちをかけている。

★金物商（業者数四、五五九　従業員数一一、三〇〇）

目下の処失業なきも禁令の緩和なき場合は三割方は失業するならん

★織物問屋（業者数八六二　従業員数一二、九三〇）

休機による失業者状態にありて禁令の緩和なき限り過半数は転失業と見るべきである

★小間物化粧品卸商（業者数九五七　従業員数七、六三二）

七、七禁令の緩和なき限り将来相当失業者を見るならん　目下対策考究中なり

★貴金属品製造（業者数一、五七二　従業員数二四、七〇二）

過半数は失業するに至らん　目下対策なし

★燃料小売（業者数九、七〇〇　従業員数三一、〇〇〇）

需給関係が果して期待し得るや否や甚だ疑問にして仮に計画通りの配給可能としても相当困難である

が万一不定量扱えざる場合は失業噴出を見るならん、対策なし
★靴工業（業者数三、三五〇　従業員数一〇、〇〇〇）
企業合同等の対策を考慮中なるも此の侭推移するに於ては業者の約七割は自滅するに至らんと業界にて観測し居れり
★鉄鋼機械製造業（業者数三〇、〇〇〇　従業員数六〇〇、〇〇〇）
今後益々資材不足に依り転失業者は増加するものとの見透しにて対策立たず

切り捨てへ決断

中小商工業者に対する救済策は、太平洋戦争開戦で粉砕され、切り捨て、企業整理、「抜き取り整理」へと明確に転換する。

この経緯については、一九四二年、枢密院書記官長による報告や政府情報誌『皇国内外の情勢』に触れられている。

…昭和一三年九月商工省に転業対策部を新設し更に同一四年六月之を改変して振興部と為し以て専ら其の維持に努力したり　然るに客年末大東亜戦争の勃興するや急速に国防国家体制を確立するの必要に迫られ従って従来の如き過剰人員を包蔵せる中小企業を其の儘の形態に於て維持すること頗る困難と為り我国経済界は企業規模の大小を問わず挙げて産業再編成を断行するの巳《ママ》むなきに至れり　仍て政府に於ては之が為所用の法令を整備すると共にこの種の事務を主掌せしめんが為今回商工省内に企

業局と称する一局を新設し之に伴い従前の振興部は之を廃止し…

（枢密院書記官長による「商工省官制改正の件審査報告」）

中小商工業に対しては過去一年間維持育成方針を取って進んで来たが、その実績は思わしからず、思い切って整理統合することに決定を見たわけである。

（『皇国内外の情勢』第八号、一九四二・二）

次に、こうしたジグザグの政府の施策に基づいて設置された東京市の訓練所の変遷について見ておこう。

東京市開拓民訓練所

東京市大泉労働訓練所が開設されてから約二年半後、また、興亜勤労訓練所が開設されてから約二年後の一九四一年四月一日、東京市は二つの訓練所を次のように再編成する（東京市「本市開拓民訓練所設置並本市労働訓練所及本市興亜勤労訓練所廃止ニ関スル件」一九四一・三）。

東京市三鷹開拓民訓練所　東京市外三鷹町新川六〇番地

東京市大泉開拓民訓練所　板橋区大泉町一四五番地

東京市が二つの訓練所を再編成した背景には、政府の転廃業対策があった。同日付で施行された「東京市開拓民訓練所規程」を見てみよう。

第一条　東京市開拓民訓練所は本市内の転廃業者、失業者、其の他市長の適当と認めたる者に対し大陸其の他の開拓に必要なる心身の訓練及指導を為すを以て目的とす原文では離職者としていたのが転廃業者に訂正された。再編成の意図は、訓練対象を転廃業者に絞り込むと同時に、訓練修了者を満洲移民に送出することに絞り込んだものと言えるだろう。同所庶務規程の最後に「(説明)」として次の事が記載されている。

東京市興亜勤労訓練所の従来離職者、失業者の更生訓練を目的としたるも今般之を改め専ら大陸其の他の開拓民訓練を目的とするに至りたるを以て従来の規程は之を廃止せんとするものなり

こうして再発足した両訓練所だったが、三鷹の方はわずか七ヶ月余後の一九四一年一一月一一日付で廃止されてしまう。その理由について、東京市「訓練所廃止ニ関スル件」(一九四一年一二月一一日決裁)には次のように掲載されている。

本訓練所は土地建物借受期間の関係上本年度限り廃止する予定なると利用者僅少にして大泉開拓民訓練所一個所にて概ね所用の目的を達するを以て財務局長より通牒の次第もあり廃止す

なお、前出、今井忠男『身近な地域で学ぶ戦争と平和』によれば、大泉、三鷹とも定員五〇名、期間六ヵ月であり、ほぼ多摩川農民訓練所と同様といえよう。また、この両訓練所は、一九四〇年に、亮子河協和開拓団を出している。

之に便乗することは何等差支えない

では、転業対策はどのように満洲移民策に結びつけられていったのだろうか。これに関する興味深い史料がある。第四章で述べたが、『市政週報』(一九三九・八・一二)に掲載された「興亜勤労訓練所」(厚生

局）という小論である。この訓練所には転業対策と満洲移民の結合という明確な特徴があった。

先の政府の対策について、次のように述べている。

当時の社会局職業課は、この問題に関して若干研究を試みた結果、相対的に人口の過剰な日本農村の現状に鑑み、失業救済方策として、政府当局が「帰農の勧奨」を行うことは、当を得たものではない、という結論に到達したのである。

そして、さらに次のように述べている。

移住に関して言えば、主として満洲農業開拓民が問題となるであろう。この拓民事業は本来は、別個の国策ではあるが、今次の失業救済方策として、之に便乗することは何等差支えないであろう。都市の失業者が、満洲農業拓民となって行くことは、強いて言えば、大陸に帰農する訳である。従って、「帰農の勧奨」は、茲に「移住奨励」と結びついて、始めて実現し得られることになったのである。

以上のような結論に基いて、職業課は本市の離職者乃至失業者を満洲農業拓民として送出せんとする計画を立て、その為に特殊な訓練施設を設置することになった次第である。

こうして、転業対策は、国策化の一年以上前から、満洲農業移民と現場から結びついていく。つまり、「大陸帰農」であり、この言葉は後にくり返し用いられるようになる。

転業移民の国策化

中小商工業者の転業対策と満洲移民策が国策で結び付けられたのは、一九四〇年一〇月二二日閣議決定

「中小商工業者に対する対策」であった。

(ハ) 転業者の転換先は概ね次の如くすることとす。

1 軍需産業
2 生産力拡充及附帯産業
3 満洲開拓民（中小工業開拓民を含む）
4 支那、南洋その他海外への移住進出
5 農業生産力拡充（国又は公共団体営開墾及帰農）
6 国防上必要なる土木事業

このように、ここで転換先の三番目として明記され、段階を画する。

初期転業民

翌一九四一年二月一七日から一週間にわたり、茨城県内原の満蒙開拓青少年義勇軍訓練所で、「転業者開拓民地方指導者講習会」が行われた。主催は拓務省、実施は満洲移住協会であり、官民の第一線の指導者が講演している。その講演録を中心に三月から四月にかけて、『大陸帰農叢書』（満洲移住協会発行）として、八冊が刊行されている。関係する地方指導者の「バイブル」となったといえよう。

『大陸帰農叢書　第八集』を見てみよう。それによると、初期約一〇〇〇名の応募者を、拓務省は第一次から第七次（一九三二〜一九三八年）までの既設開拓団への穴埋め補充として配置したかったのだが、希望者はわずか六％程度で、第八次以降の未完成開拓団の団員としたものが六九％を占めた。つまり、転業帰農民は、ガチガチに固まってしまった既設の団よりも、現在完成へ向けて進行中の未完成開拓団へ溶け込むことを選んだのである。

では、どういう人達がこの初期に参加したのか。「第八集」によると、別表のようになる。

初期転業民（地位別）を見ると、主というのは主人（経営者）だろうが、従業員のほうが比率が高い。これは、転業による失業者にも見られることで、被雇用者は業主の三倍強、転業転職帰農者数においては四倍強に上っている（一九三八年一一月）。それと比較すると業主の割合は高くなってきているといえよう。

初期転業民の構成

初期転業民（地位別）		%
商業	主	19
	従	25
	小計	44
工業	主	10
	従	28
	小計	38
兼業		18
合計		100

産業別上位業種		%
商業	食料品	15.0
	運輸	6.0
	化学薬品雑貨	5.0
工業	機器	14.0
	繊維	6.0
	食料品	5.3
その他	土建	14.0
	その他	12.0

年齢比率	%
30未満	32
30-40	44
40-50	21
50以上	3

（『大陸帰還叢書　第八集』（1941）を基に作成）

従業員は軍需産業に比較的移りやすいのだろう。そして、太平洋戦争末期にかけて、従業員も雇えなくなった中小商工業の大陸帰農者は、大勢の家族を引き連れて渡満することになる。

「先進」三例

「大陸帰農叢書第八集」にはこの当時の最近の動向として、「先進」例が三つ記されている。

①山梨県東山梨郡の分郷による開拓団、②大阪市の法華教の信者による開拓団、③長野県南佐久郡の分郷である。

③は二年前、農村中心に計画され中絶したものが今回復活し、形式上一般開拓団としたものであるが、商工業帰農者と農民半々の混合編成による三〇〇戸集団であるというから、団員不足で行き詰ったものが、転業民希望者が増えたので息を吹き返したといえよう。

①の団は、竜江省洮南県二昭地区に入植した第一〇次二昭山梨開拓団（団長飯島茂治・入植一九四一年四月・入植計画三〇〇戸・一九四三年一二月現在八〇戸一六〇名）である。同著によれば、一九四一年三月一四日敦賀を出港した先遣隊四〇名が、帰農開拓団一番乗りであったという。

この団結成のきっかけは、一九四〇年九月に甲府市と塩山町の米穀業者七人が行なった満洲視察の報告会であった。県や満洲移住協会のテコ入れもあり、東山梨郡塩山・加納岩・日下部・勝沼四町と付近農村に広がった。四町を中心とする米穀・菓子・木炭・古物その他の商工業者に大陸帰農運動が巻き起こったという。一九四一年一月九日郡町村長会により満蒙開拓促進会が組織された。先の内原での講習会に参加した大陸帰農国民運動挺身隊四名が促進会メンバーとともに「突撃隊」をつくり、戸別訪問で熱烈に勧奨を始めたという。

しかし、それはどれほど人々の共感を得ただろうか。二年半ほどあとの入植戸数は計画の四分の一程度であった。

一方、②の大阪市でも動きがあった。法華教の流れを組む佛立講信者による転業開拓団である。

興安総省布特哈爾県泌旗地区に入植した第一〇次沙里仏立開拓団（志水平吉団長・入植一九四一年六月・入植計画三〇〇戸・一九四三年一二月現在一〇三戸四三〇名）は、本門佛立講の有力幹部であった六四歳の志水平吉老人を中心に組織された。まず、大阪府職業課が熱心に協力したという。そして、満洲移住協会も大蔵公望男爵の後援会を行なうなど全面協力し、日淳大僧正や日海総理も共鳴し、体制が整った。本体の編成には、二三〇組の組織を通じてその各組から責任をもって一名づつ優秀な代表を送り出すことに決めたという。団員の職業は先遣隊四〇名を見ても中小商工業各種に渡っており、農民は二名に過ぎない。

この動きは二年後、東京の佛立講に波及し、第一二次仁義佛立講が送出されることになる。

転業開拓団入植率二六％

転業開拓団と銘打って送出されたのは、国策決定後の第一〇次（一九四一年）からである。では、どのくらい送出されたのだろうか。『満洲開拓年鑑』（一九四四年版）からたどってみよう。ここには、一九三七年の第一次から一二次までの開拓団の一九四三年一二月現在の表が掲載されている。団名の後に、団の種類が表示されており、そこに「帰農」と表示されているのが、いわゆる転業開拓団だ。

第一〇次（一九四一年）

団数　四団

入植予定戸数　一〇〇〇戸

現在戸数　四〇一戸

現在人口　一三二三名

第一一次（一九四二年）

団数　一一団

入植予定戸数　二〇〇〇戸

現在戸数　七〇五戸

現在人口　二一九九名

第一二次（一九四三年）

団数　二三団

入植予定戸数　四六五〇戸

現在戸数　九一七戸

現在人口　二二五〇名

三年間で現在戸数合計は予定戸数合計の二六％である。

国策決定時（一九四〇年一〇月）、政府は転業民一〇万人を送出するとしていた。上記の数字は団自体が大陸帰農と銘打ったものであって、これとは別の一般開拓団の中にも転業民は混じっていた。五十子開拓総局長は、満洲移住協会の月刊誌『開拓』（一九四四・五）の中で次のように述べている。

昨年の計画では転業開拓民のみを一団にして約三割、その他分村開拓するものの中で転業者が二三割あると思います。随って昨年は転業半分、農民半分というように見て居ります。将来は更に転業者に重点をおきましてどんどん転業者を送って頂きたいと思います。

第四節　さまざまな転業開拓団

報道上の第一号は興隆川開拓団？

一体、いつから「転業移民」と騒がれるようになったのだろうか。この点については、私たちの入手した史料によれば、見事なまでに明確である。「転業」については、政府が転業対策に乗り出した一九三八年夏から問題になったことは既に見てきた。しかし、それが満洲農業移民と結びついて報道され始めたのは、一九四〇年一一月一八日からだ。これは、転業移民を国策として定めた閣議決定（一〇月二〇日）の一ヵ月後であった。その第一号として取り上げられたのは、第八次興隆川東京郷開拓団（敗戦時六四四名）である。

囲み（新聞紙上での転業開拓団の登場）は、新聞記事で転業開拓団が登場したものを抜粋したものである。

新聞紙上での「転業」開拓団の登場

①転業だ・さあ満州へ　土に精進の江戸ッ子群（1940/11/18朝日・朝）

②転業者で築く　第二東京郷　相次ぐ拓士の申込み（1940/12/20読売・夕）

③江戸ッ子転業“鍬の戦士”　いよいよ８日に壮途へ（1941/2/1読売・朝）

④春の広野へ“転業の鍬”　今日ぞ勇ましい開拓の首途（1941/2/8　朝日・朝）

⑤理想郷の建設へ　初め笑いを忘れた妻も落着く　転業第１歩を現地に聞く（上）（1941/2/28朝日・夕）

⑥生産拡充の先兵　勘当してもらって来た満州じゃ　転業第１歩を現地に聞く（下）（1941/3/1朝日・夕）

⑦東京郷を見る⑴峠に立って偲ぶ故郷　在満２年、江戸っ子拓士の感慨　全６回（1941/5/14〜5/20読売・朝）

②を除いてはすべて興隆川開拓団についての報道、取材記事である。②は興隆川開拓団に続く第二の東京郷開拓団（第一〇次）の可能性を報道している。

　興隆川開拓団については、それまでも報道されていた。鍬の戦士とか東京郷初の集団移民であることは報じられていたが、転業という言葉は一切出てこなかった。それが一九四〇年一一月一八日を境に、報道上一気に「転業開拓団」に「変身」させられたのである。

　『大陸帰農叢書　第八集』によれば、一九四一年三月一四日敦賀を出港した第一〇次二昭山梨開拓団先遣隊四〇名が、帰農開拓団一番乗りであったという。

　しかし、興隆川開拓団はその二年前、一九三九年二月に先遣隊を派遣している。そして、このころ、日中戦争に端を発した「転業」の嵐はすでに吹き荒れていた。つまり、叢書の言う帰農（転業）開拓団一番乗りとは、国策決定後、転業開拓団として政府が認定したものの一番乗りという意味であり、事実上の、そして報道上の一番乗りは興隆川開拓団であった。なお、『満洲開拓年鑑　昭和一九年版』の開拓団一覧表を見ると、種別の欄があって、ここに帰農と出ているのが、いわゆる転業開拓団である。種別で並び変えてみると、帰農と区分されているのは第一〇次以降であり、一番古いのが、二昭山梨となっている。役人、外郭団体の間では、律儀に統一性を保っているわけである。しかし、それは歴史的に見直し、検証されねばならない。

第四章で解析した興隆川開拓団は転業開拓団だったのか、もう少し詳しく見てみる。

気づいてみれば一番乗り？

新聞報道に話を戻してみよう。

囲みの新聞記事①、②は興隆川開拓団についての特集記事である。なぜ、先遣隊派遣から二年後にもこのような記事が掲載されているかといえば、本隊派遣後も後続部隊が次々と送られ、その都度、記事になったからだ。

二つの記事からにじみ出ているのは、一方で国策としての転業移民を景気づけようと、とりあえず興隆川開拓団に飛びついた志向性と、他方、気づいてみたら本当に転業者が多いという実態だ。つまり、送出する団員の基盤自体、従来の失業者から戦争経済によって強いられた転廃業者に変化していたのだ。事態は、国策より先を走っていた。

新聞記事①

加藤久人氏（開拓団長）　私は昨夏八月ここへ回されたばかりで、まだ確信を以て東京郷を語る気持にはなれません、しかし今までじっと見て来たところを参考までに申しあげましょう

康徳6年2月から今度皆様がいらっしゃるまでに133人が入植してその内4、5戸が家族もちです、これを前職業で見ると商業が53パーセント、工業が36パーセント、残りの11パーセントが農業だったのです

（1941年（昭和年16年）3月1日朝日

「生産拡充の尖兵　勘当してもらって来た満洲ぢや　転業第一歩を現地に聴く　下」）

新聞記事②

したがつて、この正団員210名を元の職業別にみると、勤人を含む商業関係の出身者が58.2パーセント、工業関係の出身者が24パーセントを占め、内地からひきつづき百姓であつたものはわずかにのこりの17.8パーセントにすぎない。

こころみにここの開拓団員名簿をひらいてみよう。姓名の下の前職欄に—菓子商、仕上工、洗濯業、雑貨商、材木商、店員、鍍金工、米穀商、青物商、洋裁業、運送業、自動車運転手、左官、石工、トビ職、理髪業、写真屋、ガス工、機械工、会計業、僧侶、神官、教師、建築等々…。

いま事変下の日本を吹きまくつている転業の嵐と、その嵐の一ばん烈しく吹き抜けていつた通路が前職業の数と種類によつて一目瞭然と現われている。農業経験者の意外に少いこと、職工出身者の案外多いこと、これは二つとも、それぞれちがつた意味で一考を要するが、それよりもここでとりわけ注意すべきはいうまでもなくこの東京郷の建設が、圧倒的な部分の、そして種々雑多な商工業転失業者によつて遂行されているということでなくてはならない。ここにこそこの興隆川開拓団の、全国他のどこの開拓団にもみられない特殊の意義と使命があるわけである。

（1941年（昭和年16年）5月14日読売「東京郷を見る　1　峠に立つて偲ぶ故郷　在満二年、江戸っ子　拓士の感慨」）

集合一次亮子河協和開拓団

亮子河《りょうしが》

興隆川開拓団と同じ年の一一月、東京市は別の開拓団を送っていた。

団名　　集合一次亮子河協和東京開拓団
入植地　　牡丹江省穆稜県
種別　　集合帰農
入植年月　　一九三九年一一月
戸数・人口　七二戸　二一四名（一九四三年一二月現在）

この開拓団は、初めは東京市興亜勤労訓練所（一九四一年四月に東京市三鷹開拓民訓練所に移行）と、東京市大泉開拓民訓練所の訓練修了生を主体に、逐次送り出された。集合一次というと一九四〇年だが、実際はそれ以前に送られた三〇～一〇〇戸の開拓団が含まれている。この開拓団は新聞紙面にはほとんど登場しない。ただし、『市政週報』には頻繁に訓練所、開拓団の募集広告、記事が登場する。

そして、東京から送り出された転業移民は、第一〇次から始まる全国の転業移民より前に、もう一つあった。従来、転業開拓団は、東京府や東京市の訓練所を基盤に送り出されたが、今回は、民間から、しかも宗教団体から開拓団が出るのである。

集合一次長嶺子《ちょうれいし》基督教開拓団

団名　　集合一次長嶺子基督郷開拓団

入植地　浜江省　哈爾浜市郊外長嶺子
種別　集合
入植年月　一九四〇年一二月
戸数・人口　三四戸　一一一名（一九四三年一二月現在）

それが、集合一次長嶺子基督教開拓団である。入植年月は、転業開拓団の先鋒とされる第一〇次二昭山梨開拓団と同じであるが、先遣隊は二昭の三月一四日に対し、二月二日であった。この団の団長であった堀井順次は、自著『敗戦前後』（静山社、一九九〇）の中で、次のように記している。

キリスト教団に集まった人々は、ほとんどが転業者であった。昭和一六年に開設して後、八次にわたる入植で、団員の定数五〇戸は徐々に満たされていったが、その大多数は農家出身者ではなく、中小企業の統合、零細企業の廃業により、転進の道を開拓団に求めた人々だったのである。

同著によると、この開拓団の発端は、満鉄や満拓公社などにいた「オールド・リベラリスト」（キリスト教者グループ）たちの話し合いの中からでてきたものであった。「満洲の地に、たとえ小さくとも、キリスト教の理想郷を建設したい」との思いである。そして、準備委員長の賀川豊彦から白羽の矢を立てられたのは、門下生で、兵庫県飯盛野の山奥の十字愛道場で原野を開拓していた堀井順次であった。この開拓団は、銃をもたず、現地民への医療活動なども行なっていたという。

このキリスト教開拓団については、戦後長年、知られていなかったようだ。それを一九八〇年当時、発掘したのは戒能信生牧師で、その経過などは、「知られざる教団史の一断面―満州開拓キリスト村」（『改訂版満州基督教開拓村と賀川豊彦』賀川資料館ブックレット、二〇〇七）に記されている。このブックレットには、雨宮栄一（本所賀川記念館理事長）の「賀川と満州キリスト教開拓団」という一七頁に及ぶ論文も掲載されている。賀川豊彦の業績の中の負の側面である開拓団送出について、痛切なる反省の意を表すとともに、冷静な分析を貫いている。日本の中国侵略について批判していた賀川が、なぜ「満洲」については「ロマン」を感じ、基督教開拓団送出の中心になってしまったのかについても立ち入った分析と問題提起をしている。当事者団体がここまで踏み込んだ総括をしていることは、まれだと言えるだろう。

第一〇次長嶺八丈開拓団

読売新聞一九四〇年一二月二〇日夕刊に、次のような記事が掲載されている。

時勢の波に転業を余儀なくされた人々の余剰労力を大陸に注ぐ東京府第十次満洲開拓民農民募集は十八日から受付をはじめすでに五十名の申込があり、何れも飲食店、外交員、自動車運転手、製本業などの中小商工業者ばかり、新天地に更生する気構えもすごく当局をよろこばせている。

すでに第八次吉林省磐石県興隆川に開設した東京郷はすでに満員となり第十次は目下のところ未定であるがまずこの五十名が来春十日南多摩郡七生村の府拓務訓練所に入り三月下旬先遣隊として渡満それに続く本隊は約百名遅くも九月までには訓練を終えて早期入植する手筈である。

この種転業入植は漸次活発となるので本格的訓練は来春三月以降引続いて行われるが商工業者側でも米穀、薪炭、菓子類などの同業組合毎に開拓団を組織しようと熱意を示している。

第一〇次長嶺八丈開拓団である。東京府の送り出す集団開拓団の第二陣であり、一〇月に転業移民の国策が決定しているので、正式な転業開拓団ということになる。

一九四一年八月を全体の入植月として、東京府から、八丈島開拓団が送り出される。

団名　第一〇次長嶺八丈開拓団
入植地　東満総省寧安県
種別　集団
入植年月　一九四一年二月
戸数・人口　一二二戸　三七二名（一九四三年一二月現在）

『満洲開拓史』には、団員の前職が、農業五〇戸、商業四八戸、工業五〇戸と記されている。なぜ、八丈島から開拓団が出たのかははっきりしないが、これに先立つ興隆川開拓団には、新島出身者が沢山いた。その渡満の理由は、耕地に対して人口過剰な状態を考え、若者たちが、将来のため決意した旨、『読売新聞』（一九四〇・二・二九朝刊）は伝えている。農村更生計画を満洲移民と強引に結びつける指導が、八丈にもあったのだろう。

しかし、八丈と名は付いていても、実際は八丈島以外の人もこの団には沢山いたようである。

八丈開拓団については、畠山久米子『わが心の故郷　満州の広野』（文芸社、二〇〇三）に生き生きと詳述されている。畠山は、四国出身で入植は一九四一年の大晦日。満洲開拓花嫁訓練所から最初の入植者と記述しているが、どこの訓練所かは不明である。当会が直接お話を伺ったUさん（男性）は、東京足立区の出身で、二才の時、父母兄姉と五人で渡満した。

八丈開拓団は、帰国後、現在の富里市（千葉県）の双葉地区に戦後入植し、今も団の「満洲開拓物故者供養碑」（一九八一年建立）がある。

第一〇次十一道溝東京開拓団

当会がいくら調べてもほとんど何も出てこない開拓団がある。第一〇次十一道満東京開拓団がその一つで、僅かに『満洲開拓史』や『満洲開拓年鑑』の表に出てくる。したがって、この団が転業開拓団なのかも判然としない。入植地は北安省通北。入植時期は、一九四一年三月、入植計画三〇〇戸、現在戸数（一九四三年一二月）九三、現在人口二一五人と記されている。『読売新聞』は、一九四一年六月一二日夕刊で、「鍬揮ふ東京開拓民ある渡満」と題し、「…十二日午後四時新潟解纜《かいらん》のさいべりあ丸で第十次東京開拓民七十六名が門出することになった　これは北安省徳都県龍門の東京郷へ入植するもの五十三名、牡丹江省寧安県長嶺子の八丈島郷へ入植する二十三名で…」という記事を掲載している。龍門へ入植する五十三名が、十一道溝開拓団の団員と考えられる。

時期的に少し前だが、一九四〇年一二月一日の『朝日新聞』朝刊に「忽ち千人の志願者、〃屑の都〃から満洲へ」と題して記事が掲載されている。東京足立区本木町は当時五〇〇〇人の廃品回収業者（通称、バタ屋）が密集していた。そこの芝居小屋本木館館主宮田留吉（七四才・外国巡業歴四〇年）が、付近のバタ屋さんに、「満洲開拓移民団名簿」を回したところ、続々申込があったという。四日に本木館に千名を集めて説明会を開き、その後、百名を選抜、東京府拓務訓練所で四ヶ月の訓練後、来春四月に先遣隊として五〇名が出発する予定という。しかし、これが十一道溝開拓団なのかについては、今のところ判然としない。

『朝日ジャーナル』（一九八一・四・三）は、「『日中親さがし』の意味するもの」（森本英之記者）という記事の中で、次のように報じている。

昨年八月一五日のことである。それが北京からの中継で、テレビ朝日系で放映された。この番組を見た人からの連絡で、当時の北安省通北県十一道溝東京開拓団に入植した東京都本所区（現墨田区）吾妻橋一ノ二一、竹井義夫さんの一家とわかった。だれも帰国していないため、死亡届を出す人もなく、一家の戸籍はそのまま。身元引受人がいないと里帰りもできない、と心配していたら、母方の遠縁の高橋さんが名乗り出て、やっと、澄子さんの里帰りが実現したのである。

一棵樹開拓組合転業組

第一章で述べたように、一九四二年三月一一日、畑野一棵樹開拓組合長が上京、その成果を拓務省に報告している（『読売新聞』一九四二・三・一二朝刊）。

翌一九四二年六月、天照園開拓団から脱皮を遂げた一棵樹開拓組合の隣に、同じ畑野組合長の下、転業組が入植する。入植地は一棵樹が存在する三村村内の枕頭窩堡というところで、一九四三年一二月には、オリジナルの一棵樹開拓組合とほぼ同規模の五七戸、一五八名に達している。

第一二次仁義佛立講開拓団

この開拓団は、二年前に大阪から出た転業開拓団「沙里佛立開拓団」の東京版と言えるだろう。入植人口は敗戦時に六四三名に達していた。日蓮宗本門派佛立講で東京には材木町（現在の六本木ヒルズ）に乗泉寺があり、都内各地に末寺を持っていた。団員は各寺から募集され、私たちの地元である大田区蒲田の妙泉寺からも参加者があった。

この開拓団の資料として、『集団第十二次　仁義佛立開拓団』がある。表紙には、右上に「昭和三十年七月一日　民援一発第三五二号」と記され、左下には「―開拓団資料―東京都民政局援護部」とあり、本の厚さは約一センチ。最初は、東京都に提出したもののコピーかと思っていたが、図やリストがカラーになっており、提出書類をその後大幅に増補したワープロ打ちのものと分かった。これを作った人の、後世にこの悲劇を伝えようとする執念がひたひたと感じられる。

第一二次顧郷屯《こごうとん》開拓団

顧郷屯開拓団は、ハルビン近郊の松花江という河の湾曲部に入植、二〇〇戸の入植計画で、一九四三年一二月で四〇戸、七一名であった。敗戦時は、在籍者一九一名に達していた。一九四三年七月二一日の『読売新聞』夕刊は、団員の前職について次のように伝えている。

試みにこの団の転業以前の職業別を見ると職工さん、ペンキ屋さん、運転手さん、洋服屋さん、お菓子屋さん、大工さん、それに官吏という風で凡そ農業とは縁の遠い人たちばかりだった。従って人一倍熱心にならざるを得なかったし一つには江戸っ子らしい負けじ魂も手伝って多忙なそして難しい播種季を戦い抜いたのである。

『満洲開拓年鑑』のリストには、「東京郷」として、『満洲開拓史』には、「願郷屯」として出てくるが、ハルビンの新開拓地に隣接していたのではないかと推察される。

『市政週報』(一九四三・六・五)には、「ハルピンに東京第二村」という題で小記事が掲載されている。

　東京市民の方々で満洲の農業開拓を志す方があったら、東京市健民局補導課にお問合せ下さい。本市の満洲開拓事業は、昭和十四年秋牡丹江省に百五十戸を送り出して好成績を挙げておりますが、本年はハルピン市郊外に二百戸送り出す計画が立てられ、先発隊三十戸の人々が、団の建設に邁進して居ります。土地は一戸当り十三町歩で、一ヶ月間板橋区大泉の訓練所で指導を受け、六月下旬渡満の予定であります。

　農業に無経験の方でもやり遂げる見込は充分で一戸当り補助金千数百円、資金借入四千円位、渡満の旅費、支度など交付されます。

大泉開拓民訓練所は、亮子河の他、ハルビンにも送り出していたのだ。

既に記したように、転業開拓団は、当初、行政施設である東京府や東京市の訓練所を拠点に送り出された。そして、次に宗教団体が送り出すようになった。末期に近づくと、転業の当事者団体である東京府・東京商工会議所が送り出すようになる。

第十一次新安東京開拓団

それが、第十一次新安東京開拓団である（『満洲開拓史』では第十三次としている）。

本章扉の写真は、当時の内閣情報部発行国策グラフ誌『写真週報』（一九四二・四・一五）の一六頁目に掲載されたものである。

四月四日に行われた新安東京村開拓団の先遣隊壮行会で、隊員五〇名を送り出すに当たっての岸信介商工大臣の挨拶（右）と、藤山愛一郎東京商工会議所会頭の音頭での万歳三唱（左）の写真である。作家の井出孫六さんから指摘されて気付いたのだが、岸・藤山コンビは、一九六〇年の日米安保条約締結強行時の首相・外相コンビなのだ。わずか一八年前、転業者を開拓団として送り出した張本人が、戦後政治の根本になるカジを切ったのである。

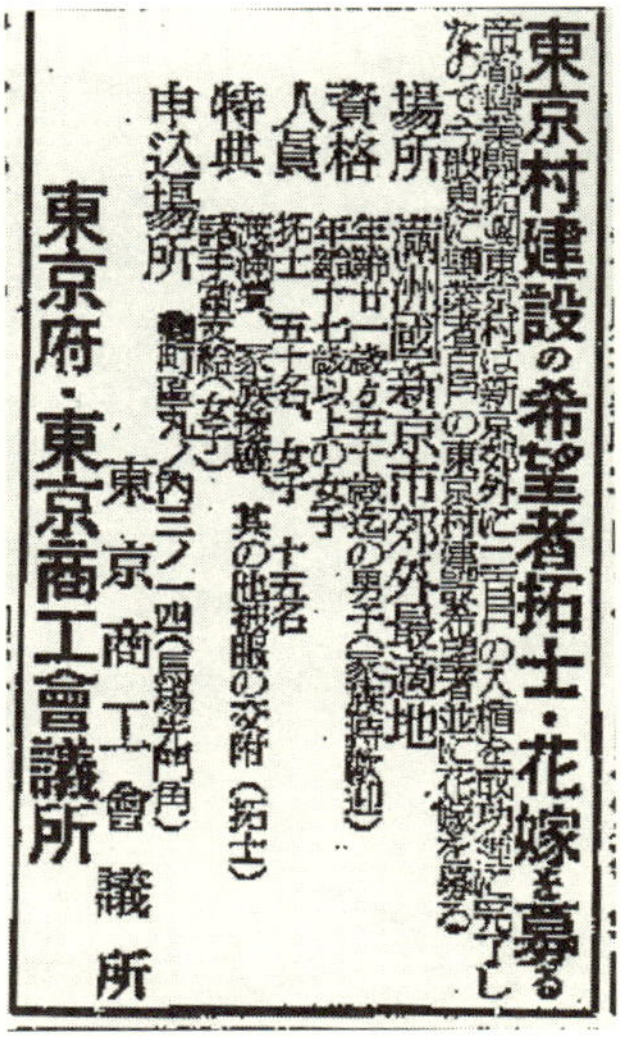
東京村建設の希望者拓士・花嫁を募る
帝都轉業開拓團東京村は新京郊外に二百戸の入植を成功裡に完了したので今般更に轉業者百戸の東京村建設希望者並に花嫁を募る
場所　滿洲國新京市郊外最適地
資格　年齢廿一歳より五十歳迄の男子（家族持歡迎）
　　　年齢十七歳以上の女子
人員　拓士　五十名、女子　十五名
特典　渡滿費、家族援護　其の他補助の交附（拓士）
　　　渡滿手當支給（女子）
申込場所　東京商工會議所
　　　麹町區丸ノ内三ノ一四
東京府・東京商工會議所

（『読売新聞』1943・4・8）

当時の新聞を見てみよう。

> 配給機構の戦時編制に伴う中小商工業者の転廃業者対策として東京商工会議所では拓務省諒解のもとにかねてより満洲に中小商工業者の模範的開拓団を組織すべく準備を進めていたが一三日役員会で開会正式決定した。
>
> （「転廃業者による満洲開拓団」『朝日新聞』一九四二・三・一四朝刊）

入植地は新京（長春）郊外、入植戸数二〇〇戸。五月二二日には、同じように後続先遣隊員三〇名の壮行会が行われているから、写真の隊員は先発先遣隊ということになる。壮行会はその都度行われ、来賓に椎名悦三郎、船田中などの名も見える。

東京商工会議所は、その後も新安開拓団の本隊を送り続け、二〇〇戸を送るとさらに一〇〇戸を募集し、大陸の花嫁も募集して横浜市港北区上谷本町六〇二番地に女子訓練所を開設している。

一九四三年年四月七日の『朝日新聞』夕刊は、この開拓団について、「満洲開拓の展望（下）」の中で、次のように記している。

昨年四月、東京商工会議所を母体とする帰農開拓団先遣隊約五十名が、新京から七十キロ離れた新開河というところに入植し、新安東京開拓団を作った。弱アルカリの半ば湿地帯に蔽われた二千五百町歩の荒地が、彼等に与えられた入植地であった。団長の川端氏は、品川区五反田で、十九年間小間物屋を経営していた人であり、農事指導員は、農学校は出たが、東京で印刷業を営んでいた人、団員は、職工、洋服屋、運転手、染物屋、八百屋、魚屋等々種々様々な職業である。先遣隊に続いて、五月と九月に入植した本隊六十二名を合せ、これらズブの素人の一団が、開墾から収穫までの苦闘を貫遂したのである。

そして、もうひとつ、究極の転業開拓団が現れる。

第十三次興安東京荏原郷開拓団

この団は、一九四三年一〇月一三日に先遣隊六五名、翌一九四四年六月四日迄に七次にわたり本隊を送り、団員二六九名、人口一〇三九名という、東京から出た最大の開拓団であった。そして、武蔵小山の商店街ぐるみという、究極の転業開拓団であった。

『品川区史資料編』（品川区、一九七〇）に収録された「昭和一九年興安東京開拓団の概況」は、次のように述べている。

本開拓団は東京都荏原区小山町の「武蔵小山商店街」を中心とする帝都商業人の転業者によって結成されている。

これによると、団員の前職は別掲「荏原郷開拓団団員の前職」のようになっている。

荏原郷開拓団団員の前職

人数	前職
17人	洗濯業
15人	飲食業
13人	青果商
13人	運送業
11人	乾物商
８人	洋服商
８人	酒類商
６人	写真機商
４人	靴業／紙類商／理髪業／左官／石工／古物商／陶磁器商／家具業／雑貨商
３人	自転車業／魚商／肉商／豆腐業／子ども服商／質商／履物商／表具師
２人	眼鏡商／茶商／菓子商／呉服商／木工／ブリキ業／鋳物業／燃料商／小間物商
１人	自動車／時計／刺繍／染物／造園／浴場／牛乳／煎豆／納豆／洋傘／洋品／蓄音機／アルバム／鍛冶工／電機器具／鋏／大工／印刷／塗装／看板／金物／製本／井戸工事／蒲田（団ヵ）／他略ス

（『品川区史 資料編』（1970）より）

武蔵小山の商店街は都内有数の商店街であり、一九三七年には従来の分立状態から「商店街商業組合」を結成、その後組合、町会の一元化を進めた。しかし、戦争によって迫り来る統制経済の下で、立ちゆかなくなった。

商店街理事であり、在郷軍人会も担当していた足立守三は、一九四三年一一月二〇付で開拓団への誘いの回状を商店街に回している。これに添付されたと思われる「満洲開拓民募集要項」（東京都）という史料がある。私たちが入手できたものは原本ではなく、写真からおこしたものであるが、参考に抜粋掲載しておこう。

時局は従来の営業存続を許さぬ

(1)企業整備

生活に必要な品々の配給制はさらに強化するでしょう。大勢の商業者は不要です。敢然立って大陸へ行きましょう。

(2)都市疎開

敵は本邦の重要都市に対して大空襲をねらって居ます。政府は今回都市の人口、施設、建築物の分散疎開を敢行して、戦闘配置を整うることにしました。今こそ都会人は決然起って大陸開拓に挺身すべき絶好の機会であります。

(3)転廃業者の行くべき道は唯二つ

転廃業舎は工場で武器を造る或いは食糧を作るか道は唯二つあるのみです。

つまり、武器を造るか食糧を作る（満洲移民）か、選べということだ。恫喝に等しい。そして、アメを付け加えることも忘れない。「皆さんに農業の自信が付きますれば愈々個人事業になります。此際一戸当り少なくとも十町歩の耕地（約日比谷公園位の広さ）を貰い受け、これからほんとに自分の仕事が始まります」。

茌原郷開拓団は、かつての独身男性の「ルンペン移民」とは様相を異にしていた。一〇三九名（一九四四年六月）の人口のうち、四割は一四才以下であった。

茌原郷開拓団について言えば、現地民の証言が残っている。西田勝・孫継武・鄭敏編『中国農民が証す「満洲開拓」の実相』（小学館、二〇〇七）である。茌原郷開拓団の入植した土地の一四人の証言が集められており、三人は日本人残留孤児である。

なお、茌原郷開拓団については、放送ドキュメンタリーとして、『「シリーズ証言記録　市民たちの戦争」強いられた転業　東京開拓団～東京・武蔵小山～』（ＮＨＫ　ＢＳハイビジョン、二〇〇九・八・九、四三分）が、克明に取材しており、インターネットでも見ることができる（ＮＨＫ　証言記録　市民たちの戦争）。また、『朝日新聞』が二〇一〇年一〇月一一日から四回、朝刊の東京版頁で四回、「帝都からの満州開拓団　転業商人の悲劇」として連載している。

第七章
末期の開拓団

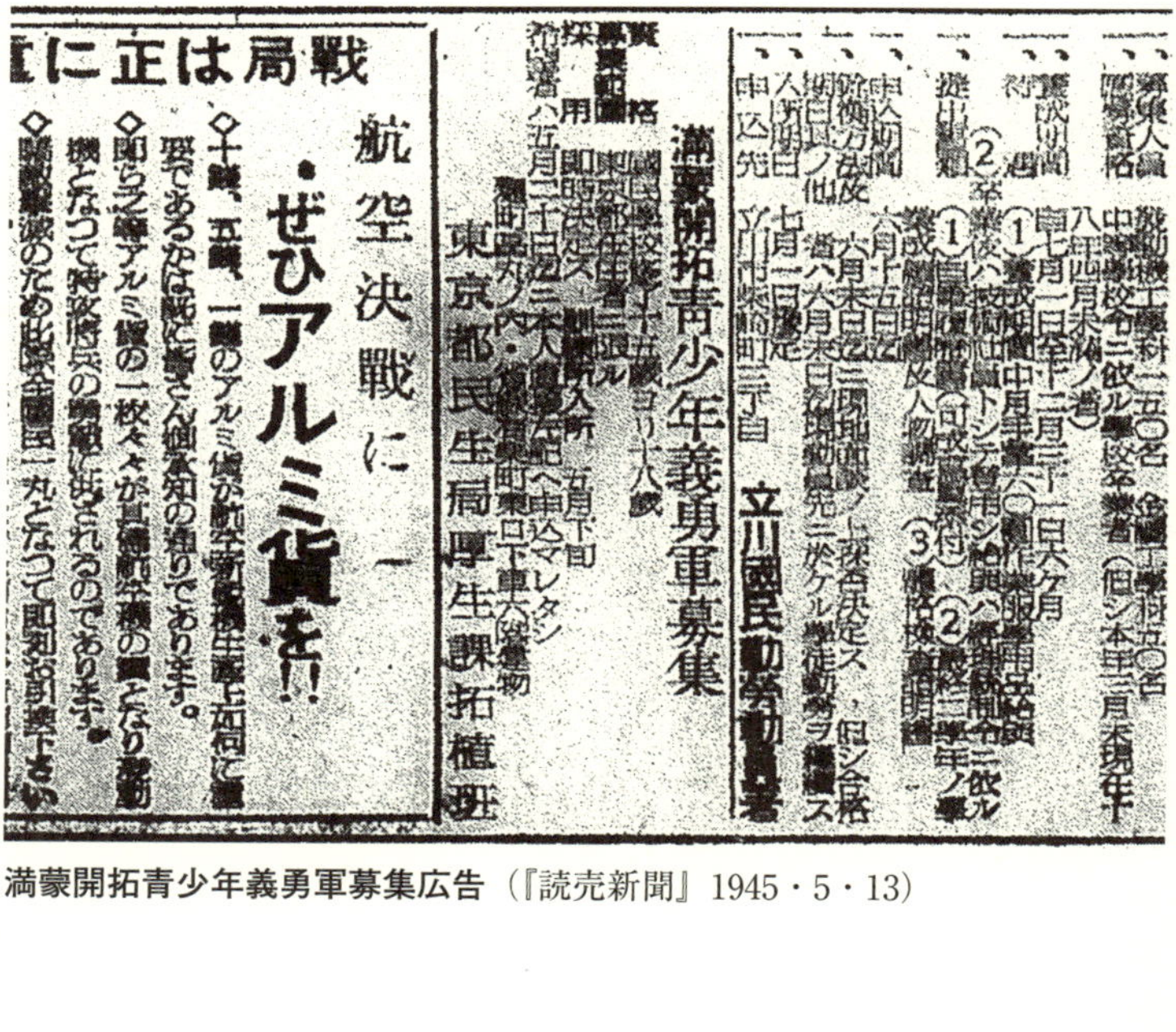
満蒙開拓青少年義勇軍募集
立川國民勤勞動員署
東京都民生局厚生課拓植班
戦局は正に
航空決戦に一
・ぜひアルミ貨を!!

満蒙開拓青少年義勇軍募集広告（『読売新聞』1945・5・13）

この章では、東京から出た青少年義勇軍開拓団、報国農場、満洲疎開、そして日本最後の満蒙開拓団について書いてみたい。

第一節　東京からの青少年義勇軍

満蒙開拓青少年義勇軍の設立

満蒙の地に渡ったのは、開拓団や花嫁だけではなかった。尋常小学校（一九四一年からは、国民学校）を卒業した一四歳から一九歳までの若者も「満蒙開拓青少年義勇軍」として送り出されていた。この青少年義勇軍は、一九三八年一月に拓務省によって「満蒙開拓青少年義勇軍募集要綱」が作られ、全国的な規模で募集が進められた。

この青少年義勇軍の送出は、一九三七年一一月三日に近衛文麿首相に提出された「満蒙開拓青少年義勇軍編成に関する建白書」（以下、「建白書」という）から具体化された。この「建白書」は、農村更正協会理事長石黒忠篤、満洲移住協会理事長大蔵公望、同理事橋本伝左衛門、同理事那須皓、同理事加藤完治、日本総合青年団理事長香坂昌康の六名が連名で提出したものである。

一九三七年は、七月に盧溝橋事件がおこり日中戦争が全面化した年である。政府は、満蒙の地の支配を磐石な物とするため開拓団の送り出しを行っていたが、戦局が激しくなるにつれ、農村からの兵士の動員が増え、「満洲移民百万戸計画」の実現に向けた移民団の送り出しは困難になりつつあった。こうした中で出された「建白書」は時局にあっており、一九三八年から「満蒙開拓青少年義勇軍」の募集と送り出しが開始されたのである。

この「青少年義勇軍」について「満蒙開拓青少年義勇軍とは何か」(『拓け満蒙』一九三八・一一・一五)という一文に次のような記述がある。

東京府の義勇軍父兄会で一父兄から質問があった。その父兄は「私の子供は青少年義勇軍に出したので青年移民なら絶対に出さない。一体どちらが本当なのか」というものであった。義勇軍と青年移民は果して違うものであるかどうか。

結論を先にいうと、此の純真な日本の青少年を大陸で訓練することを単に青年移民というのは不適当でその実体を見極めるとどうしても青少年義勇軍といわねばならない理由がある。青年移民ではない、義勇軍である。(中略)

青少年義勇軍は当面の経済的打開、農村の行詰りに原因するものではなく、集団移民送出と同じ背景は有してはいても、新しい時代、新しい環境に応じて国家民族のために挺身しつつ、己がじしの生活を打樹てて行こう、とするものであり、そこに理想と民族意識の萌芽を包んでいるものである。個人経済改善の理由に基づくと言うより、軍人志望のごとく国家的要求に沿うことによって、個人経済の確立を求めんとするものである。(中略)義勇軍は教育的に、教育者の活動を枢軸として行くのである。

第二章「鏡泊学園」でも明らかにしたが、満蒙開拓青少年義勇軍は、若者のロマンチズムや教育により教え込まれたことをまじめに成し遂げようとする心情を煽り、駆り立てながら組織するための言葉であり、システムであった。

東京からの「満蒙開拓青少年義勇軍」

『満洲開拓史』によれば、東京からは、一九九五人の義勇軍が送出されている。東京からの満蒙開拓団の送り出し総数は、一万一一一一人であるので約一八％が義勇軍である。全国的には、同書によれば、総数三二万一八七三人に対して義勇軍一〇万一五一四人であり、占める割合は、約三一・五％である。この数字をみると、東京における義勇軍の送り出し人数及び総数に対する割合が少ないことがわかる。しかも東京においては、単独の中隊を送出したのは、一九四三年からであり、この後の一隊と併せて二隊合計四八七名である。この二中隊で東京からの義勇軍総数の二十四・四％を占めている。同じく都会であった大阪からは、一九四〇年から単独の「郷土中隊」の送り出しが行われ、五中隊、総数一〇八三名であった。この違いはどこから生じたのだろうか？　おそらく東京と大阪の地政学的な違いや気質が影響していると思われるが、現在のところそれを解明する根拠のある資料はない。

東京からの満蒙開拓青少年義勇軍は、後期の開拓団送り出しの一つの形だったともいえるのである。

私たちもこの「東京からの満蒙開拓団」の研究を始めた頃、周囲の義勇軍に行ったと思われる年代の人たちに義勇軍のことを尋ねてみたが、一様に「自分の周りには、行った人はいなかった」という答えだった。その後、東京から「満蒙開拓青少年義勇軍」に参加した林勇氏や、大町中隊に参加した方のご家族に出会い、貴重な証言や資料をいただいたことにより、ようやくその全貌の一端を知ることができた。以下まとめた内容は、林氏（以下敬称を略す）の証言および資料からである。

東京からの義勇軍送出数

東京からの義勇軍送出数の総数は、一九九五名であるが、各年次の送り出し数については『石碑は語る』（嫩訓八州会編、二〇〇九）によると以下のようになっている。

第一次（一九三八年）・第二次（一九三九年）とも東京から渡満した中隊は、すべて混成中隊であり、どの中隊で何人渡満したのかは不明である。「第三次北桜義勇隊開拓団堀内中隊」は、一九四〇年六月に二八一名が渡満している。この隊は、東京・神奈川・山梨の混成である。「第四次同和義勇隊開拓団大町中隊」は一九九名が一九四一年六月渡満している。この隊は、東京・神奈川の混成である。「第五次一徳義勇隊赤木中隊」は、一九四三年三月に二五〇名が渡満している。この隊は、東京・神奈川の混成である。「第六次東京堀米中隊」は、東京初の単独義勇隊で、一九四三年九月三〇日に二三五名が渡満している。「第七次堀江中隊」は、一九四五年三月に二三七名が渡満している。また、林の証言によれば、「第八次吉田中隊」が、堀米中隊の隊員の父親が中隊長になり組織されたが、内原の訓練所での訓練中に敗戦を迎えたとのことである。

この他に、『満州開拓　大阪の歴史』（大阪自興会、一九九五）によれば一九四一年二月に嫩江訓練所に入り、一九四三年興安駅から北へ八〇キロの開拓団に入植した「第三次万宝義勇隊開拓団」があった。この隊は、東京をはじめ大阪京都など一都二府二〇県、二六一名で編成されていた。

混成中隊における東京出身者の数の内訳は、不明であるが、白取道博『満蒙開拓青少年義勇軍史研究』（北海道大学出版会、二〇〇八）でまとめられている都道府県別内原訓練所入所状況では、東京出身の入所生は、一九三八年二四八名、一九三九年二〇五名、一九四〇年二一九名、一九四一年二八六名となっている。一九三九年度府歳経常部追加予算、移植民費についての追加予算説明（一九三九年七月十九日参事会議案）によれば「内原訓練所に於ける退所者は平均入所人員の七％五に比し本府採用の退所者は一三％にして平均より高きこと五％五なり」とあり、全員が渡満していない。一九四一年六月に渡満した「大町中隊」の場合隊員数は一九九名であるが、同年の神奈川の入所生は三三名となっており、ほとんどが東京出身者だったといえる。『満洲開拓史』にある一、九九五人が正しいとすれば、現在判明している以外にも義勇軍に参加した人がいると思われる。

新聞報道にみる東京からの青少年義勇軍

当時の新聞記事を見てみると、「満蒙開拓の青少年義勇軍を募集」（『読売新聞』一九三八・九・六朝刊）と題し「東京府では、九月下旬茨城県内原農場に入所すべき満蒙開拓青少年義勇軍五〇名を募集している。資格はかぞえ年一六歳から一九歳までの身体健康なもの。身体検査に合格した者は、約二ヶ月間茨城県内原農場で訓練を受け、渡満し三カ年間学科実習を現地で修得した後、集団移民に編入される。費用や日常品はすべて拓務省より補助があるので、父兄は仕送りなどなくして立派な独立農場者になれる。希望者は九月一五日迄に、東京府庁内職業課移民係、または各区役所の社会課へ申し込むこと」という記事がある。この募集に応じた者は、おそらく第二次義勇軍に編入されたと思われる。

また、「秀才ばかりの豆拓士」（『朝日新聞』一九四一・三・一五朝刊）には、王子区内の高等小学校生徒が、満蒙開拓青少年義勇軍に応募した学友（岩淵校七名、王子校一名）を送り出す大壮行会を開いた記事が写真入りで大きく掲載されている。この記事のリードには「満蒙開拓青少年義勇軍運動が開始されて四年目、開け行く大陸に早くも不滅の業績を次々と築きあげているが、その反面一般国民の同運動に対する認識がともすれば歪み勝ちであるのを嘆かれているとき」とあり、こうした「美談」が新聞に掲載されるほど満蒙開拓青少年義勇軍への人々の関心は低かったのだろう。この少年たちは、おそらく「大町中隊」に参加したと思われる。この学校では、翌年には、王子校一一名、岩淵校八名に増加している（『朝日新聞』一九四二・三・三）。

一九四三年三月一八日に渡満した赤木中隊については、『朝日新聞』、『読売新聞』とも報じている。

われらの江戸っ子部隊二三七名の若人たちは、中隊長赤木次郎右衛門氏に引率されて今日十七日夜十時三十分と十一時三十分東京駅を列車でそれぞれ出発する。一行はこの朝十時九分と十一時上野着列車で顔面を輝かせて東京へ帰ってきた。十六と十七の小さな体に大きなリユックサックと鍬の柄をかついで足取りも堂々と府庁内広場に結集、正午松村知事から「北満開拓を双肩に担う諸君の体こそ大切にして」と溢れる激励の言葉を聞いたのち打ち揃って宮城遙拝、誓いを固め午後一時から九時まで京橋第一国民学校に落ち着いて父兄と面会、故郷最後の一日を楽しく噛みしめた。なお拓士たちは、

赤木中隊を伝える新聞記事（『読売新聞』1943・3・18夕刊）

四平省昌図特別訓練所でさらに二年の訓練を重ねたのち家族を迎える。

（「壮途へ上がる豆拓士赭顔に誓う挺身の決意」『読売新聞』一九四三・三・一八夕刊）

等と伝えている。また、同年七月一〇日には「満蒙義勇軍激励の夕べ」が九段会館で開かれている（『読売新聞』一九四三・七・八夕刊）。

そして驚くことに一九四五年五月一三日の『読売新聞』朝刊には、東京都民政局厚生課拓殖班が「一五歳より一八歳までの東京都在住者に限る五月二〇日までに申し込みを」という募集の新聞広告を出している。これに応募した人たちが、結局は内原で敗戦を迎えた第八次吉田中隊の子どもたちなのだろう。

満蒙開拓青少年義勇軍はどのように組織されたのか

拓務省は、「満洲青年移民実施要項」および「昭和十三年度満洲青年移民（青少年義勇軍）募集要綱」の策定後、募集、送出活動をおこなった。当初は、募集時期と青少年の動向にミスマッチが生じ応募の意思があっても就職をしてしまうなどの問題が生じていた。このような中、拓務省は、一九三九年七月三日各府県に「来年度第一次送出義勇軍に付き郡教育会に於いて一個小隊（六十名）編成に関する件」として次のような通牒を発した。

義勇隊運動に関し熱意を有する郡教育会一を選び之が主催となりて小学校高等科二年在学中の男子児童中より来年度義勇軍たらんとするの希望を有する者または二、三男にして義勇軍送出するを適当と認むる者その他適当と認めむる者を当該郡内各学校別に送出し之を郡内適当な箇所に参集せしめ今夏之拓務訓練または拓務講習会のごときを施し（大体四泊五日または六泊七日）以て興亜建設の意識を付与し来年度卒業までにはこれら拓務訓練を終了せる者のうちより来年度第一次の義勇軍を最小限度一個小隊編成し（後略）

つまり、学校単位の青田刈りが開始されたのである。東京では、「興亜教育」として七生の「東京府拓務訓練所」において小学生を対象とした訓練が行われていたことは、第四章第二節中の「東京の満蒙開拓団送出のセンター」の項に詳しく記述しているが、当時の新聞においても

童心に拓務訓練を通して皇国精神を鼓吹する第四回「学童興亜開拓訓練」は、高等科二年の児童を対象として、男子は都立七生訓練所（南多摩郡七生村）で九月八日から十二月二日まで、女子は都立大泉訓練所（板橋区大泉町）で九月十七日から十一月二十二日まで開催することとなった。編成は軍隊式に校長を中隊長とし、一隊は児童、教員合わせて五十六名、三泊四日ずつの編成で総参加校百二十

四校男女児童九百三十六名である。訓練の第一日は入所式ののち、早速軍事教練を実施、第二日目からは午前五時起床、戦陣訓の講話、農作業、第三日目は青少年義勇軍の講話、開墾、軍歌行進、第四日目は精神訓話、時局講話があって錬成期間中の感想発表を行い、退所式、昼食ののち帰校する。

（「皇国の拓士の心を学童に興亜開拓訓練」『朝日新聞』一九四三・九・三）

この訓練が第四回ということは、おそらく東京においても先の通牒による訓練が行われていたと思われる。

一九四〇年頃より隊の編成は、各郷土ごとに行われるようになった。なぜ「郷土」ごとの編成であったのかというと訓練の基礎単位である中隊をそのように編成することによって出身地域の差によるさまざまな諍いや憎悪などをできるだけ除去し、訓練組織の安定化を図ろうとしたからである。「この『郷土中隊』は出身府県を出発するに際して市町村段階から『入営に準じ』取り扱われることにより、一層『郷土中隊』たらしめるのであった。そうした出身地域での壮行には、成員の結束を強め、退所を抑制する作用が期待されていたことは想像にかたくない」（『満蒙開拓青少年義勇軍史研究』）。

東京においては、第四次（一九四一年六月渡満「大町中隊」）、第五次（一九四二年三月渡満「一徳義勇軍開拓団」）ともに神奈川県との混成中隊であったが、神奈川県は送出者が少なく主力は東京からだったのであえて「郷土中隊」を編成しなかったのであろう。東京では一九四三年から「郷土中隊」が作られた。「教育に根底を置く義勇軍編成運動」が末端の教員によって担われていたことはよく知られている。林の証言によれば、彼のいた学校の堀江教員は、第七次の中隊長になった。また、この教師のことを「ヨイコ挺身隊仰光国民学校僕らの軍陣医学」と題する記事の中で次のように伝えている「内原訓練所で四十日間、肝の底まで師根をたたき上げた堀江先生が帰ってきて『無償勤労』を提唱した、勤労は勝つため、お国に役立つためだと、内原の精神がそのまま少年たちに注ぎ込まれた」（『読売新聞』一九四四・一・二八夕刊）。このような存在があったことが大きかったと思われる。

青少年義勇軍父兄会

一方送り出した父母については、『満洲開拓史』に「青少年義勇軍父兄会創立の想い出」と題する文章が載っている。筆者の大月隆伏は、「昭和十三年、満州開拓に青少年義勇軍が募集せられる事となり、端なくも当時府立六中三学年在学中の次男が、これに無断応募したのである」と記している。そして、「先遣隊を東京駅頭に見送って以来、拓友父兄の来訪は絶えず、談たまたま満州開拓の事に及ぶや、各父兄は頻りにその前途に対して疑問を露呈するのであった。しかし、渡満した以上、切角の希望遂行のためには、お互い父兄有志の協力によって、美々善処しようではないかということで、他日を期した次第である。（中略）

『父兄会』の組織を確立し、具体的な問題の解決方法を講ずると共に、現地に子弟を送った以上、血に繋がる思いを具体化するに足る運動を組織的にし、開拓事業の民間支持を強調することの必要性を感じたのである」と一九三八年の暮れに「青少年義勇軍父兄会」を創立させ、終戦間際まで東京駅出発の渡満日には、見送り行事をおこない、「義勇軍父兄通信」を発行したのである。

この文書には、現地からの便りによって「食料事情のため、現地では中隊の半数が、夜盲症に罹っていること、アミーバー赤痢が井戸水の不自由の結果から不可避の伝染病である」ことなどが伝えられたと書かれている。父母たちの心配はいかほどであったであろう。拓務省は、「父兄会をつくることを奨励していた」（『満蒙開拓青少年義勇軍史』）。拓務省は、一九三九年一〇月二八日東京府知事に対して次の文書を発している。

地方事業費補助金に関する件

貴管下満蒙開拓青少年義勇軍父兄会に於いては「父兄通信」の印行を始め種々の事業を企画実施し本事業に寄与せるもの不尠に付き左記金額を貴府を通し補助可致に付き左記御了知の上申請相成度追て申請に当たりては別途通牒の青少年義勇軍拓務訓練講習会経費補助申請に包括して申請書提出相成様致度

これを受けて東京府は、「昭和十四年度歳出臨時部追加予算」を組みこの「提案理由」には次のように書かれている

青少年義勇軍東京父兄会は会員約四百名を有し現地に於ける訓練生に父兄通信を発行して絶えず親心を送り激励慰問に勤むるの外義勇軍制度の宣伝に参列し世の父兄の啓蒙に努力する等相当活躍しつつある団体なるも収入の途なく事業経営甚だ困難なるを以てこれに補助せんとするに在り

そして、歳入の項をみると「国庫補助金　拓務省補助金」とあり、追加予算と合せてこの年には八、五〇〇円が東京府を通して渡されていたことがわかる。このように父兄会の先鞭をつけたのが東京の父母た

ちであった。

　このように子どもたちを義勇軍に駆り立てる仕組みが作られていたが、実際都会の子どもたちは、どうだったのだろうか。一九四四年八月十二日東京市発行の『市政週報』に「興亜勤労訓練所」と題する東京市厚生局の文書がある。この中にこの訓練所の目的の一つとして「訓練生中壮丁年齢未満のものは、満蒙開拓青少年義勇軍に参加することができるが、その場合には、本訓練所は、内原訓練所の予備訓練所たる性質を有することになる。このことは、東京市内の青少年で、直に内原訓練所に入所すると、その猛訓練に耐え得ないで、往々落後する者があるので、その予備として本訓練所に入ることはむしろ望ましいことであろう」とある。やはり、都会の子どもたちにとって義勇軍になるということは、大変なことであったことが窺える。

東京初の郷土中隊「第六次堀米中隊」～林勇の証言～

　満蒙開拓青少年義勇軍として辛酸な暮らしを強いられた人たちがいたことを以下、林の証言や資料から見ていきたい。

　林勇は、「第六次　東京・堀米中隊員」に国民学校卒業後一四歳で参加した。この中隊は、東京から初送出の郷土中隊として一九四三年三月二二日内原訓練所へ入所した。渡満は、九月二二日二三五名が渡満している。仰光国民学校からの一九名のうち、二名は内原で退所し、十七名が渡満した。以降、嫩江訓練所、一面坡訓練所を経て四四年秋からは挺身隊として、大連・錦西で働いた。そして一九四六年五月に帰国した。

この中隊が渡満するまでのことを林は、つぎのようなことを話した。

新宿区の仰光国民学校（戦後は淀橋中学校となった）。同校から第六次堀米中隊に志願したのは、一九名だった。また、第七次堀江中隊の隊長は同校の教師という、義勇隊送出の東京一の学校だった。この中隊の慰霊碑は、多摩の東郷寺にある。碑を揮毫しているのは、安井東京都知事だったことから、この教師は、満洲とのかかわりが深かったのではないかと思う。学校からは、満洲に行こうと盛んに宣伝された。堀江中隊にも十数名が志願している。

内原に入所する前に、七生の訓練所に二泊三日くらい行き、予備訓練をうけた。一九四三年（昭和一八年）三月二二日内原訓練所へ入所した。このときの壮行会は、学校をあげて行われた。来賓者には鈴木孝夫陸軍大将（当時の靖国神社宮司）も来た。

堀米中隊は、五つの小隊で編成されていた。それぞれの学校のあった地域ごとになっており、第一小隊は、中央・港・品川・深川。第二小隊に林が属し、新宿区仰光国民学校、渋谷区代々木国民学校（九名）、中野区中野国民学校（五名）、中野区野方国民学校（五名）大田区雪ケ谷国民学校（二名）。第三小隊は、北・板橋・荒川・王子。第四小隊は、墨田区、江戸川区、足立区。第五小隊は府中市、立川市など多摩地域で編成されていた。一緒に行った子どもたちは、サラリーマンや商店の子弟が多く、わずかに多摩出身者に農家の子どもがいた。

内原では、馬の世話や食事（饅頭）作りを習った。八月に鳥取県の大山の近くで農業の実地訓練を行った。一度内原にもどり、九月一六日に自宅で一泊して、九月二二日に博多から釜山へ渡った。

凍死者が続出した訓練所

嫩江訓練所に着いたのは九月の三十日の夕方四時頃だった。この嫩江訓練所のことについて林は、訓練所出身者の「嫩江八洲会」の会報に次のような文章を寄せている。

十一月の嫩江は、零下二十度から三十度、早くも凍死者が出てみんなを驚かせた。ペチカがあっても燃やす薪はなく、三度の飯も少ない雑炊食では、日に日に衰え弱い者から順次倒れていった。しかも正月前に八名もの犠牲者を数え、訓練所本部を慌てさせた。（中略）同校出身者の仲間が死んだ。炊事場の横の窪地が臨時の火葬場で、夕方からの荼毘は涙をさそうも慰霊に来たのは丸山中隊の幹部のみで、我が幹部からは誰も来なかった。火葬の警護は同窓四人が立ち、燃え盛る火を見つめて明日は我が身を囁き合った。思えば入所二ヶ月でこの変わりようを誰が想像しただろうか。さらに一面坡へ移行する前に中隊本部で見たものは、十四柱の分骨だった。しかも皆な飢えと寒さの凍死である。

「こうした過酷な状況の中で、堀米中隊では、その後の逃避行での死者も含めてわかっているだけで三〇名余が死亡、行方不明五〇名以上となっている。帰国した人の中には凍傷で手や足の指を無くした人も少なからずいた。仰光国民学校では、渡満した一七名のうち、厳冬の中での凍死者など死者三名、行方不明五名、帰国できたのは九名だった」と林は語った。

「戦時勤労挺身隊として」

この嫩江訓練所六ヶ月、一面坡訓練所を経て四四年秋からは「戦時勤労挺身隊」として、大連で、コンクリート船の建造に従事した。訓練所が終われば、開拓団として農業をやるはずだったのに実際は、挺身隊となってしまった。この「戦時勤労挺身隊」とは、一九四四年秋から義勇軍訓練所にいた青少年約一万人を組織的に重要軍需工場や軍の造兵廠、あるいは重要工事等に派遣し、作業に従事させたものである。まさに「一朝有事の際に於いては、現地後方兵站の万全に資する所にあらんとするものなり」（「建白書」）という役割を与えられたのである。このときのことを林は『平和のための戦争体験記　第二版』（原爆絵画展坂戸・鶴ヶ島地区実行委員会、二〇一〇）に「大連建造のコンクリート船」という一文を寄せている。

関東軍の命による、軍の施設や軍事工場への勤労動員が多くなった。その数一万余名の少年たちは、満州各地で増産戦士にさせられた。

コンクリート船建造工事は（中略）場所は大連郊外の「黒石礁」。満州六八八部隊が入る三角兵舎には、九州・川南造船所の方々も多くいた。

ドックとは入江を利した急造地で、周囲をシートで囲った入口には、武装兵が立ち、出入りをチェックしていた。中では中国人を含む労務者五〇名ほどが、船の輪郭通りの足場丸太を架設中で、誰もが黙々と作業に励んでいた。（中略）船の全体像は型枠が成形する程に、船首のみの鉄板が威風来光を思わせ、大きな船を実感させた。（中略）船は三千トン級の二隻だった。だが下士官の説明から、片道燃料で南方へ物資を運ぶ船だと知り、日本軍の苦戦を身近に感じた。（中略）一隻は六月末に完成し無事進水したものの、船首が上がってバランスが悪く、重しで調整しつつ他所へ曳舟され、二度と戻る事はなかったと…。以後のことは不明だが、矢張り無駄骨ではと結論づけてみた。あの突貫工事中はこの船が水に浮くのかさえ疑問視していたが、浮いても役割を果たせねば渤海湾の海底なりと想像していた。そんな大連を思いつつ調べてみると、似たようなケースが他にもあった。大連「周水子」の陸軍飛行場にての、ベニヤの偽装飛行機二機などである。だがコンクリート船建造の真実は、未だ世に知られていない。

林は、この船の建造に一九四五年三月末まで従事した後、四五年六月より錦西において陸軍燃料廠の警備を関東軍の代わりに行った。

敗戦後の青少年義勇軍

一九四五年八月九日のソ連軍の侵攻以降の青少年義勇軍については、数多くの回想記が書かれている。義勇軍の訓練所や開拓団の置かれた位置の多くがソ満国境付近にあり、そこでの惨劇が多く記録されている。林は、幸い錦西にいてコロ島にも近く、引き揚げも一九四六年と早かった。この敗戦時とそれ以降のことを林は次のように語っている。

錦西にあった燃料廠内には、大豆や落花生が南京袋に千余りもあり、八路軍が戦利品として自分たちを使役して搬出させた。続いて九月入るとソ連軍と入れ替わり、引き込み線沿いに積まれた石炭約七〇〇〇トンを貨車に積み込む作業に使役させられた。作業は十一月まで続いたが、ソ連の捕虜にならず、比較的早く引き揚げることができた。

敗戦後の錦西は平穏だったが、一面坡の残留組は、苦難が多く、学友も八路軍への入隊者八名、帰国者四名、五名は未だ不明である。残留組全体では約六十名のうち死亡者約十名余、行方不明者二十名位となっている。堀米中隊長は八路軍に武器隠匿でとらわれ獄死しているという。

日本にもどって来てから東京都から仕事を斡旋するはがきが来た。宮内省で馬の世話をする仕事や北海道の炭鉱で「黒いダイヤモンドを掘りませんか」とか、今の百里基地の場所でぶどう園を作らないかなどだった。自分は、行かなかったが、友人たちの中には応募した人もいた。後に百里基地に反対する運動に参加した人もいた。

今でも、毎年四月の第二日曜日、東京多摩の聖蹟桜ヶ丘の拓魂碑の前で会っている。ここには、百七十三基の慰霊碑が建っている。各開拓団碑や義勇軍各中隊碑等が五百坪の境内左右一列に円形に並び、悲惨だった満洲を象徴している。国のためにと征った満洲だが、一九三八年から敗戦までに渡満した義勇軍八万六千余名のうち二万人以上が命を落とす惨劇で終わっている。「拓魂祭」は毎年四月の第二日曜日、盛時には日本各地から千数百名の関係者が集まり、境内は多くの人で埋まった。正面に並ぶ花輪は文部、厚生、労働の各大臣名で、また弔電は二十数県の知事名で紹介され、地方でも関心の高さを示していた。しかし、一九六三年の第一回より二〇〇四年の四二回までで、以降は、慰霊の行事もなく、有志のみの参加となっている。主催者の「全国拓友協議会」が高齢のため解散したので、現在は二〇〇名くらいの有志が集まり供養を行っている。戦時中は国策の美名で送られた義勇軍も戦後は侵略の加担者と言われ世の変貌を嘆かざるを得ない。

「満蒙開拓とは誤った国策であり、侵略だった。そしてここに年端も行かない子どもたちを「義勇軍」として動員した教育の恐ろしさを感じている。自分は、新聞に投稿するなどしてこの義勇軍の事実を伝えて行きたい」と語る林の言葉に応えて私たちもこの史実を今後も調査し多くの人に伝えていきたい。

第二節　報国農場

勤労奉仕隊と報国農場

一九三九年度から、「満洲勤労建設奉仕隊運動」が始まった。兵員増強と軍需産業の肥大化で、労働力が足りなくなり、食糧増産などのため期限を限って勤労奉仕するこの運動は、『満洲開拓拾年史』によれば、昭和一四年一月の「満洲開拓政策基本要綱参考資料（満洲現地案）」にその端緒が見られるという。当初は、「国有未利用地開発を主眼とし義務耕作制度と併行して道路改良事業、一般土木事業、植林事業、土地改良事業等の公益事業の労務奉仕制度を採用す」（同書）とある。

「一九三九年度中に渡満、奉仕した隊員数は、甲種に於て七〇〇〇名、乙種に於て約一七〇〇〇名」（同書）で、以後、毎年一万名近くが、送り出される。ここで甲種というのは、概ね一農年（播種より収穫迄）で、一般農村青年を主流とし、国防的建設にも奉仕する。乙種はより短期、学生生徒が主流で、農業だけでなく医療や鉱工業、畜産指導にも奉仕する。隊の編成では、甲種は出身府県を、乙種では学校を基本として、郷土、学校を主体とする。
報国農場は、戦争末期にかけて、勤労奉仕隊から派生したもので、学生や勤労青年を軸に夏期に満洲の農場支援を行う増産運動である。報国農場は、一九四三年には、五〇農場、一九四四年には五八農場（三〇都県団体および農業大学等）隊員四五九一名にまで膨れあがっている。
東京からは、新京東京報国農場、扶余東京報国農場、東京農大報国農場の三つが送り出された。そして、それぞれ農場内に開拓団を作る計画がなされた。ここには、疎開、空襲の影響が色濃く反映しているが、これについては次節の満洲疎開で詳述するとして、報国農場自体について見ていこう。

新京東京報国農場

まず、東京都民政局援護部「新京東京報国農場調査資料」（日野市市政図書室所蔵、年月不明、文書内最新日付は「新京東京報国農場在籍者名簿」の昭和三二年五月調、以下「調査資料」と略す）という、手書きの報告書から見てみよう。ここには、約二〇頁に及ぶ「農場脱出状況（復命書）」が添付されている。責任者鈴木亀太郎、著者関塚貞雄の両名が文末に記されている。一九四六年八月六日付け（「高砂丸船中にて」と注記がある）となっているから、この帰国後、報国農場当事者が援護部へ提出したものだろう。

㈠沿革　並　変せんの概要
本農場は、大東亜戦下の国策に基く食糧増産のため、農業報国翼賛態勢の一環としての分村計画により都の指定町村として送出されたものである。

東京都南多摩郡七生村、西多摩郡霞村の奉仕隊員を主体にして設立され、爾後企業整備による転廃業者、戦災等を農業報国会の指導によって開拓団員、要員として移住したものを含めて成立したものである。

△　正式名称　第一新京東京報国農場

※　集団第14次　新京東京開拓団は移行の途次で実在していなかった。

△　入植　昭和18年7月

△　送出府県　東京都

△　所在地　旧満洲国新京特別市南河東区淨月

△　在籍者

(イ)　不在団員

応召者　一一名

総計　七一名

(ロ)　在団者

男　二七名

計　六〇名

女　三三名

農場運営の概況の中では、面積は三九七町歩としている。日比谷公園二四個余りの広さだ。ついで、報告書は隊の編成について記している。

第一小隊　南多摩郡（七生村）選出隊員

中隊（本部）第二小隊　西多摩郡（霞　村）選出隊員

第三小隊　東京都内の移住者及開拓団移行予定の隊員

主要作物については、高粱、大豆、茄子，南瓜、大麦、一般蔬菜が挙げられている。

報国農場での三年

第四章で紹介した『明日に伝える戦争体験』（日野市ふるさと博物館、一九九七）の中の「Ⅳ．満蒙開拓と日野」では、一二頁にわたって、写真入りで新京東京報国農場のことが記載されている。また、『嗚呼満州東京報国農場』（一九八〇）が一五六頁にわたり、詳細を伝えている。著者兼発行者は朝倉康雅、編集者小林晟である。小林は、『明日に伝える戦争体験』にも、多くの写真・資料を提供し、朝倉は、寄稿をしている。この両書を中心に、経過、生活、逃避行等を見ていこう。

朝倉昭郎元七生村村長は、『嗚呼　満州東京報国農場』の中で、「旧新京東京報国農場とその背景」として、次のように記している。

農場は勿論都が出資して満人の土地を買い上げ諸設備をしたのではあるが、その裏面には当時満洲国の開拓総局長であった七生出身の五十子巻三氏の力添えがあったことを忘れてはならない。

東京府拓務訓練所の設置に七生が選ばれたことは第四章で述べたが、報国農場の場合も五十子の関与があったと見て良いだろう。その頃の七生村は、農家は四〇〇戸、田畑合せて約四〇〇町歩であったという。

経過の方を見てみよう。一九四三年三月一三日、秋山常三農場長は、先遣隊員を引率して渡満、四月一一日、農場へ入った。この年の秋、収穫した西瓜、南瓜、茄子などを、新京へ出荷、販売し、豚の飼育も始めた。ただし、子豚が狼によって多数やられたという。この年は、若い男子隊員が多かった。本部の建物も一〇月、後の逃避行で世話になる橘工務店によって建設作業が始まり、満人の住居だった家にも同じく手が加えられた。

年を越した隊員は、交代で内地へ帰り、一九四四年三月頃、先遣隊や本年度隊員を伴って戻った。「当時の写真を見ると、元八王子、恩方、川口、五日町、大久野村等の出身者が多いのであるが」という。「収穫完了後満洲各地の旅行」この事は、十八年、十九年、二十年の各年の隊員の中では一種の憧れ、希望として心の底にあったと思う。今でいう海外旅行であろうか。

現在と違い、海外旅行などは、当時の若い人にとっては「夢のまた夢」だったのだろう。

一九四五年には、次のように隊員が送られた、

一、先遣隊　　昭和二十年三月十日　　東京出発

一、第一本隊　昭和二十年四月十三日　東京出発

一、第二本隊　昭和二十年四月二十九日　東京出発

一、第三本隊　昭和二十年六月二十五日　東京出発　六月二十九日　新京着

大東亜省が満洲開拓民の渡満の一時中止を発令したのは七月二日であった。

「霞村において計画された分村計画の施行に当り満州国新京東京報国農場の除草応援作業として役場よ

り出張の命を受けたのは、第二次世界大戦も益々熾烈を極め、本土決戦が叫ばれ一億国民が総力をあげ戦う覚悟をした昭和二十年五月であった」（『嗚呼　満州東京報国農場』この第三本隊の項については「関塚氏執筆」との注あり）。六月一日、見送りを受けて出発した第三本隊一〇名（男六　女四）は、関釜連絡船がいつ出るかわからないと都庁で足止めをくい自宅待機、結局出発は二五日になった。

報国農場での生活

報国農場での生活はどのようなものであったのだろう。一九四五年の新京報国農場の構成を見ると、女性の比率が高くなっているのがわかる。『明日に伝える戦争体験』や『嗚呼　満州東京報国農場』中の写真にもそれが表れており、前者の本の小林晟の手紙でも、「其れに七生の小隊は若い女子で、自分は年において三・四番目で、二十才以下です」とある。

『嗚呼　満州東京報国農場』の「農場の生活」、「農場作業」の項は、朝倉が書いたようであるが、日常の生活が詳しく書かれている。『調査資料』では、作業日課として朝四時起床、夜九時消灯で、一〇時間にも及ぶ作業時間がうかがえる。消灯が早いのは、電気もなく「又、灯は月二本位の百匁ローソク（かなり太いものであった）があるだけであるために夜は何も出来ず、唯寝るのみであった。」（「農場の生活」）ためだ。

作業時間は、季節によって柔軟に運用せざるを得なかったようである。春のうちは日曜日は公休であったが、除草、収穫の時期にはそれもなくなってしまった。

七生出身者は農家の者が多かったため、休日など取らなかった。当時の日本の百姓では、遊んでいる暇などあろうはずもなく、ただ牛馬の如く働くのみであったのだ。

今思うと、ただ働くのみの農場の生活であった。（「農場の生活」）

そして、「敵」は雑草だった。時として、作物は雑草に打ち負かされてしまう。「除草特攻週間」などと名付け作業に続く作業で、隊員の殆どが疲れ果て、何んの楽しみもない。頭の中は故郷の家の事ばかりである。嗚呼故郷へ帰りたい、我が家へ戻りたい、そんな気持ちで皆んな塞ぎ込んでしまっていた。トンコン病の大発生である。（「農場作業」）

著者は、「草に勝つこと、これがすべての作物の正否の鍵である」と言っている。

しかし、一方では、「然し兎も角日本人は米の混合飯が食えたのだ」とも記している。混合飯は平常米と高粱であった。戦争末期、内地では、食糧不足に加え、連日続く空襲に喘いでいた。しかし、満洲では、鞍山、撫順などへの米軍によるたまの空襲を除いては、空襲はなかったようである。そして、食糧は団や農場から支給され、作物、畜産が仕事でもあり、飢える心配はなかった。そして、報告農場の隊員は若すぎて召集をされなかった。

一九四五年七月へかけて、隊にも召集がかかり、若い隊員を残して、一一名が応召して行かざるを得なかった。

出征して行く人の中には結婚していく人もいた。今思うと、何か悲しい思いが残る。生死のわからないのに、何故妻を残しておかなければならなかったのか。当時と現在では考え方が違い、女子も国

のために出征して行く男子に、身も心も献げるという気持ちが多分にあったのだと思うが

別れて別れて行くけれど
恋し農場が忘らりょか
皆さん笑顔でいておくれ

つれなく、淋しい歌を皆んなで口にしながら見送ったものである。（中略）

今、考えてみるに、当時お国のために一身を捧げるのが、日本国民の義務と考えられていたし、男子は兵隊に行くのが当然であった。然し、異国の地での出征、実にさみしく、悲愴であったと思う。

（「農場作業」）

もうひとつ、注目すべき点がある。一九四五年の七月の話である。

中旬頃開拓団の地鎮祭が行われた。農場の東方に入植予定があるとか言われていた。そののちから開拓団に入る人達は別行動をとることとなった。同じ頃、開拓団用の宿舎用木材や資材やらが沢山持ち込まれて来たので、満人を使って「トピーズ」（丁度現在のコンクリートブロックのように、土と草を混ぜ固め乾燥させたもの）と言うものを造り始めた。

（「農場作業」）

これは、報国農場内に開拓団を作る準備だった。しかしこの開拓団は実現しなかった。

逃避行

新京東京報国農場の逃避行は、ある意味、特異なものであった。それは、王発という中国人が身をもっ

て、農場員を現地民の襲撃から救ったことである。「農場脱出状況（復命書）」でも、『明日に伝える戦争体験』でも、『嗚呼　満州東京報国農場』でも、団の当事者は王発への感謝の言葉を重ねている。以下、『嗚呼　満州東京報国農場』の「終戦前後」の項から、その様子を見ていきたい。

八月九日、午前一時頃、新京方面に照明弾や爆発音が多数あった。しかし、それがソ連の進攻だと知ったのは、翌日、浄月村へ取りに行った新聞によってだった。電気もラジオもないまま、困惑しつつも、日が過ぎていった。

一五日、新京に行っていた二人の隊員が敗戦の放送を聞いた。そして、放送が終わると同時に銃声が起きたという。軍官学校の生徒と反乱した満軍の交戦だ。団では、南への逃避行の準備に忙殺されていた。一六日、「早朝暴民が襲って来た」（「終戦前後」）。農場には武器はなく、「若しあったとすれば交戦となり、重大な事態になったかも知れない。無かったのが幸いしたのかも知れない」（同）。全員縛られ、寮舎に閉じこめられた。女子は暫くして解かれたという。

夕方近くまで、王発氏は暴民を説得し続けていた。「この日本人達には罪はないのである、この人達を日本に送り返してくれ。人類には国境がないのだ」等々懸命な説得であった。我々には彼の言葉は解らなかったが、その熱意のみを知るのみである。寮舎の入口でローソクを灯して立ち、数百の暴民への説得であった。その姿が、今でも目の裏に浮んで来るのだ。尊い程の姿であったことをはっきり覚えている。（「終戦前後」）

彼は日本語が上手で、農場に来た時、隊員がおはぎをご馳走したことがきっかけとなって知り合い、捨て身で現地人たちの説得にあたってくれた。まさに新京東京報国農場の人たちにとっての命の恩人といえる。

（『明日に伝える戦争体験』）

王発の機転により、農場員は現地民が物品倉庫から物資を持ち出すのに熱中している間に、農場を脱出した。王発の他に、もう一人、逃避行を助けた現地民がいた。

年令五十才を越したか、昼の間終始我々の面倒を見て呉れた満人であった。実に王発氏の手となり、足となって働いて呉れる彼に対し云い知れぬ感謝の念が知らず知らずの内に高まって来る。（中略）彼の名は牛乾敦と名乗る附近には一人の肉親もない淋しい境遇の人であった。最初は王発氏の苦力かと思ったが後になって全々面識のない人と知り益々彼の情義に泣かされた。

（「復命書」）

王発は、和順警察署や満軍本部に救援を依頼するため出かけ、駆けつけた満軍に救援され、宿舎に収容された。その後、関東軍防衛司令部を経て八月二一日、新京室町にある橘工務店に落ち着く。その後、召集を受けた農場員も合流し、百貨店で働くなどして、生活費と帰国費用を貯めた。帰国できたのは、一九四六年八月八日で、品川駅に着くと七生村の人たちが出迎えていた。

『新京東京報国農場調査資料』に添付された、参考資料「新京東京報国農場在籍名簿」（東京都民政局援護部）によれば、在籍人員内訳（昭和三二年五月調）として、次のように記されている。

帰還	三四
死亡	五
処理未済	三二

未引揚者　○
計　七一

備考欄には、「1. 処理未処理者のほとんどは帰還或は死亡と思はれる。2. 本籍不明のため在籍調査してない。3. 逐次補修する予定」と記されている。

扶余東京報国農場

扶余農場は、同じ東京から出た報国農場である新京報国農場と交流が深かったようだ。『嗚呼　満州東京報国農場』では、「扶余農場より持ってきた種子」とか、扶余農場の宮田が新京農場に来ていた時に召集され、そのまま応召していったことが書かれている。

扶余農場は一九四四年にハルビン近くに設立され、後に扶余開拓団と混在していた大世帯であった。この開拓団については、『満州開拓史』を見ると次のようになる。

名称　第十四次扶余東京
入植地　吉林省扶余蔡家溝
人数　一五〇名（新京到着時）

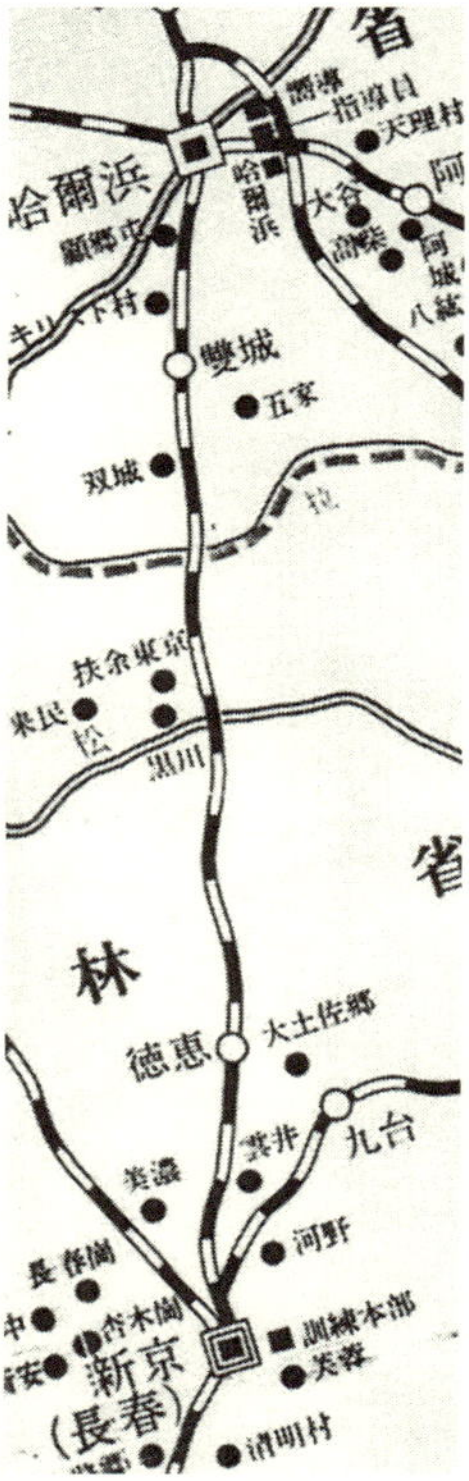

朝倉は、『嗚呼　満州東京報国農場』の中で、扶余農場についても資料に基づいて記している。

扶余農場は昭和一九年になり、ハルピン近くの、蔡家溝に、第一四次開拓団として設立されたのである。金子馬吉氏が主任に、氷川の宮田さんが農作業の主任として開設された。転廃業者が多かった為に家族ぐるみの転入が多く大変であったらしい。単身者は報国農場員として参加したので別の行動をしたのであった。

昭和二〇年四月になり沖縄出身者、都内出身者等が入り総勢三〇〇人を越える大人勢となり、そのため家族持ちを一部落分割したのであった。

逃避行では、第一出発が開拓団員関係者一二〇名、第二出発が奉仕隊員及び本部員一二六名と記されている。現地人、ソ連兵の掠奪が書かれているが、農場がある現地人代表と、物品を分け与えるかわりに農場員の生命を保障するという協定に成功したという。また、「尚農場在住中附近原住民は最後迄われわれに好意的なりし事は特に感謝に値せり」と記されている。

しかし、病死者二八名、行方不明三人、入院者三人、引揚者八三名。大人数、入り乱れた構成の中で別行動をとる者も多数あったという。

また、「昭和二〇年四月」に沖縄と都内出身者が大勢、扶余東京開拓団に入団したことも注目される。東京では、空襲の真っ最中であり、沖縄でも八重山地区を中心に大量の「台湾疎開」が強いられていた。そして、現地民との間の「協定」が成立したことも注目される。

東京農業大学湖北報国農場

次に東京農大が送り出した湖北報国農場について見てみよう。

名称　　東京農大湖北報国農場
種別　　甲種＝独立
入植地　　東安省密山完南
着工　　一九四四年九月
着工時人員　　八七名

農場内に第一四次常磐松開拓団の計画あり。

湖北農場については、黒川泰三編著『凍土の果てに　東京農業大学満州農場殉難者の記録』(記録刊行委員会、一九八四)に詳述されている。東京農大は、樺太(サハリン)、満洲、台湾などの海外実習教育に終点を置いていた。しかし、「学徒動員令」により、学業停止状態、学生勤労報国隊へ送り込まれていく。

この書籍に掲載されている「湖北農場の年譜—岸本嘉春の手記—」によれば、大田正充助教授が準備のため、湖北に渡ったのは一九四三年一一月である。この前後に、関釜連絡船が米軍潜水艦に撃沈されて、岸本は心配したと言うから、この段階でも満洲へ渡るというのは危険だったのだろう。湖北は、河を隔ててソ連と国境を接する虎頭の近くの湿原にあった。翌一九四四年四月、先遣隊八名(五期生、六期生)が渡り、六月初旬に入植祭を行なった。しかし、「大学内で横暴を極めていた配属将校谷川大佐の強引な横車がおし通り」、軍事教練のため大学へ呼び戻された。「このために生じた六〇日余の空白は以後の農場運営に決定的な打撃を与えた」という。九月、新たに七期生を連れて湖北農場に戻り、建設、越冬準備、秋耕などに精を出す。労働は、湿地との闘いであったようだ。地下足袋も靴下も乾く間がなかったという。一一月、越冬隊一三名を残して七期生は帰国した。

農場は、事情に精通している現地民二、三人を雇っていたが、払う賃金にも事欠いて、飼豚を一頭売って、旧正月を越したという。

一九四五年四月一日、渋谷区常磐松台にある東京農大で、拓殖科八期生の入学式（八〇余名）が行われた。そして、第一次渡満隊七九名は四月一〇日出発した。引率責任者の他、五～七期生が引率介添人として付き、あとは入学したばかりの八期生であった。しかし、予定の関釜連絡船は危険なので、九州博多からの渡満に変更された。しかし、万事軍事優先の中で、「軍部当局から『勤労報国隊のごとき、あとにせいっ』と一喝を受けて」、港町の構内に野宿し、二日間待たされたという。

「満州農場には、『白樺茶寮』という娯楽室兼食堂があり、お汁粉やカレーライスが喰べ放題……」と出発前大学で説明があったっけ。それがどこにあるのだろう。――無い。無いわけだ。これからわれわれが作るというのだから。いやそれよりも何よりも七千町歩といわれた農場は、いったいどこにあるのだ。あった、確かにあった。だがそれは荒涼たる土地があっただけである。見わたす限りの湿原をかかえたこの農場は、農場とは名のみで、開墾中の農地は三町歩（3ヘクタール）にも満たなかった。（中略）

従順で素直な学生たちは、それ以上に騙したの騙されたのと議論することはなかった。フロンティアという理想を追求する純真な若者たちに立ちもどるのも早かった。

六月初旬、第二次隊一三名が、常磐松開拓団約二〇名とともに到着する。三次隊は、第四節で述べるが農場に到達しなかった。

黒川泰三は、『東京農業大学拓友会ニュース第二三号』（二〇〇七）にも湖北農場について書き記している。それによれば、農場へは未着に終わった第二次隊二名を含め、拓殖科八期生は合計九五名。八月一〇日からの逃避行を経て各地に分散し、死亡者は五八名に達した。

東京農大の報国農場を振り返るとき、気が付くのはここが、熟地でもなければ、半熟地でもない湿原であったことだ。それは全くの未開の地であり、しかもソ連国境に近い軍事上の要衝の地であった。それだけに犠牲も大きかった。彼らはずぶぬれになりながら、若さと情熱だけを頼りに青春を費やしたようだ。それは、東京から送り出された開拓団のうちの、鏡泊学園や青少年義勇隊に重なって見える。

第三節　満洲疎開

東京の満蒙開拓団を知る会が発足して三年ほど経って、東京の満蒙開拓団は、前半が失業者の移民、後半が「転業移民」であることが解ってきた。しかし、末期の一九四四年以降、これらとは全く異質の要因、満洲疎開が作用したことに突き当たった。満洲疎開とは、米軍の空襲から逃れるために満洲へ疎開することである。実際の疎開の規模等は、未だ不明である。私たちが最初に気づいたのは、展示会に参加された人の次のような証言、文集等であった。その後、関連史料、著作、当事者証言などから、東京の満蒙開拓団の最後の姿が浮かび上がってきた。いくつか挙げておこう。

我が家のあたりはこの日の爆撃目標に入って居なかったのですが、あくる月の四月一三日の大規模な空襲で、私の家もこっぱみじんにやられました。家族が無事だったのがもっけの幸いでした。その後、私の一家は、「何がなんでも空襲のないところはないか」と探し、四月末に東京を離れて、見ず知らずの「満洲」のハルピンに移住し、「流浪の棄民」となったのです。

（『東京空襲犠牲者の叫び　せめて名前だけでも　二五号』（東京空襲犠牲者遺族会、二〇一〇）に掲載された中村ふみさんの体験記）

一九四五年五月、横浜の家が空襲でやられ、父母と弟、私の四人は満洲開拓民に応募し、その頃まだ新天地のように言われていた満洲にわたることになった。

（『平和への架け橋（下巻）―練馬区戦争体験記録―』練馬区、一九九一）

昭和二〇年、母が新京（現長春）に買い物に行った。ぼたん公園の庭に避難してきた人が沢山いた。荷物はトランクに入れてたくさん持っていた。東京大空襲で焼け出された人たちらしい。これから満蒙に行くらしい。母はその光景を見てショックを受け、『お気の毒に』と言っていた。私たち（電話の本人）は新京からは離れた至聖大路（しせいたいろ）の官舎に住んでいた。そこは駅の近くの下町で官庁街もあった。何となく平和で食べ物もあった。日本の小学校がいくつもあり、生活は日本語で足りた。私は小学校三年生、九才。順天小学校だった。母は三年前に八王子で亡くなった。

（二〇〇九年七月一五日、岩波ホールでの当会の情報提供要請チラシに対する電話内容）

二六万人が家を失う――建物疎開――

日本政府は、防空に関してかなり前から警戒心を募らせていたようである。太平洋戦争突入する一年ほど前の一九四一年一月一〇日には、「国土防空強化ニ関スル件」という閣議決定をしており、「京浜、阪神、中京、北九州附近ニ於ケル都市並外地重要都市及軍港都市」での防空体制強化、重要施設の分散などを指示している。また、国策グラフ雑誌『写真週報』でも、かなり早い時期から防空体制の強化が謳われている。

実際に東京に空襲が行われたのは、いつだったのだろう。安斎育郎『ビジュアルブック 語り伝える空襲（第一巻）10万人が殺された日』（新日本出版社、二〇〇八）を見てみよう。東京空襲を記録する会編『東京大空襲・戦災誌』（一九七三）を基に作成と記されている表では、米軍による空襲は一〇六回行われた。第一回が一九四二年四月一八日であったが、第二回は一九四四年一一月二四日であり、以後、約九カ月の間に一〇五回も行われたのである。これに先立って、最初に行われたのは、建物疎開だった。

一九四三年九月二一日の閣議決定「現情勢下ニ於ケル国政運営要綱」ののち、一〇月一五日に、「帝都及重要都市に於ける工場家屋等の地方転出に関する疎開及人員の地方転出に関する件」という建物疎開を指示する閣議決定が出される。これにもとづき、帝都東京では、一九四四年一月二九日に、疎開地指定の第一号が出され、五月の第四次までに至る。

『帝都に於ける建物疎開事業の概要』（東京都、一九四四）という公刊物にはその全容が書かれている。

而して右本部の建物疎開事業は建物除却戸数約五万五千戸を目標とし、之を本年七月末迄に完成する事を目標として目下着々事業を進めて居る次第である。

この書によると、次のことが特定できる。東京の建物疎開の時期は、一九四四年一月から七月頃までであり、家を失ったのは五万五千世帯（市域平均一世帯四・七人として約二六万人）。

一方、学童疎開は、一九四四年六月三〇日に「学童疎開実施要項」が閣議決定され、縁故疎開と集団（学校）疎開が始まる。

強制（建物）疎開でやむなく

第一次重要施設疎開空地指定（その第一号は蒲田）が出された一九四四年一月二九日の当日、読売新聞に、「さあ増産の疎開だ〝小山銀座〟大陸征農に沸る」という見出しの記事が出された。武蔵小山の商店街ぐるみで出る荏原郷開拓団は、国策に協力して、第一次疎開地指定された隣地の二葉地区の人等に空き家を提供し、結んだ契約で得た資金も開拓団に組み入れようとする。

同じく五月の現地からのレポート記事では、見出しが「開拓疎開の春　興安嶺麓の小山銀座村」となっている。荏原郷開拓団は、究極の転業開拓団であるが、いつのまにか開拓疎開になっている。実際に、荏原郷開拓団には、従来の転業とは異質の影が差していた。

二〇一〇年の「大田平和のための戦争資料展」での当会の展示は、朝日新聞と東京新聞で取り上げられ、会には二〇件ぐらい問い合わせがあった。また、新聞記事を読んで多くの方が来場された。そのうちの一人に第一三次（一九四四年）興安荏原郷開拓団に参加されたAさん（七八才）がいた。そして、日を改めて、話をお聞きした。Aさんが、家族とともに渡満したのは、尋常小学校を終え、高等小学校へ入ろうとする矢先のことだった。お家は瀬戸物屋さんで、武蔵小山から少し離れていたが、商売は順調だったという。

なぜ開拓団に参加したかというと、強制疎開のためだという。近くに三菱重工や日本光学などの軍需工場があり、火災の延焼を防ぐために、近くの家を戦車で強制的に壊していったのである。「行き先がどうのではなく、立ち退け」という命令だった。もうひとつ、一九四四年になると食糧事情が相当悪くなってきた。そして、「満洲へ行けば、腹いっぱい食べられる」という話が流布されていた。おばあさんも含めて、Aさん一家は渡満した。お父さんは、いつか機会が来たらと、瀬戸物をいっぱい持って行ったという。

建物疎開者を拓士に～蒲田を皮切りに募集～

建物疎開を受けた人たちを開拓団として送りだそうとした、明白な資料が残っている。『都政週報』の記事がそれである。

疎開者から拓士を

さきに満洲新安に転廃業者の東京村を建設した都商工経済会では、今回疎開者の開拓士を募集することになり、六月三日蒲田区を皮切に都内三五区、殊に建物疎開地区の二十才以上の男子に懇談会、映画会、紙芝居大会等を通じて呼びかけた。

（『都政週報』一九四四・七・一五）

この開拓団は、前章で述べた東京の商工会議所（後に商工経済会）が、転業対策として肝煎りで組織したものであった。ここで、満洲開拓疎開が登場することになった。かつて、失業者の移民として興隆川開拓団が、国策のもと、転業開拓団として報道されていくのと共通している。

ではなぜ、「蒲田区を皮切に」となったのだろうか。

重要施設疎開空地指定二八個所の中で、蒲田区、大森区は各三個所を占めている。品川区、芝区を加えると、計一一個所となる。つまり東京南部は、建物疎開において、重要な一角を占めていたのである。さらに、交通疎開空地指定では、二一個所のうち、蒲田区は群を抜いて六個所を占めている。

当会の会員が住んだり働いたりしている大田区は、帝都東京にとって、交通と軍需産業の要所だったのである。

空襲被災者を役所などが送り出す

一九四四年一一月二四日を期して、米軍の連日の空襲が始まる。最も手ひどい打撃を受けたのが、墨田、江東、台東区などの下町であった。死者だけでも約八万人にのぼる。

三月一〇日の東京大空襲は推定一〇万人の死者を出した。その二〇日後、「都市疎開者の就農に関する緊急措置要綱」という閣議決定が出された。末尾の「備考三」として記されたものを引用しよう。

三、満洲国への帰農希望者に関しては一般開拓団入植在満報国農場施設の活用其の他適切なる受入に付き別途考究することこうして、末期の国策で、開拓団と報国農場に満洲疎開として位置づけが登場してくる。空襲で焼け出された人たちに対し、区役所などが満洲の開拓団行きを勧めた。私たちが証言を聞いた第一四次落葉松開拓団の方の話でも、文京区役所へ相談に行き、勧められたという。

本郷・白山の空襲で

二〇一〇年の資料展の展示が新聞記事に載り、電話をいただいた一番目はBさんで、驚くことに『満洲開拓史』では蒲田区が出身母体と書かれている「虻牛哨《メンニュウシャオ》落葉松開拓団」の参加者の方だった。そして、二番目のCさん（女性）は同じくこの団に参加した人の戦後生まれのご家族だった。

会では二〇一〇年一〇月、Cさんのお姉さん（実際に渡満された）を含めてこの方たちをお招きして詳しくお話を聞いた。ここで明らかになったのは更に驚くべきことだった。両家とも文京区（本郷・白山）で空襲を受け、それが動機で開拓団に参加したのである。空襲後、Bさんのお姉さんが区役所に相談に行ったところ、開拓団で渡満することを勧められた。Bさんは、私たちの質問に答えて、食糧難も大きな動機であったと語られた。家族の多い家では、食べていくこと自体、闘いであった。満洲では食糧は不足なく配給されていた。

Bさんは、Cさんのお母さんを覚えていた。とても野球好きのお母さんだったという。Cさんの幼いお姉さんのことも覚えていた。

なお、Bさんの話では、この団の中心には東京計器（蒲田）の人達がおり、独身女性の団員もいたという。

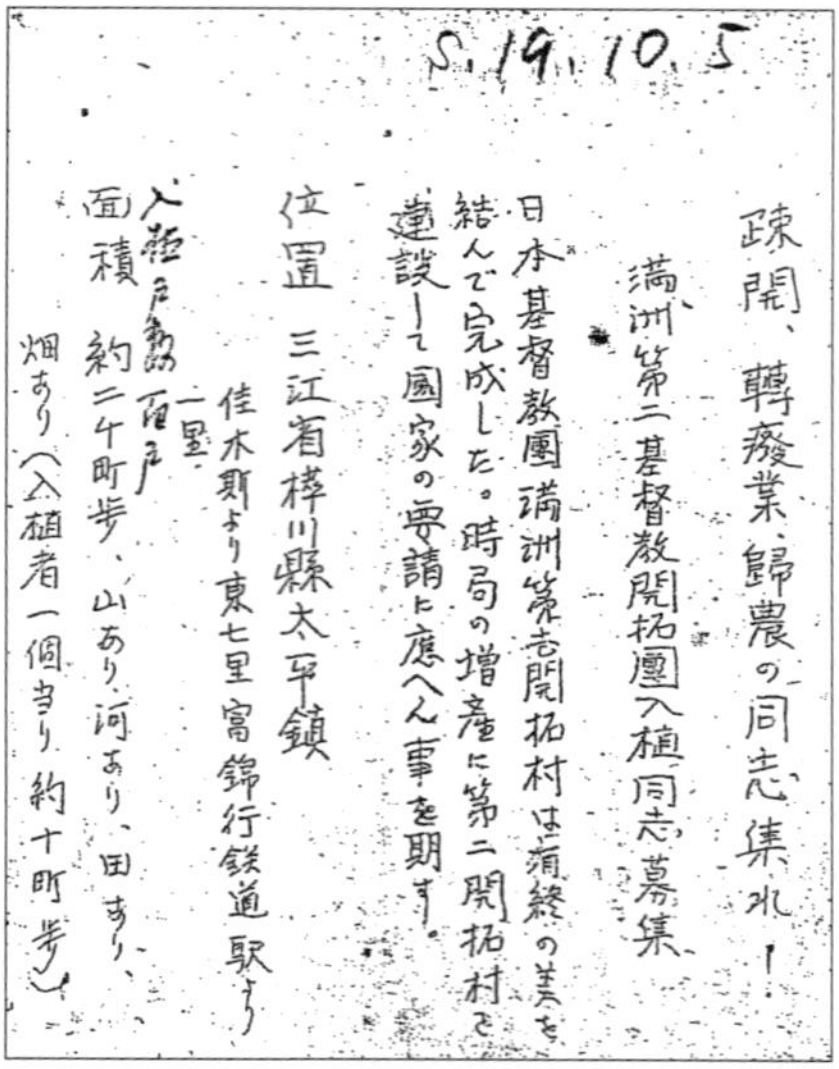
S.19.10.5

疎開、轉廢業、歸農の同志集れ！

満洲第二基督教開拓團入植同志募集

日本基督教團満洲第壱開拓村は有終の美を結んで完成した。時局の増産に第二開拓村を建設して國家の要請に應へん事を期す。

位置　三江省樺川縣太平鎮
佳木斯より東七里富錦行鉄道駅より一里。

入植戸数　百戸

面積　約二千町歩、山あり、河あり、田あり、畑あり（入植者一個当り　約十町歩）

太平鎮開拓団への参加呼びかけチラシ
（賀川豊彦記念松沢資料館所蔵）

太平鎮《たいへいちん》基督教開拓団　疎開は満洲まで

前章で述べた長嶺子基督教開拓団に続く「第二開拓村」は、『改訂版満州基督教開拓村と賀川豊彦』（賀川資料館ブックレット、二〇〇七）によれば、「太平鎮基督教開拓団」であり、団員の募集は一九四四年九月に始まった。戦局も押し詰まっていて応募者は少なく、教団による各区区長、各個教会への懇請にもかかわらず、五ヶ月間で応募者は一一名であった。

入植場所は、ソビエトとの北方国境近くの三江省（現黒竜江省）樺川県太平鎮で、一九四五年四月一日に一一名の先遣隊が出発した。団員の証言によると、新潟で船に乗るのに機雷清掃のため一〇日ほど待たされた。三月には東京大空襲もあり、もはや渡満自体が命がけだったのだ。ともあれ月内に到着した。ところが、「間もなく、団長の室野玄一牧師を始め七名の団員は召集され、開拓団に残された四名は、引揚げの途中で次々に亡くなり、帰国できたのは一人の女性だけであった」（同ブックレット）。しかし、この女性も帰国後間もなく病死したという。

自らは国内疎開したが、第一四次太平鎮基督教開拓団としてお父さん、お兄さんが渡満したDさん（女性・七五才）にお話をうかがいに行った。そこでも、まるで判で押したように、空襲による疎開のことが出された。Dさんは、こともなげに、「当時は、『疎開は満洲まで』と、謳い文句のように使われていたんですよ」と言われた。親の家（日暮里）も親戚の家（三河島）も空襲で焼失し、一九四四年四月に、第一四次太平鎮基督教開拓団として渡満した。こうした状況は、石浜みかる『紅葉の影に』（日本基督教団出版局、一九九九）によっても裏付けられている。

この開拓団が募集に当たって出したチラシがある。転業、疎開はもはや渾然一体となっている。

報国農場内に疎開

なお、前出の黒川泰三『凍土の果てに　東京農業大学満州農場殉難者の記録』では、著者は、「橋元旅行記」（橋元は団の同行者）にある四〇〇人という記述に関し、常盤松開拓団生存者たちの話を総合して、次のように記述している。

一つは、日記中に示された「四百人」という渡満開拓団の数についてである。この集団は、早くいえば当時、米軍の空襲によって家屋、財産を焼失した東京都内の被災者のなかから、都が疎開者として募ったものであった。54頁に太田正充助教授が「大学村の構成員」として、内地から民間人50戸という構想を発表しているが、そのころから東京都は都民の疎開先の一つとして、農大満州農場に着目していたようである。（中略）

焼けだされた都民の一部は、当局の安易な処理に身をゆだね、ここに「東京開拓団」うち約五十名を「農大拓殖団」と呼称する、総勢、四百人の移民集団が形成された。このうち農大農場の受け皿は当面、三十戸百人が限度とされ、その一部がすでに現地へ到着していたのは述べたとおりである。

東京農業大学が管理する農場と聞けば、希望者も少なからずあったであろう。だが、いまになって考えてみると、湖北農場がそれだけの人たちの入植を受け入れる態勢に、はたしてあったかどうか疑問が残る。そのほかの三百五十人ぐらいの人びとも、牡丹江まで同道したのであるから、北満州のどこかへ入植する予定だったのであろう。

松花部隊の証言

私たちが本稿を執筆している最中、新たな解明がなされていることを知った。高橋健男『幻の松花部隊』（文芸社、二〇一二）である。著者からこの本の出版の手紙をいただき、東京の満蒙開拓団についての記述もあることを知らされた。送っていただいた本には、四頁にわたって、緑ケ丘基督教開拓団や報国農場のことが触れられ、東京の空襲、戦災で焼けだされた人が来ていることが証言として紹介されている。そして、森本繁『高粱の縫針』（大湊書房、一九七九）に「昭和二〇年七月、内地被災者が北満開拓地へ疎開、東京空襲で焼け出された人たちと思われる」と記述されていることを紹介している。さらに引用されている元新生日高見義勇隊開拓団の下田進医師が、元日高見開拓団在満国民学校の川端秀樹校長に語ったとして紹介されている言葉に驚かされる。

わたしは今でもあの光景を思い出しますよ。終戦の年の七月でしたからね。所用で佳木斯まで行ったところが、何と駅には内地からの戦災者がいっぱいいるじゃないですか。そうですよ、北満の開拓地へ疎開してきたというんですよ。本土空襲で焼け出された人々がですよ……実に残酷じゃないですか。

数人とかの単位ではなく、いっぱいいたのだ。しかも、七月に。すでに記した、電話での新京の牡丹公園での話が思い浮かんでくる。さらに驚くのは、落葉松開拓団に関する募集記録である。高橋によれば次のようになっている。

昭和一九年に入植していた落葉松東京開拓団では、昭和二〇年に入ったので後続隊員の募集に隊員数名を帰京させた。そしてその募集の記録（傍線は筆者）を、「昭和二〇年三月一一日、本郷区春日小学校で第一回の募集を行ったが、たまたまこの時、空襲で本郷一帯はほとんど焼失したにもかかわらず、約一〇〇名が応募したが、このうちから四〇世帯を引率することになった」とする。

私たちがお話を伺った落葉松開拓団の方は、お姉さんが区役所へ行って渡満を勧められ、入団を決めたと言うことだったが、このように会場が学校での募集で一〇〇名もの応募があったのだ。

大陸へ疎開する「安心感」―大阪―

満洲疎開は東京特有の出来事ではなかった。その例を大阪の第一二次（一九四三年）昇平大阪開拓団に見ることができる。大阪市によって編成された転業開拓団で、入植戸数二〇一戸（男子四四四名、女子四四一名）である。原はるみの論文「大阪府送出の満洲転業移民」（『歴史と神戸』九九号所収、一九八〇）によれば次のような記述がある。

こうして、組合関係者から勧められ、渡満を決意した中小商工業者を中心に編成された昇平開拓団は、一九四五年五月まで、団員家族の送出を続けたのである。最後の送出においては、大空襲に見舞われたあとでもあり、「満洲へ行けば空襲はない（一三）」という気持ちで、むしろ大陸へ疎開するような安心感をもっていた人もあった。

注（一三）は、「当時の大阪府職業課係長の述懐による」と付記されている。

満洲は疎開の生命線——京都——

もう一つは、京都から出た第一四次（一九四五年）舒楽鎮《じょらくちん》平安郷開拓団である。在籍者一二六名で三江省湯原に入植した。二松啓紀『引き裂かれた大地　京都満州開拓団　記録なき歴史』（京都新聞社、二〇〇五）によれば、この開拓団は京都市が一九四四年一一月に募集を開始し、翌年第一次（三月一三日）、第二次（四月二八日）先遣隊を出している。一九四五年一月一六日、京都市東山区馬町空襲（死傷者八九人・被害家屋三〇〇戸以上）があり、一帯は焼失した。

平安郷開拓団の入団志望者の中に、空襲から一ヶ月後に馬町一帯の惨状を目撃した人がいた。いずれ京都市全体が焼け野原になると確信し、満州へ行く決意を固めたという。

開拓団の研修を前に、入団希望者らは熱気にあふれていた。開拓団の担当者は「本土が焼けても、満州がある。万が一にも京都が焦土と化した暁には、『第二の京都』がわれら京都市民の生命線となる。

避難民の受け入れ先となるように、満州の地で尽力してくれたまえ」と高らかに演説した。市の担当者は、満洲を空襲からの疎開の「生命線」と考えていたのである。

なお、沖縄では「台湾疎開」が実在したことが明らかにされている。

『八重山毎日新聞』(二〇〇七・六・三)によれば、沖縄では、約一万一四四八人が台湾へ疎開させられた。逃避行時の満蒙開拓団と同様、大多数は、老人、女性、子どもたちだった。敗戦後も直ぐには戻れず、マラリアなどで、一一六二人が死亡した。

その詳細は、八重山毎日新聞の松田良孝記者による解明本『台湾疎開』(やいま文庫、二〇一〇)に記されている。これによれば、台湾疎開は、一九四四年七月七日の臨時閣議決定で行われた。

第四節　日本最後の開拓団

政府は送出を中止したが

日本最初の満蒙開拓団が、東京深川の無料宿泊所による天照園移民であったことはすでに述べた。では、最後の開拓団はどこだったのだろう。

それは、やはり東京が送り出した常磐松開拓団だった。一般に「逃避行」と呼ばれる、満蒙開拓団の避難は、敗戦の八月一五日ではなく、八月九日〇時を期して行われたソ連の進攻によるものであった。常磐松開拓団が「満洲」東北地方の交通要所である牡丹江駅に到着したのが、一九四五年八月八日二四時ごろだった。そして、団はソ連国境近くの虎林・虎頭に向かうのではなく、逃避行に入ったのである。

日本政府が満洲開拓民の送出を中止したのは、一九四五年七月二日の「現戦局下ニ於ケル満洲開拓政策緊急措置要綱」（大東亜省）によってであった。しかし、それでも渡満する開拓民はいたのである。

大湿原の中の農場目指し

常磐松開拓団は、東京農大湖北報国農場内に設置される予定であった。宿舎も建設中であり、その湖北農場は湖北駅から一五キロの大湿原の中にあった。東京農大は、この年、既に二つの隊を送り出しており、第二次隊には、常磐松開拓団の先遣隊が同行していた。八月八日牡丹江に着いた第三次隊は大田農場長に率いられ、約三〇名の常磐松開拓団が中心であった。黒川泰三『凍土の果てに　東京農業大学満州農場殉難者の記録』には、常磐松開拓団についての記述がある、

二次隊に同行した常盤松開拓団は夫婦者、子連れ、独身者とさまざまであったが当時、大かたの農家がそうであったように、働き盛りの男子はみんな兵役に服していたから、営農経験があるといっても百姓出の老夫婦ぐらいで、独身者は何らかの事情で兵役は免除されたが農作業をするのには差支えない、といった程度の人たちである。この開拓団一行は、先に記したように先着隊であり、大田助教授が率いる第三次隊には、もっと質量ともに高い団員が参加していたらしいことが後にわかる。この先着開拓団の一群も、農大農場がもっと進んだものと思っていたようで、現実を目前にして拱手する場面がしばしばであった。

牡丹江到着、即逃避行

この農場の農場長の長女である太田淑子さんの手記「渡満の行程」（『東京農業大学満州湖北農場顛末記』廣《ひろ》實《がね》平八郎編刊、一九九八）や太田淑子『礎——北満への鎮魂歌』（出版文化社、一九九五）に詳しい。これによると渡満までに次のような経過をたどった。

一九四五年六月二六日に四〇名ほどで東京を出発、敦賀で船が出るのを待機していた七月一二日に空襲を受けて避難、七月二八日に舞鶴で一万トンの船に乗る。が翌日、機雷に接触、救命ボートで脱出し、迎えの船に救出された。八月二日、一五〇〇トンの船で敦賀から出発、六日元山港に到着、七日に列車に乗り、八月八日夜一二時頃、牡丹江駅に到着する。その時刻、ソ連軍が国境を越えて怒濤の進攻を開始していた。つまり、団は結果として、烈火の勢いで南下しようとするソ連軍を目指して、辛苦を重ねながら北上していたことになる。この記述は、黒川泰三『凍土の果てに　東京農業大学満州農場殉難者の記録』に出てくる手記「満州旅行記」の次の記述と一致している。なお、太田淑子の著書では、「橋元旅行記」として出てくる（橋元は団の同行者）。

八月八日　牡丹江に着いたのは夜一二時。大雨中、連絡悪く漸く満拓会館の一室に落ち着く団員は寧安の義勇軍訓練所に避難することになり、一二日に牡丹江を出発する。その後も逃避行をくり返すがソ連の戦車部隊に遭遇、身柄を拘束される。大田農場長は翌年二月一二日、東京城近くの自警村で息を引き取る。

おわりに　東京の満蒙開拓団とは何だったのか

私たち「東京の満蒙開拓団を知る会」が、この五年、追い求めてきた課題は、東京から出た満蒙開拓団の全体像をつかむことだった。中でも、この人たちが、なぜ満洲へ移民していったのかだった。その答はほぼ出たようである。

とはいっても、東京の満蒙開拓団の全てを一律に見ることはできない。第二章で見た鏡泊学園や、第七章で見た青少年義勇軍、報国農場など、青少年の理想主義に働きかけたものもあったからである。しかし、東京の満蒙開拓団の主な性格ははっきりしてきたと言えよう。

国内棄民の移民

「皇軍」が敗戦を前にして、満蒙開拓団を見捨てて退却したことは広く知られ、今日、「棄民」という言葉の代表例となっている。それが戦後も引き継がれ、つい最近まで、残留孤児・残留婦人問題にも厳然とこの棄民がなされてきた。

棄民と対置される言葉は何だろうか。それは、表面的には「国体護持」と言えるだろう。ソ連の進攻から天皇制という国体を護持するため、防衛線を引き下げたというのである。しかし、そこには大きな欺瞞がある。実態は、ソ連の進攻を前に、関東軍、役人、満鉄社員たちは、その家族を連れていち早く列車に乗り、民衆を置き去りにして逃亡したのである。「国体護持」など言い訳に過ぎない。言葉を変えれば、「国体護持」の内実とは、民衆の犠牲の上に成り立つものであったのである。

誤った「国策」は、必ず「棄民」と裏腹である。例えば、足尾鉱毒事件の問題や、水俣病の問題にそれを見ることができる。そして何よりも今、私たちは、原発推進というグロテスクなまでに巨大で誤った国策が生みだした国家と東電による「棄民」と日々、向き合っている。

東京の満蒙開拓団を調べた結果、分かってきたのは、今回のことも実は国内棄民だったということだ。

開拓団前半期（一九三二〜一九三八年）に渡満した人々は、「ルンペン移民」と呼ばれ、世界恐慌、農業恐慌の嵐にさらされ、しかも冷酷な政治下で、生き続けるには満洲移民になるしかなかった。後半期（一九三九〜一九四三年）になると、戦争経済の急進行の中で、生きるすべを奪われた中小商工業者が、「転業民」として生存の夢を満蒙開拓団に託すしかなくなった。末期（一九四四〜一九四五年）に至っては、米軍の空襲と食糧不足の中で、追い立てられるように渡満せざるを得なかった。

これらの「ルンペン」、「転業民」、「疎開者」の人々は、その原因に何一つ、自分たちに責任があるわけではなかった。それどころか、「転業民」は平和産業の主な担い手であった。彼等は、まっとうに生きる権利を国家によって奪われ、満洲支配の片棒を担がされたのである。

結局、敗戦時に直面したのは、これ以上ない程残酷な、そしてまるで予定通りであったかのような国家による再度の棄民であった。

帝都の移民

もうひとつ、東京の満蒙開拓団を考える上で、見逃せない問題がある。

なぜ、日本最初の満蒙開拓団は東京から出たのか。その天照園移民、そして多摩川農民訓練所からでた移民は、大勢が地方の困窮を背負った人々であった。その一滴づつが巨大な流れとなり東京に流入し、あっという間に零落してルンペン化し、「最後的生活」に直面した。それを座視し得なかった社会事業者である小坂凡庸夫、畑野喜一郎らが篤志家の支援を得て救済実践のかたわら、本質的解決の道を探り始めた。たどり着いたのが満洲移民への道であった。しかしそこにも難関があり、皇道派幹部であり、「策略好き」の秦真次中将の協力を得て、満洲移民は初めて実現した。これは、帝都東京だから可能だったのである。

また、棄民とは異なる鏡泊学園（一九三三年）は、国士舘義塾の山田悌一総務が、大アジア主義の理想を説き、満洲農業移民の中堅幹部養成を目指したものであった。

東京は首都であり、あらゆる矛盾が集中し、権力も良心も策略も報道も集中していたのである。

そして、帝都の開拓団として、その色彩は最後までつきまとう。例えば、多摩川女子拓務訓練所（大陸の花嫁の訓練所）についても、報道は、高女（高等女学校）卒もどしどし申し込んでくると煽るようになる。「ルンペン移民」と新島の分村移民として始まった興隆川開拓団について、国策で転業開拓団推進が決定されると、一ヶ月後に報道は突然「江戸っ子開拓団」として転業移民キャンペーンを始める。荏原郷開拓団についても、東京都の強制疎開（建物疎開）の第一次指定と同時に協力キャンペーンを展開し、いつのまにか「疎開開拓」と名付けられていく。メディアによって東京の満蒙開拓団は国策のテコでもあり、広告塔でもある役割を担わされたのである。最後は、東京大空襲による満洲疎開であった。

東京の開拓団とは、その大勢が、国家によって強いられた帝都棄民であり、平和産業民衆の開拓団であった。

東京からの満蒙開拓団一覧表

	種類	名称	省	入植西暦	人口	備考
1	分散・集合・帰農	(天照園)一棵樹開拓組合	興安南省	1932	327	①入植欄は渡満年。②1942年転業組受け入れ、③人口は『年鑑』
2	分散開拓団	鏡泊学園	牡丹江省	1933	277	①人口は、1次2次合算。②解散後、城子河・呼倫貝爾等に分散、残留は23名。
3	集団	興隆川東京村	吉林省	1939	553	①人口は『年鑑』。②前職： 商業53% 工業36% 農業11%(朝日新聞1941年3月1日)
4	集合・帰農	亮子河協和	東満総省	1939	214	①人口は『年鑑』。②転業
5	集合	長嶺子基督教	浜江省	1940	111	①人口は『年鑑』。②転業
6	集団	十一道溝東京	北安省	1941	215	①人口は『年鑑』。②計画戸数 300戸
7	集団	長峇八丈	牡丹江省	1941	372	①人口は『年鑑』。②転業 前職：農50戸 商48戸 工50戸 計画戸数300(『開拓史』)
8	集団・帰農	新安東京	吉林省	1942	258	①人口は『年鑑』。②転業 東京商工会議所が送出母体。1942年から敗戦まで10次にわたり渡満
9	集団・帰農	仁義 佛立郷	興安南省	1943	636	①人口は、『集団第十二次仁義佛立開拓団』(東京都民政局援護部 - 開拓団資料 - ②転業
10	集団・帰農	顧郷屯東京	浜江省	1943	191	①人口は『開拓史』。②次行の東京郷とは隣接していたものと考えられる。③転業
11	集団・帰農	東京郷	浜江省	1943	71	①人口は『年鑑』。②前行の顧郷屯とは隣接していたものと考えられる。③転業
12	義勇隊訓練所	一面坡 堀米中隊	浜江省	1943	250	①人口は『開拓史』。②1943年内原入所。1943年9月渡満。
13	報国農場	新京東京報国農場	吉林省	1943	71	①人口は『新京東京報国農場調査資料』(東京都民政局援護部 1946)
14	報国農場	扶余東京報国農場	吉林省	1944	126	①人口は、『報国農場』。②転業・疎開
15	集合	虻牛哨(メンニウシャオ)蒲田郷	四平省	1944	48	①人口は『開拓史』。②東京落葉松開拓団とも呼ばれる。③転業・疎開
16	集団開拓団	興安荏原郷	興安南省	1944	1391	①人口は、「昭和十九年六月興安東京開拓団の概況」(品川区史資料編 1970) ②転業・疎開
17	義勇隊訓練所	勃利 堀江中隊	東安省	1944	237	①人口は『開拓史』。②1944年内原入所。1945年3月渡満。
18	報国農場	東京農業大学	東安省	1944	89	①人口は、『凍土の果てに』(黒川泰三 1984) から積算。
19	集団	扶余東京	吉林省	1945	120	①人口は、『報国農場』。②転業・疎開
20	集団	新京東京	吉林省	1945	—	①当団は、計画されたが実現しなかった。
21	集団	太平鎮南緑ヶ丘基督教	三江省	1945	11	①人口は『改訂版満州基督教開拓団と賀川豊彦』(賀川資料館ブックレット 2007) ②転業・疎開
22	集合	常盤松	東安省	1945	25	①人口(団員)数は、「渡満の行程」(太田淑子 1998『生還者の覚書き』所収) ②転業・疎開
23	鏡泊学園から編入 集団	城子河	東安省→吉林省	1935	45	①人口は編入時。②第4次城子河開拓団全体では723人(『年鑑』) ③1941年に移転
24	鏡泊学園から派生 集合	ホロンバイル	興安北省	1935	71	①人口は『年鑑』。②派生時、ハイラル部隊の除隊兵と結成
25	鏡泊学園から派生 分散	三河共同農場	興安北省	1936	21	①人口は『年鑑』。

『年鑑』:『満洲開拓年鑑』(満洲国通信社 昭和19年版 団データは昭和18年12月1日現在)
『開拓史』:『満洲開拓史』(満洲開拓史刊行会 1967)
『報国農場』:『嗚呼 満州東京報国農場』(朝倉康雅 1980) 作成：東京の満蒙開拓団を知る会(2012年8月)(11月改訂)

あとがき

私たちが二〇〇七年九月二九日「東京の満蒙開拓団を知る会」を結成してから足かけ五年を経て、ようやくその全貌を明らかにする本書を出版することができました。

東京から一万千百十一もの人たちが満洲へと海を渡ったことを知った時の衝撃は忘れることができません。そしてなぜ人々は開拓団となったのかという疑問を解明する作業を開始しました。この過程で私たちは、国立国会図書館、東京都立中央図書館そして東京都公文書館に通い、新聞や史料を集め、都内にある開拓団関係の記念碑などを実際に見に行きました。また、研究者の方たちや開拓団関係者へ失礼を承知で電話や手紙を送り、お話をうかがったりしました。そのひとつひとつが、新たな発見であり、新たな出会いでした。私たちの不躾なお願いを快く聞き入れて、大切な史料を見せてくださり、証言していただいた皆様のご協力なしには、この研究を進めることはできませんでした。とりわけ、第一次史料である公文書の発掘にアドバイスをいただいた東京都公文書館の皆様、貴重な当時の文書を数多く保管している日本力行会の資料室の皆様のご協力に感謝を致します。そして、私たちの研究の発端である「荏原郷開拓団」についての情報をもたらしてくれた塚原常次氏、研究について的確なアドバイスをしていただいた加藤聖文氏、また、つたない文書を読み、励ましの言葉を送っていただいた井出孫六氏の諸氏に感謝の言葉を申し上げます。そしておひとりおひとりのお名前は記しませんが、この研究にご協力いただいた皆様に心よりお礼を申し上げます。

ようやく東京からの開拓団の全貌を明らかにすることができましたが、まだ解明しきれていないいくつかの課題もあります。天照園の園主であった小坂凡庸夫（芳春）氏については、経歴など詳しいことがわかっていません。同じ都会であった大阪では青少年義勇軍が多く、東京からは転業開拓団が多かったという開拓団送出母体の違いはどうして生じているのか、落葉松開拓団に大田区の東京計器の人たちが関わったのはなぜかなど、まだまだ解明し切れていない多くの疑問があります。

私たちは「東京からの開拓団についてはまだ世に問われていない」という井出孫六氏の言葉に応え、このたびこのような本を出版しました。不十分な点が多々あると思います。皆様の御批評をいただきたいと思っています。また、研究の中で集めた資料を『資料集成』として緑蔭書房から出版すべく編纂作業を現在行っています。後世の研究のお役に立てればと思っています。

史実を知りたいということを原動力にこの研究を進めて来ましたが、同時にこの満蒙開拓団の実相を知れば知るほど現代の問題として考えざるを得ませんでした。ちょうど、天照園について調べている頃、リーマンショックに端を発した不況により派遣切りが起こり「年越し派遣村」が作られました。会のメンバーもこの派遣村にボランティアとして参加しました。そして、この「年越し派遣村」に集まる人々と「天照園」に集まった人々が時空を超えて重なって見えました。いつの時代でも切り捨てられ、路上に放り出される民衆がいることを改めて思い知らされました。さらに東日本大震災により起きた東京電力福島第一原子力発電所事故から一年目に開かれた集会で浪江町から避難してきた橘柳子さんは「中国大陸を徒歩で集結地に向かったあの記憶がよみがえりました。原発事故の避難は、徒歩が車になっただけで、延々と続く車の列とその数日間の生活は、あの苦しかった戦争そのものでした。そして私はおびえました。国策により二度も棄民にされてしまう恐怖です。いつの時も、国策で苦しみ悲しむのは罪もない弱い民衆なのです」と語りました。この言葉に表されているように、戦前戦中、国策として進められた満蒙移民と、戦後の原子力発電所建設、どちらも少しでも幸せに暮らしたいという人々の思いを逆手にとり国策として進められ、都合が悪くなると棄民をしています。

歴史から学ぶということは「二度と同じ過ちを繰り返さないことだ」と言われています。しかし、今、格差が広がり貧困層が増え人々が希望を失いかけています。こうした中で私たちが為政者の動きに無批判に追随し、自ら進んで巻き込まれていくと、また同じ過ちが繰り返されます。私たちは、この研究がそうならないための一助になることを願ってやみません。

解説　満蒙開拓団の歴史的背景

加藤聖文

日本の近代に満洲が与えた影響は大きなものがある。日本と満洲との歴史的関係は日露戦争から始まるが、すべての日本人を巻き込んだ関係となるのは、満洲事変が契機になっている。なかでも一般民衆レベルでの深い関わりは、満蒙開拓団（正式には一九三九年一二月二五日に満洲開拓基本要綱が閣議決定されてからは満洲開拓団と呼ばれた。それ以前は満洲移民団。ちなみに、「満蒙」とは大正から昭和初期にかけて日本で一般的に使われていた満洲と東部内蒙古の合成語）と呼ばれた全国規模で行われた移民政策を通じてである。さらに、敗戦による悲劇的結末によって、現在にいたるまで私たちの重い記憶として語り継がれている。

しかし、現在の私たちがイメージする満蒙開拓団は、敗戦時の悲劇に限定されがちであり、開拓団が生まれた時代の歴史的背景や、開拓団そのものがどうして国策として進められたのか、さらには敗戦によって祖国へ引揚げてきた開拓団員は、どのような戦後の歴史を歩んできたのか、などなど多くの国民を巻き込みつつ悲劇的結末によって終わった国策の規模に比して、未だ解明されていない点が多い。以下、この点を踏まえて満蒙開拓団の歴史を概観してみよう。

満洲移民誕生の歴史的背景

一九三一年九月一八日、関東軍は満洲事変を引き起こし、またたくまに満洲全域を支配下に入れた。そもそも満洲事変は、関東軍参謀であった石原莞爾によって、戦史研究と日蓮教義から導き出された彼独特の思想である世界最終戦争論を抜きにしては、語ることができない。すなわち、来るべき世界大戦の勝者となるために、日本は満洲を手に入れ、高度国防国家を築き上げることが不可欠とされていたのである。

このように、軍事戦略上の必要性から引き起こされた満洲事変であったため、石原らは当初、満洲を日本が完全に支配する満蒙領有論を唱えていた。しかし、事変が拡大する中で、対外関係を意識する政府と陸軍中央は満蒙領有論に反対し、政治的せめぎ合いの中で傀儡国家建設という妥協が図られた。こうして誕生したのが満洲国である。

満洲国の誕生によって、石原ら関東軍幕僚が構想していた満蒙領有論は否定されたことになるが、その結果、今度は満洲移民構想が浮上することになる。

一九三二年三月に誕生した満洲国は、「五族協和」をスローガンにかかげて、満洲国を構成する五つの民族（日本人・満洲人・漢人・朝鮮人・蒙古人）は平等であるという理念を掲げた。これは中華民国の「五族共和」（漢・満・蒙・蔵《チベット》・回《ウィグル》の五族）に対抗するイデオロギーでもあった。

とはいえ、満洲国は日本人が実質的な支配者であり、なかでも関東軍が実権を握っていた。しかし、満洲国の全人口三〇〇〇万人のうち、日本人はわずか二〇万人に止まり、圧倒的少数派という矛盾を抱えていた（なお、大連を中心とした関東州は、日本の租借地であって、満洲国には含まれない）。

表面的なものであれ、五族協和をそれなりに見せるためには、満洲国内の日本人を増加させる必要がある。石原は全人口の一〇％にあたる三〇〇〇万人は必要と考えていた。ただし、満洲事変前から在満日本人の中核であった都市住民（商工業者や会社員・官吏など）では、大量増加を見込むことは不可能である。そこで注目されるようになったのが農業移民であった。

産業の近代化によって人口増加に拍車がかかることはどこの国も共通の事象であって、日本でも明治以降の近代化の過程で人口は急増し、農村の余剰人口は都市へと向かい、それでもあぶれる人びとは移民となって海を越えていった。当初はハワイ、それから北米へと多くの日本人が移民となって渡っていったが、一九二四年の排日移民法によって、北米移民の道は閉ざされた後は、ブラジルを中心とした南米移民が主流となっていった。のちに最も多くの満蒙開拓団を送り出した長野県は、もともと南米移民が奨励されていた土地柄であった。

さらに、年々強まる人口増加圧力に加えて、一九二九年に始まった世界大恐慌は、日本経済に大打撃を与えた。当時の日本経済は軽工業中心で、なかでも生糸が輸出の主力商品であったが、恐慌によって生糸価格が暴落し、養蚕に経済的に依存していた農家が困窮した結果、農村の疲弊が深刻化した。しかし、政友会と民政党という二大政党による政党内閣時代を迎えていた国内政治は、政権交代のための政治闘争に明け暮れ、有効的な政策を打ち出せないまま、国民のあいだでは政治に対する失望感が広まっていた。

満洲事変はこうした背景のなかで起きた。当時の人びとは、満洲での軍事的成功に対して、閉塞感漂う現状を打破するものとして熱狂的に迎え入れた。しかも、満洲事変後の日本経済は、軍事費の膨張という裏付けのなかで上昇に転じ、国民の軍部に対する支持は高まっていった。大正デモクラシーの昂揚と軍縮という世界潮流のなかで、国民の軍部に対する評価は冷ややかであった事変前に比べて、国民の軍部に対する目は、一八〇度変わってしまったのである。満洲事変から日中戦争を経て、やがて日米戦争にいたる軍部の暴走は、国民の支持があったという事実は重いものがある。

満洲事変とそれに続く満洲国の誕生は、日本人のあいだに「満洲ブーム」といえるものを生み出した。これまで多くの日本人にとって、満洲は遠い存在であったが、事変後は一旗組が押しかけるようになり、民間のあいだで多くの移民団が組織されたが、これらはほとんどが思いつきの杜撰なものであったため、天照園のようなごく一部を除いて、失敗に帰することになる。

もともと満洲への移民は、明治の頃から後藤新平などが提唱し、関東都督府や満鉄が、関東州内に移民村を建設したりした。しかし、関東州という限られた小さな地域ですら移民はうまくいかず、結果は惨憺たるものであった。このような前例もあってか、この頃の日本政府は満洲移民には消極的であり、むしろ続発する無計画な移民を押さえ込もうとしていたのであった。

満洲移民はどのようにして生まれたのか

どちらかというと政府よりも国民の雰囲気が盛り上がっていたなかで、二人の人物が満洲移民実現の原動力として登場する。疲弊した農村を救済するには満洲移民しかないと考える農本主義者の加藤完治と、満洲国内の治安維持という軍事的な必要性から、満洲移民に目を付けた陸軍軍人の東宮鉄男であった。

両者の構想は本来は互いの連携も無いまま別々に生まれたものであった。加藤の場合は、もともとの計画は、同じ郷里山形県出身の退役軍人角田一郎が構想した武装移民計画が切っ掛けとなっている。故郷での農村改良運動に熱心であった角田は、かつて山形県自治講習所長であった加藤に移民計画を持ちかけた。そして、加藤の親友であった農林次官石黒忠篤、さらには石黒の紹介を通じて東京帝国大学農学部教授那須皓と結びついた結果、田舎の退役軍人の思いつきに過ぎなかった計画は、政治性を帯びた実現性の高いものへと変容したのである。

日本国内での移民計画の浮上とは別に、満洲の関東軍では、満蒙領有計画が否定されるなかで一九三一年末には移民計画が持ち上がっていた。そして、年明けの一月二六日に開催された関東軍統治部産業諮問委員会において、委員会に参加していた那須が、京都帝国大学農学部教授の橋本傳左衛門とともに会議での議論をリードして、満洲移民計画案を答申することに成功する。彼らの主張は加藤と同じく合理性よりも精神性を強調したおよそ学者らしくないものであったが、「有識者」のお墨付きを得た関東軍は、満洲移民計画の政策実現を目指すことになった。

一方、国内では加藤らの計画とは別に、満洲移民に注目していた官庁があった。それが拓務省であり、事変直後から省内で満洲移民計画の検討を始めていた。拓務省は、植民地行政と移民業務の一元化を目的として一九二九年に生まれたが、目立った実績も挙げられず、行政改革の一環として、満洲事変が起こる直前に省の廃止が決定されていた。そうしたなかで起きた満洲事変は、拓務省にとって起死回生の曉光となった。拓務省にとって、満洲移民は省益拡大に直結するもので、そこに加藤との連携の余地が生まれた。

そして、加藤は拓務省との連携を図ることで、自己の構想を国策として実現する足がかりを得たのである。

しかし、拓務省の計画は、財政的理由から大蔵省の同意を得られず実現されなかった。計画倒れになりかけた時、満洲国軍顧問として現地の治安粛正に関わっていた東宮鉄男が、在郷軍人主体の武装移民計画を石原に提起する。そして、加藤から移民計画を伝えられていた石原は、東宮と加藤との連携の橋渡しをする。その結果、当初は屯田兵的移民と一般移民が混在していた移民計画が、満洲国の治安維持を担った明確な軍事目的を持つ武装移民計画に絞られたのである。

こうして、軍事的要請という錦の御旗を得た武装移民計画は、試験移民という形で一九三二年からスタートすることになった。しかし、満洲の気候風土を無視し、現地民との協調もないまま精神論だけで乗り切ろうとしたため退団者が続出し、四年間かけて五回にわたって行われた試験移民の結果は成功とはいえないものであった。

そもそも、移民団には、張学良軍閥の所有資産を没収した「逆産」か、満鉄の系列会社であった東亜勧業（のちに満洲拓殖公社）が買収した土地が割り当てられたが、東亜勧業による土地買収は、市場価格よりも低い価格で半ば強制的に行われたため、漢人地主の不満を買い、そこで小作していた農民もまた耕作地を失ってしまった。試験移民団が匪賊に頻繁に襲われたのも、こうした現地民の反感が一因となったいたのである。

しかし、初期のさまざまな問題は改善されることはなかった。加藤も東宮も彼らのお粗末な計画に起因するのではなく、移民の精神的惰弱さにあると責任を転嫁した。関東軍にとっては、治安維持の一翼を担いさえすれば良いことであって、農業経営が軌道に乗るかどうかは二の次であった。さらに、拓務省にとっては、当初から試験移民は本格的な移民事業へ拡大させるための手段に過ぎなかったため、希望的観測を並べ立てて失敗を認めようとせず、むしろ成功と偽り続け、計画拡大に狂奔した。こうして、「試験」結果がまともに検証されず責任も曖昧なまま、試験移民は在郷軍人主体の武装移民から農民主体の普通移民へと転換が図られ、移民計画も大規模なものになっていった。

国策となった満洲移民とその破綻

一九三六年に起きた二・二六事件は、政府が疲弊した農村の救済に無策であるという不満も背景にあった。事件の結果、陸軍が政治に与える影響力は増加し、その陸軍内部では満洲事変の立役者であった石莞爾が権力の絶頂期を迎え、日満一体化を強力に推し進めようとしていた。

事件後に誕生した広田弘毅内閣は、農村対策として満洲へ二〇年かけて一〇〇万戸（五〇〇万人）を移民として送り込むという一大国家プロジェクトを決定、試験移民から普通移民への転換は、政府を挙げて取り組む本格的な政策として行われることになった。ここに満洲移民は「国策」となったのである。

前述したように、満洲移民に熱心であったのは拓務省であったが、むしろ農村行政を担う農林省は消極的であった。理由は、農林省も試験移民が始まった同じ時期の一九三二年八月から農村の経済構造の改良と自立化を目指した「農山漁村経済更正運動」を推進していたからである。農林省はあくまでも国内だけで農村問題の解決を図ろうとしたのであり、拓務省が進める満洲移民は、省益を脅かす迷惑な話でしかなかった。

しかし、広田内閣成立以前の一九三五年一二月に対満事務局が設置され、陸軍中心で満洲政策の一元化が図られたことによって、満洲移民政策は陸軍・関東軍が主導するものとなり、拓務省も農林省も単なる政策の実施機関になった。

こうした国内政治権力の変化が、広田内閣の百万戸移住計画の背後にあった。以後、一〇〇万戸移住計画は数値目標となって、数字だけが一人歩きを始める。各府県には国から移民送出が求められ、その圧力は各府県を通して末端の市町村にのしかかっていった。

満洲事変以後、国民は軍の行動を熱狂的に支持し、満洲ブームが起きたとはいえ、まさか自分が故郷を棄てて満洲へ渡るという身になると予想した人は少なかった。いわば移民政策が本格化するまでは、満洲移民は他人事であった。しかし、国家によって国策が決定されると巨大な行政の歯車が動き出し、個々人の自由な意志は押しつぶされていく。

全国のあちらこちらで、映画が上映されたり講演会が開かれたりして、さかんに「王道楽土」満洲の宣伝が行われるようになる。市町村では現地視察が盛んに行われ、その楽土ぶりが本物であるといった報告書が氾濫した。こうして、市町村には送出圧力が日増しに強まると同時に、近隣のあいだで移民の数が競われた結果、一つの村の半分を満洲へ送り出す分村や、出身地が異なる複数の集団を一つにした分郷が生まれていった。しかし、自らが自発的に手を挙げるよりも周囲の圧力や人間関係から移民を選択するケースが意外と多く、高知県十川村（現・四万十町）のようにくじ引きで移民を選んだ村もあった。満洲移民は村の共同体意識に亀裂を入れる結果をもたらしたのである。

このように嫌々ながら満洲へ多くの農民が渡っていったが、彼らが入植した土地は、原野ではなくすでに開墾された土地であった。日本では想像できなかった広大な農地を手に入れた彼らにとって、冬の厳しさを別にすれば、まさに満洲は王道楽土であった。しかし、こうした農地は、満洲国が現地民から安値で買いたたいたものであった。

満洲国では、ソ連の計画経済に影響されてた産業開発五カ年計画を実施しようとしていたが、満洲移民も重要な政策の柱であった。しかし、実際に大量に移民が送り込まれることになると、満洲国は、彼らの入植地を大急ぎで確保しなければならなくなり、その結果、安値で半強制的に農地を買収するという安易で簡便な方法が採られたのである。こうした事情を知らされないまま、日本では小作人として苦しんできた彼らは、広大な土地を手にすると土地を失った現地民を小作人とし、たちまちのうちに地主化していったのである。

二〇年間で一〇〇万戸を目標に、鳴り物入りで始まった満洲移民であったが、開始早々から大きく躓く。その最大の要因は日中戦争であった。

一撃の下に中国軍は撃破されて短期間で終わると見られていた戦争は、予想を裏切り泥沼化する。始まったばかりの満洲国産業開発五カ年計画に悪影響を与え、満洲国の育成に支障をきたすことを恐れた石原莞爾は、戦争の拡大を防ごうとするも失敗に終わり、陸軍での影響力を急速に喪う。

戦争が長期化すると国内では政治や経済から文化までも戦争に総動員されていったが、農村の成年男子は相次いで戦場へ送り出され、満洲移民の目標数を確保できなくなっていった。そうしたなかで、兵役年齢に達しない青少年が目を付けられ、早くも一九三八年から満蒙開拓青少年義勇軍（正式には満洲開拓青年義勇隊）が創設された。学校を通じて全国から集められた一七歳前後の青少年は、親元から引き離され、加藤完治が運営する茨城県の内原訓練所などで基礎訓練を受けた後、有事の際には戦闘員となるべくソ連との国境近くに続々と送られていった。こうして日中戦争後の満洲移民は、彼ら義勇軍が主体となっていった。さらに、若い義勇隊員や開拓団員の満洲定着を図るため、今度は若い女性たちが「大陸の花嫁」として満洲へ渡っていった。

一方、日中戦争の長期化は経済に大きな影響を与えた。戦争を中心とした経済構造が固定化されるなかで、すべての経済活動は戦争遂行に収斂されていった。産業合理化と経済統制によって廃業した中小商工業者のなかには、満洲移民となる人びとも出現した。この段階になるともはや農業経験の有無は関係なく、社会矛盾のはけ口として、または役所の員数あわせのために満洲移民が利用されていった。その最終的なかたちが、一九四四年以降の本土空襲によって家や財産や職業を喪った罹災者の移民化であったといえる。

戦後日本社会のなかの満洲移民

満洲移民は一九四五年七月に中断される。本土決戦がいよいよ差し迫るなかで満洲への移民どころではなくなったからである。一方、満洲では八月九日にソ連が突如として満洲に侵攻する。すでに南方への兵力抽出によって張り子の虎となっていた関東軍は、六月末に満洲の三分の二を放棄する作戦計画を立てていた。しかし、この事実はソ満国境近くの開拓団には知らされなかった。むしろ、七月から始まった関東軍による根こそぎ召集によって、開拓団の壮年男子（約四万七〇〇〇人）が兵士とされたため、ソ連軍侵攻時の開拓団は、老人と女性と子供ばかりになっていた。

自らを守る術を喪った開拓団は、ソ連軍の攻撃と現地民の報復にさらされ、集団自決が続出し、悲劇的な最期を迎えていった。さらに、親や夫を喪った子供や女性は、生き延びるために中国に留まらざるを得ず、多くの残留孤児・残留婦人が生まれた。

開拓団員の犠牲者は約七万二〇〇〇人、未帰国者は約一万一〇〇〇人（うち半数の六五〇〇人は死亡と推定）と推定されているが、正確な数は分かっていない。当時満洲にいた日本人は約一五五万人で、そのうち開拓団員は約二七万人いたとされる。在満日本人全体のなかでは一七％を占めていたが、犠牲者数で比較すると、満洲引揚全体の犠牲者数約二四万五〇〇〇人のうち三〇％近くにものぼる。死亡率の高さは際立っているといえる。しかも、死者の遺骨のほとんどは未だ満洲の地に埋もれたままである。

また、生き残った開拓団員にとっても苦難は終わらなかった。敗戦間際に召集された開拓団員や義勇隊員の多くは、ソ連によってシベリア抑留となった。さらに、かろうじて生き残って祖国へ引揚げてきた開拓団員は、故郷に安住することは叶わなかった。彼らは家も畑も処分して満洲に渡っていたため、帰るべき家が無かったのである。そうしたなか、政府は元開拓団員らに新しい入植地の斡旋を行うようになった。

敗戦によって混乱した日本社会では、食糧と燃料の確保が喫緊の課題であった。政府は、緊急開拓政策によって農地の拡大による食糧増産を図った。三里塚のような皇室御料地や、全国各地にあった軍用地の農地転用による開放が行われたのはこの時である。しかし、対象となった農地は、農業に適さない荒蕪地がほとんどであり、拙速な政策であった戦後開拓は、惨憺たる失敗に終わった。開拓団員は、またしても国に翻弄されたのである。さらに、こうした戦後開拓に失敗した元開拓団員らに対して、政府はドミニカへの移民を斡旋する。しかし、このドミニカ移民は、外務省による杜撰な調査に基づいた計画であったため、移民は悲惨な結果に終わる。戦後になっても失策は繰り返され、満洲移民の教訓は、まったく生かされなかったのである。

一方、一九七二年の日中国交回復を機に、満洲に取り残されていた孤児や女性たちの肉親捜しがはじまり、一九八〇年代になって、夢にまで見た祖国へ続々と帰ってきた。しかし、社会の関心は肉親捜しの時だけであって、帰国後の国による生活保障は十分ではなく、多くの人たちが苦しい生活を強いられ、結局、国を相手取った賠償訴訟へと発展する。この問題は、二〇〇七年になってようやく国との和解が成立したが、未だ問題の根本的解決にはいたっていない。

満洲移民の実態解明にむけて

満洲事変後に国策として大々的に推し進められた満蒙開拓団については、戦後になって体験者によって語られ、記録化されてきた。それは数え切れないほどの膨大な量にのぼる。しかし、その悲劇的結末の故に、満蒙開拓団の歴史は、ソ連軍の侵攻から逃避行を経て故国へ引揚げるまでの苦難に集中しがちである。それがために、そもそも開拓団はなぜ生まれたのか、なぜあれほど大規模なものとなったのか、開拓団員はどういった人びとから構成されていたのか、開拓団は満洲で何をしていたのか、そして、戦後も続いた彼らの苦難の責任はどこにあるのか、などなど解明しなければならないことは山ほど残されている。

「東京の満蒙開拓団を知る会」は、これまであまり知られていなかった東京という都市から送り出された開拓団が生まれた歴史的背景の解明に正面から取り組んだ試みとして、意義深いものがある。また、農村だけではなく都市の歴史として満洲移民が取り上げられたことは、今後の地域史研究のあり方に大きな影響を与えるであろう。しかも、これらの研究成果が、研究者ではなく一般市民によって行われたということは特筆すべきことである。

実際、東京以外にも、石川県白山郷開拓団の関係者からの聞き取り調査をまとめた石川県教育文化財団による『8月27日—旧満州国白山郷開拓団』(二〇〇四年)をはじめ、高橋健男氏の『新潟県満洲開拓史』(二〇一〇年)、後藤和雄氏の『秋田県満洲開拓外史』(二〇一〇年)といった水準の高い成果や、島根県の「大頂子東仙道開拓団の証を守る会」のような市民活動など、近年の研究者による満洲移民研究の停滞に比べて、組織や肩書きに頼らない在野の研究の活発さは目を見張るものがある。

全国各地で行われた満洲移民は、例えば長野県では以前から満洲移民研究が盛んであるが、長野県に次ぐ全国送出二位の山形県ではほとんど研究が行われていないなど、地域的にも未解明な点が多い。これからは、このような在野の研究者やグループとの連携を深め、全国的なネットワークを築きつつ、満洲移民の全体像を解明していく必要があろう。そういった意味においても、本書であらわされた成果と会の活動の意義は大きいといえる。

(かとう・きよふみ　人間文化研究機構国文学研究資料館)

著者略歴

今井英男　（いまい・ひでお）　下記以外担当

1945年　東京生まれ。
1963年　航空会社入社、東京都立大学法経学部B類入学（1968年卒）。
1997年　地域ミニコミ誌『おおたジャーナル』創刊。編集責任者。
2005年　定年退職。

多田鉄男　（ただ・てつお）　2章担当

1948年　東京生まれ。
1971年　立教大学文学部卒業。
学習塾を経営しながら地域史を研究。

藤村妙子　（ふじむら・たえこ）　5章、7章第1節担当

1954年　東京生まれ。
1973年　都立高校卒業。
地方自治体勤務。

ゆまに学芸選書
ULULA
5

東京満蒙開拓団《とうきょうまんもうかいたくだん》

2012年9月5日　第1版第1刷発行
2012年12月20日　第1版第2刷発行

［著者］　東京の満蒙開拓団を知る会（代表　今井英男）
〒144-0052　東京都大田区蒲田1-4-17
今井方（電話03-3732-1598）

［発行者］　荒井秀夫

［発行所］　株式会社ゆまに書房
〒101-0047　東京都千代田区内神田2-7-6
tel. 03-5296-0491 / fax. 03-5296-0493
http://www.yumani.co.jp

［組版・印刷・製本］　新灯印刷株式会社

ISBN978-4-8433-3940-4 C1321

……〝書物の森〟に迷い込んでから数え切れないほどの月日が経った。〝ユマニスム〟という一寸法師の脇差にも満たないような短剣を携えてはみたものの、数多の困難と岐路に遭遇した。その間、あるときは夜行性の鋭い目で暗い森の中の足元を照らし、あるときは聖母マリアのような慈愛の目で迷いから解放し、またあるときは高い木立から小動物を射止める正確な判断力で前進する勇気を与えてくれた、守護神「ULULA」に深い敬愛の念と感謝の気持ちを込めて……

2009年7月

株式会社ゆまに書房